1925 年建成的苏庄大闸全貌

苏庄大闸遗址

1926 年修建的洋桥进水闸遗址

1958 年修建的唐指山水库电站

1960 年修建的箭杆河南彩闸桥

1960 年修建的城北减河 10 孔闸桥

1982年修建的潮白河向阳闸工程

1992年修建的潮白河河南村橡胶坝

山区清洁小流域

1999 年 10 月修建的潮白河顺平路彩虹桥

奥林匹克水上公园

汉石桥湿地

榆林村集雨蓄水工程

国际鲜花港幻花湖——梦游仙境

潮白河免费垂钓园

潮白河风光

林水相依，顺义新城

潮白新居

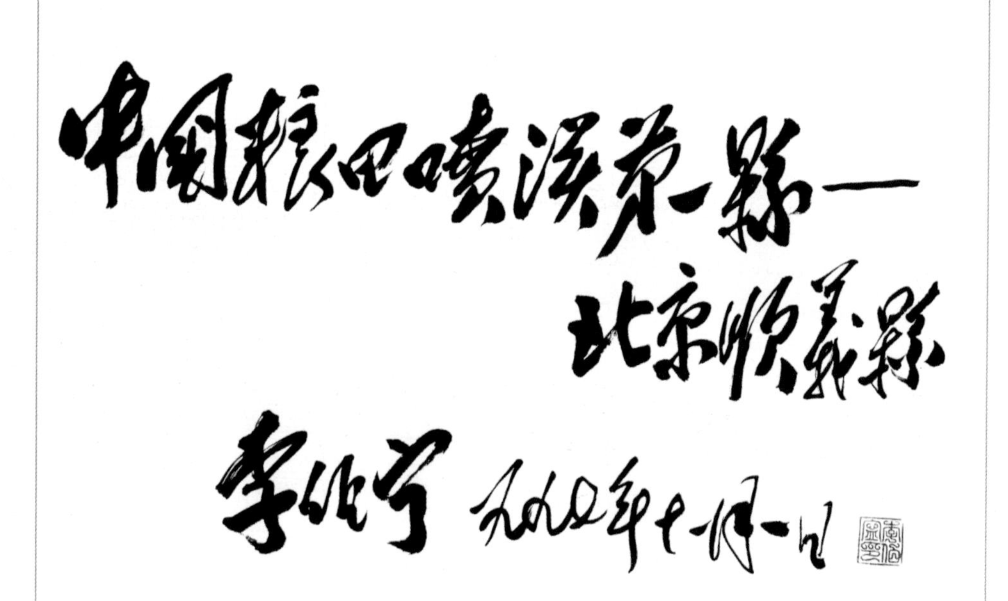

中国粮田喷灌第一县题字

小麦喷灌

滨河森林公园

京密引水渠风光

顺水

◎赵学儒 著

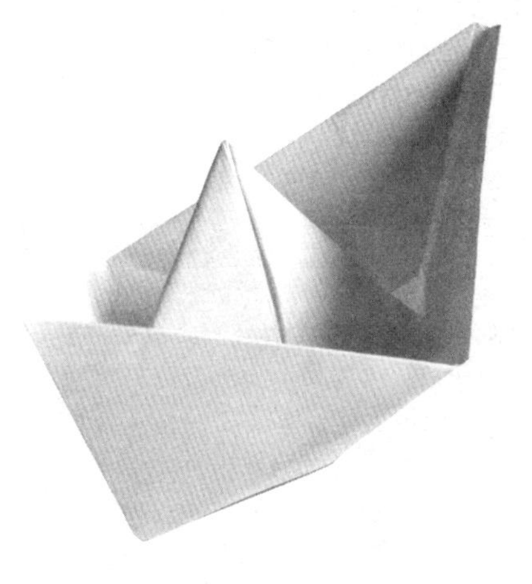

内 容 提 要

本书记录了北京市顺义区的治水过程、理念、措施和成果，是我国水利从“人定胜天”到“人水和谐”、水与生态共生共存的历史缩影，是参与水事、了解水事者的群体记忆。书中一些故事、传说、诗歌，感人至深；一些经验、教训，可借可鉴。

本书不仅是讴歌顺义水务人的赞歌，也是献给全国水利工作者的赞美诗。

图书在版编目（CIP）数据

顺水 / 赵学儒著. -- 北京 : 中国水利水电出版社, 2015.10

ISBN 978-7-5170-3751-4

Ⅰ. ①顺… Ⅱ. ①赵… Ⅲ. ①水利工程－建设－概况－顺义区 Ⅳ. ①TV

中国版本图书馆CIP数据核字(2015)第250471号

书　　名	**顺水**
作　　者	赵学儒　著
出版发行	中国水利水电出版社 (北京市海淀区玉渊潭南路 1 号 D 座　100038) 网址：www. waterpub. com. cn E - mail：sales@waterpub. com. cn 电话：(010) 68367658（发行部）
经　　售	北京科水图书销售中心（零售） 电话：(010) 88383994、63202643、68545874 全国各地新华书店和相关出版物销售网点
排　　版	中国水利水电出版社微机排版中心
印　　刷	三河市鑫金马印装有限公司
规　　格	170mm×240mm　16 开本　20.25 印张　294 千字　6 插页
版　　次	2015 年 10 月第 1 版　2015 年 10 月第 1 次印刷
印　　数	0001—6000 册
定　　价	**58.00** 元

编辑委员会

作者简介

赵学儒，笔名子需，中国作家协会会员、中国报告文学学会会员、《中国水利报》编辑记者、浙江水利水电学院兼职教授。

主要创作成果：长篇报告文学《圆梦南水北调》《向人民报告——中国南水北调大移民》（中英文版）、《顺水》，长篇小说《大禹治水》（中英文版，合著），中篇小说集《战神》，短篇小说集《非常女人》《下雪了》，散文集《若水》等。

曾获得国家及省部级多项奖励。其中，参与策划的大型纪录片《水脉》，获全国第三届优秀国产纪录片奖、全国第十届“中国纪录片国际选片会”最高奖项——“年度十大纪录片”奖。

序一

赵学儒是这些年创作成果很突出的一位作者，有《大禹治水》（中英文版）、《向人民报告——南水北调大移民》（中英文版）、《圆梦南水北调》《若水》等多部短篇小说集、中篇小说集、长篇小说和报告文学及散文作品面世。赵学儒是个工作很认真、很扎实的作者，他写作的态度也是非常虚心、非常真诚的。

2014年，他申报中国作协定点深入基层项目之后，一直在北京顺义区调研采访，吃住在基层单位，创作完成新作《顺水》，作品介绍了顺义水务事业的历史和现状，记录了顺义治水过程、理念、措施和成果，还有一些感人至深的治水故事。应该说这部作品以点带面，以小见大，是我国水利事业发展的一个缩影，所以它具有很强的现实意义。

——著名作家、中国作协创联部主任彭学明

这让我很吃惊，没想到顺义一个区的治水从古到今居然有这么多的事情可写，所以这个题材很好。中国的水资源问题现在极为严重，北京又是一个非常严重的地区，这本书提供了很多治水、水环境建设成功的经验，所以很有价值。

作者是《中国水利报》记者，而且写过这么多的文字，都是记载水利水务方面的情况，所以这个题材他是非常熟悉的，写得也很好。他的深入生活看得出来也是很扎实的，在我看到过的报告文学作品中，这本书材料积累丰富的程度，可以说是一流的。

这部书内容丰富还包括了传说、诗歌，增加了作品的文学性、可读性。作品中“顺义水利发展史上有两个一字之差，一个是水利的‘利’和水务的‘务’一字之差；一个是防汛的‘防’和迎汛的‘迎’一字之差”，体现了作者敏锐的观察能力和写作能力，使文章具有较强的思想性。

——著名评论家、中国作协小说委员会主任胡平

作者写作很用心，下了很大工夫，需要掌握的材料都掌握了，使我这样对顺义水务不了解的人得到了大量的信息、丰富的内容，尤其开章讲到我们坐飞机出入首都机场，不知道为了保障首都机场航行的安全，顺义水务部门做了这么大的贡献，这部分写得很丰厚。

我们国家是农业国家，过去在很多地方执政的人工作有很多的内容，要么是治荒、要么是治水。治好荒、治好水，老百姓就利用水的资源富裕起来、平安幸福。过去李冰修都江堰，利用水来富裕，避免灾难；广西灵渠，巧妙地利用水的能力统一了岭南，成为岭南与中原的通道。所以，治水不仅仅是水利活动，也是事关国家、地区发展和人类命运、人民安康的大事。

水是有性格的，无论是抗洪、抗旱、搞喷灌，还是河流建设，只有顺着水的习性，顺着水的流向，顺着水的性格才能治好。所以，《顺水》不仅是揭示一种规律，也是告诉人们一个哲理。希望作者将作品写得更具有文学的特性。

——著名评论家、中国报告文学学会常务副会长李炳银

作品在生态文明建设的描写上，用的笔墨比较多，可以看出作者的观点。人水和谐的原则，作为一个焦点，在作品中非常突出，比如描写绿色国际港北京顺义的区位优势，比如描写顺义的四季及河道治理后的生态美，写得非常准确，写得非常美。

这本书里贯穿了民生的思想，比如2008年奥运会立下功劳之后，其实是改善了居民生活条件，使潮白河两岸居民有更好的空间来生活；比如写到防汛，保百姓平安；写到抗旱，解决百姓的饮用水问题；比如写到水在保障顺义经济社会发展中的作用。

作品对“永”字的解释，非常形象又充满寓意。《说文解字》中解释：“永，水长也”。“永”与“水”内在字源与外在字形上的共同性，表达了水与生命、水对人类永续发展的重要性。如果能用永和水的关联，进一步挖掘、提炼水的哲学、生命意义，作品可能更有意义。

——著名评论家、中国作协创研部主任何向阳

赵学儒是近年创作较丰的作者，是水利系统的一员“干将”，比较全面记录了我国水利发展的辉煌历程，写出了很多激动人心的故事和感人至深的人物。他的新作《顺水》，不仅是献给顺义水务人的一首赞歌，也是献给全国水利工作者的一首赞歌。

《顺水》有很多出彩的地方，比如“7·21”大暴雨机场被淹，作者写了一个非常精彩的场景，这个画面推出来就很震撼我；比如作品中典型人物像农民水利专家刘振祥，水利专家徐福、李国新等，人物性格鲜明；比如顺义发展粮田喷灌、生态治河、水资源管理等，抓住了典型事件，比较突出；比如民间传说、故事、歌谣、诗词的引用，使作品更加生动，更有文学色彩。

希望作者将治水题材写得更独特、更深化、更生动、更形象、更具思想内涵。

——著名评论家、中国作协创研部理论处处长李朝全

（中国作协创联部主办“赵学儒深入生活作品改稿座谈会”发言摘要）

序二

这本书出版前，很多人认为书名叫《顺义之水》比较好，但是作者执意要叫《顺水》，我认为他“顺”得有道理。

“顺”字有顺流的意思，本义为沿着同一方向，指水顺着水势或水流的方向而流泻。“顺”也意指面对千头万绪的事情，先要理顺思路，理清头绪。

推而广之，就是社会安定与否，在于政策是否顺应民意；家庭和睦与否，在于关系是否融洽和顺；身体健康与否，在于气血是否充盈顺畅。

这本书重点描绘了北京市顺义区的水利发展历程。“顺水”中的“顺”与顺义区的“顺”字同且义相通，“顺”的的确有道理。

顺义与水的爱恨织情，主要系在摇摆不定的潮白河和温榆河上。历史上，潮白河三年河东，三年河西，摇摇摆摆，祸害苍生。顺义的先民既择水而居，又不甘受洪水的摆弄，于是一代又一代人与洪水斗争。

新中国成立后，顺义人民在党和政府的领导下，掀起了前无古人的治水大潮，建起了一个个水利工程。水库、灌区、机井等给顺义人民带来了福祉，一个“治”字发挥了巨大的作用。

“治”字本义，可解释为开凿水道，修筑堤坝，引水防洪。

“顺”更强调“趋”，如“顺风”“顺势”，即“顺”着自然规律，更科学、更充分、更有效地利用自然。

连年干旱导致顺义的水越来越少。如何充分利用好现有的水资源，如何确保人民生活生产用水所需，如何发挥水在生态建设中的作用，成为顺义的重要课题。他们发展节水灌溉，成为“中国粮田喷灌第一县”；他们实施生态治河，让潮白河两岸风景如画；他们精细化管理水资源，“顺”出了一条成功的水资源管理之路。

通览全书，其实就是一个从“治”字向“顺”字的转变，这与我国的治水历史和现状相吻合。中华民族的历史，就是一部治水史，一个“治”字连续了几千年。从大禹治水开始，历代中华儿女前赴后继，在“治”的基础上，实现了“顺”的升华。

水旱灾害始终是中华民族的心腹之患，除害兴利成为历朝历代安澜天下的神圣使命。秦国以水立国，也以水治国；汉武帝信奉治水治国理念，致力水利事业；李世民、朱元璋、康熙对江河治理多有宏图大略；孙中山的《建国方略》中也有治理开发利用江河的笔墨。

新中国的缔造者一次次发出治水动员令：“一定要把淮河修好”“要把黄河的事情办好”“一定要根治海河”。新中国成立以来，举世瞩目的长江三峡不仅仅是一个水利工程，而且是国内外游客流连忘返的景区；世界上最大的南水北调调水工程，不仅成全长江水继续润泽南国，也给干旱的北方带来了绿色……

几代水利工作者与全国人民一道，奋力治水，建起一座座水库防洪蓄水，建起一个个灌区灌溉农田，建起一座座水电站。为实现人水和谐，在水资源紧缺的今天，实施生态治水，再创佳绩，造福民生。这一“治”到“顺”的转变，“顺”出了人与自然和谐的新常态。

顺义“顺水”，正是我国水利发展的一个缩影，相信每个与水有关联的人对那段历史、那些人物、那些事，都熟悉得犹在眼前；顺义“顺水”，只是一个点，它却是一个亮点，相信读过本书的人，能得到“顺”的启迪。

顺是一种理念，顺是一种规律；顺是一种行动，顺是一种成果；顺是一种新境界，顺是一种新常态。弃逆归顺，才风调雨顺；顺水行舟，才一帆风顺；顺天从人，才一顺百顺……

记者、作家赵学儒，多年深入一线采访，潜心抒写水利情、中国梦，出版多部文学作品，有的还翻译到国外，我们当为他点个赞。他对水的了解、理解、悟解，在《顺水》中得到更深刻的体现。

我们也希望看到作者更多无愧于历史、无愧于时代、无愧于人民，群众喜闻乐见的好作品。

是为序。

段天顺

2015年3月14日

（原中国江河水利志研究会副理事长、原北京水利史研究会会长）

目录

“京郊粮仓”“北京的乌克兰”说的是顺义。北京首都国际机场坐落在顺义，顺义展示给世人的是“北京绿色国际港”。这一得天独厚的区位优势，伴随飞机升空而好运降临。好运，带来了奥运，带来临空经济核心区，带来北京三个重点新城之一和东北部中心城市，带来了顺义产业结构重组，带来了顺义农村加快融入新型城镇化的步伐……

第一章　空　降　好　运

1.

“顺义区水务局欢迎您！保护水资源是我们共同的责任……”我拨通顺义水务局“那位领导”的电话，电话中首先响起优美的音乐和那段真诚的话白。

其实，很多人知道北京，知道北京首都国际机场，但可能并不知道顺义。我一直认为，顺义不过是北京一个郊区，很遥远，很陌生。我是在写这部作品时，才开始了解顺义的。

不过，当您乘坐飞机缓缓降落北京首都国际机场前，从空中可以看到下面绿油油的森林、纵横交错的水系、一片一片的村庄、鳞次栉比的楼房，甚至穿梭如织的车辆、熙熙攘攘的行人。

这就是顺义！

2013年年末，中国水利报社派我来写顺义治水的事。第二年，中国作家协会批准我在顺义深入生活，为的是写好《顺水》这本书。对作家来说，让“我”写的文章，我未必能写好，而写不好，又难以交差。既然是个差事，就硬着头皮做吧。

顺义水务局相当重视，专门成立了“顺义之水”调研组，配备了老程、小姚、小孙等专门人员，准备了百万字的调研资料。我刚来，他们就把整理好的三大本资料，放到我的眼前。我的头顿时就大了，这百万字的资料就是看完、吃透，也得一段时间呀！

他们在仁和水务所给我腾了一间写作室。这里很安静，一个四合院，周边是白墙阁楼，中间是绿树鲜花。室内有两个文件柜，两张写字桌，桌上有电脑、打字机，墙角放着一张床。脸盆、香皂、杯子、牙膏、毛巾等，都准备好了。

老程叫程文生，从顺义区人大岗位上退下后来组织顺义的水文化工作，他就是顺义情况的“活字典”。小姚，女，三十来岁，圆脸、一头秀发，不胖不瘦的中等身材，略显成熟的神态，她的主要任务是司机，还有摄影、提供文字资料、协调采访。小孙，小女孩，负责采访时的录音录像及文字整理。

他们好像对我都很熟悉，一定是“百度”过我。

我从窗口望出去，对面是起伏的山脉，黛青色的。我很奇怪，顺义是平原，为什么我却看到了山脉，像我小时候在太行山老家看到的山脉。难道我出现了幻觉？真的是幻觉吗？

“我恐怕写不好这部作品！”我还是说。

老程头戴鸭舌帽，身背四方形的黑包。他说：“您写的长篇小说《大禹治水》、报告文学《向人民报告——南水北调大移民》《圆梦南水北调》等作品，我都一一拜读了。我们相信您能写好，我们会全力配合您的。”

说真的，我写过我国最为古老的治水故事，即《大禹治水》，也写过世界上最大的调水工程，即《向人民报告——南水北调大移民》《圆梦南水北调》，现在要写一个很普通的基层治水故事，感觉题材实在是有点小。从我了解的情况看，顺义也没有十分精彩的故事。

采访前，属于翻阅资料和了解情况阶段，老程已经给我讲了顺义很多值得骄傲的地方：

顺义历史上是“京郊粮仓”“北京的乌克兰”，现在是“北京绿色国际港”。顺义曾经是“中国粮田喷灌第一县”，曾经举办2008年奥运会水上项目。顺义在北京的上游，顺义危，也危及首都安全；顺义安，则给首都几分太平。北京市第八水厂就在顺义，顺义把“血液”源源不断输到北京。

“停，程老。”我说。

“我想了解，顺义与首都国际机场是一种什么关系？”我说。我想，这个问题不仅是我关心的，也会是我的读者关心的。这倒是可写的一笔。

老程说：“首都国际机场一部分坐落在顺义，所以顺义担负保卫首都国际机场防汛安全的重任，顺义义不容辞保护好机场安全。”

故事发生在2012年7月21日。

那天，北京地区发生特大暴雨，倾盆大雨劈头盖脸而下。大街小巷立即积水成河，各个河道水涨流急，顺义大有被水拖起之势。

机上广播：“飞机马上降落北京首都国际机场。”

但是，机场跑道出现积水，雨水还在上涨。

飞机已经降下云层，却在头顶盘旋。

乘客的心，悬在半空。

如果不立即处理积水，后果不堪设想。

机场的紧急电话打到顺义区防汛指挥部。

“机场告急，请你们迅速协助排水！”

顺义区防汛抗旱指挥部办公室几部电话应接不暇，喊话的声音此起彼伏。室内已经聚集很多人，按照分工，各小组人员各就各位，等待防汛指令。

顺义区防办主任放下电话，立即派兵点将。

一路人马淹没在大雨中。

机场上游，小中河首闸吱吱咛咛被提起。像野马一样聚集的洪水，立刻被分流，流向潮白河。同时，机场东西两侧的排水沟，敞开胸膛拼命泄洪，跑道的积水迅速沉下。

机场的航班正常起降。

7月22日，北京首都国际机场股份公司给顺义区政府发来了感谢信。

北京首都国际机场平安了！

回头想一想，在特大暴雨的情况下，北京首都国际机场有惊无险，化险为夷，靠的是什么？是救险及时？是侥幸？还是其他？

我翻阅大量资料，终于明白，这次北京首都国际机场抗洪抢险的胜利，得益于顺义水务人早有准备。

时间回到20世纪：

1956年，为配合机场排水，顺义修建了甲、乙、丙、丁四条排水沟。按照当时的规划，这四条排水沟能够保证机场的排水安全。

我们坐在飞机上，根本就看不到这四条排水沟。

甲线沟由机场东，向东经塔河村南入小中河；

乙线沟从机场东经桃山村南，向东入小中河；

丙线沟由机场东南经龙山村南，向东穿过七分干右一支入小中河；

丁线沟由天竺村北、村西往南折向东，穿过五孔桥，往东南入温榆河。

如果把机场比喻为一个乌龟，那四条沟就是乌龟的四条腿。当大雨来临，乌龟靠着四条腿奔跑，才化险为夷。

真是未雨绸缪！

一份报告这样详细写道：

> 1964年6月，机场排水工程整修。顺义县水利局副局长伊月竹一线指挥，白河灌区、李桥、南法信等大队，近千人奋战在工地，扎钢筋，砌石墙，筑水泥，排水沟旧貌换新颜。
>
> 1967年6月，整修机场丁线排水沟。
>
> 1975年2月，首都国际机场一边扩建，一边开挖机场外部明沟排水工程。

这四条排水沟在历年的抗洪中功不可没！

按照行业的说法，那四条沟属于“硬件”，当然“硬件”是靠“软件”来操纵的。进一步说，就是“软硬兼施”。

顺义区防汛指挥部把机场防汛，作为重点之一。按照他们的说法，就是确保首都机场周边地区防汛安全，提高对暴雨洪水、防汛突发公共事件应急快速反应和处置能力，减轻灾害损失，全力保证首都机场周边排水畅通，维护人民生命财产安全。

从“软件”上看，顺义专门成立了首都机场外围排水保障指挥部，明确了指挥、副指挥和成员单位及办公室的职责分工，制定了“首都机场外围排水保障预案”。

“预案”是这样写的：

总指挥由顺义区常务副区长担任。负责首都机场外围防汛应急指挥部的领导工作，对首都机场外围防汛工作实施统一指挥。

副指挥设两名，分别由北京空港建设管理服务中心主任和顺义区水务局副局长担任，主要负责落实机场周边重点河道、机场周边地区供排水指挥调度责任制，负责首都机场外围排水保障指挥部办公室的工作。

顺义区武装部负责协调、组织、调度预备役、武警部队及驻顺部队参加抗洪抢险、救灾等组织工作。

顺义区公安分局负责维护防洪抢险秩序和灾区社会治安工作，防洪紧急期间协助机场外围排水保障指挥部组织群众撤离和转移。

顺义区委宣传部负责组织指导新闻媒体发布汛情、灾情、抗洪抢险的新闻报道及安全迎汛知识的宣传教育工作。

顺义区水务局负责水务系统安全迎汛工作。

顺义区市政市容委、区住建委、北京空港建设管理服务中心、区商务委、区卫生局、区交通局、区安全生产监督局、区气象局、区电信局、顺义供电公司等单位都各有分工。

“软硬兼施”果然奏效。

7月22日，北京首都国际机场股份公司向顺义区防汛抗旱指挥部送来感谢信、锦旗和慰问金。

感谢信这样写给顺义区人民政府：

> 7月21日至22日，北京市遭遇61年以来最大暴雨袭击，首都机场累计降雨量218.4毫米，部分区域出现泄洪不畅及严重积水的情况，特别是小中河水位迅速上涨，东湖、西湖一度趋于饱和，给首都机场跑道、航站楼的正常运行带来了巨大的威胁。在此万分危急时刻，顺义区防汛办抽调人力、物力第一时间赶至首都机场增援，协助我单位对积水严重的GTC停车楼入口区域进行排水作业，使汛情得到及时缓解。在顺义区防汛办的大力协助下，首都机场于22日4时清理完全部积水，道路全面恢复畅通。我们对顺义区人民政府及参加救援的单位与人员表示衷心的感谢。
>
> 北京首都国际机场股份公司

而大红的锦旗上，是两行凝聚深情的金字：

> 风雨同舟迎大汛，携手共济铸国门。

顺义区与首都机场“一衣带水”。顺义为机场提供了防汛安全保障；机场为顺义带来发展的巨大潜力——“北京绿色国际港”应运而生，应时发展。

2.

我每次从北京首都机场起飞，又在此降落，匆匆地来，匆匆地去，并不知道顺义的来龙去脉。

从老程、小姚、小孙以及我接触的顺义人的神情看来，他们多么自豪。“北京绿色国际港”“风水宝地”“人杰地灵”等，都是他们喜欢用来形容顺义的词汇。

我从北京市城区坐地铁到顺义，一般要九十分钟左右，开车则需要一个小时。

北京市地图显示：

顺义在北京市的东北，距北京城区市中心30公里。

顺义的东边是平谷，北边是怀柔和密云，西边是昌平，南边是通州，面积1000多平方公里。

顺义地处华北平原北边缘，北部燕山南麓山脉形成天然屏障。潮白河、温榆河在顺义的土地上流淌，曾经丰富的源泉，养育了顺义儿女。

老程说，顺义区历史悠久，早在黄帝建都涿鹿时，便是畿辅重地。春秋战国时地属燕国。自东汉初年起，顺义区的建置有了记载并一直延续至今。

这些，对于顺义人来说，甚至对于想了解顺义的人来说，或者略知一二。

老程给我找来一本发黄的《顺义志》，密密麻麻的文字讲述了顺义的历史演变：

东汉时期始置狐奴（现北小营一带），属渔阳郡，三国魏时置古城，为后主刘禅的封地。

晋时置衙门村。

唐贞观六年（公元632年）为顺州，天宝六年（公元742年）改为顺义郡，顺义之名第一次出现。

五代时，“儿皇帝”石敬瑭将燕云十六州割让给辽，改称归化郡。辽亡后属宋，复称顺义郡。

宣和七年（公元1125年）改称顺州。

金代改温阳县。

元代废县复称顺州。

明洪武元年（公元1368年），废州改为顺义县，属北平府，后属昌平府。

清初直属京师顺天府。

民国初年为京兆特别区。民国17年（公元1928年）属河北省。

1949年4月，成立顺义县，为冀东十四地委所辖。

1949年10月，隶属河北省通县地委领导。

1958年4月，划归北京市，改为顺义区。

1960年1月，恢复顺义县。

1998年3月，经国务院批准，撤销顺义县，设立顺义区至今。

原来，顺义的历史这样悠久！

新中国成立后，顺义各项事业迅猛发展，尤其北京国际机场“降落”在这块风水宝地，给顺义带来了好运气，使顺义插上了腾飞的“翅膀”。

3.

有时候，我买了机票，竟不知道去哪个航站楼乘机。

通过了解顺义的情况，也了解到北京首都国际机场的情况。了解到这些情况，才感觉这不仅是顺义的骄傲，是北京的骄傲，也是我们国家的骄傲，是我们每个中国人的骄傲。

它不但是中国首都北京的空中门户和对外交往的窗口，而且是中国民航最重要的航空枢纽，是中国民用航空网络的辐射中心。并且是当前中国最繁忙的民用机场。

2004年，北京首都国际机场取代东京成田国际机场成为亚洲按飞机起降架次计算最为繁忙的机场。

2014年，北京首都国际机场旅客吞吐量达到8613万人次，仅次于美国亚特兰大哈兹菲尔德—杰克逊国际机场，稳居世界第二位。

在我国，北京首都国际机场是地理位置最重要、规模最大、设备最齐全、运输生产最繁忙的大型国际航空港。北京首都国际机场有1号、2号、3号三个航站楼。

1958年3月2日，我国首个投入使用的民用机场，即首都机场投入使用，这是中国历史上第四个开通国际航班的机场。之前开通国际航班有上海龙华机场、昆明巫家坝机场、重庆白市驿机场。

首都机场建设也走过了一段辉煌的历史：

刚刚建成时仅有一座小型候机楼，称为机场南楼，主要用于ⅥP乘客和包租的飞机。

1980年1月1日，1号航站楼及停机坪、楼前停车场等配套工程建成并正式投入使用，面积为6万平方米。

1号航站楼按照每日起降飞机60架次、高峰小时旅客吞吐量1500人次进行设计。扩建完成后，首都机场飞行区域设施达到国际民航组织规定的4E标准。

随着客流量的不断增大，1号楼客流量日趋饱和，2号航站楼于1995年10月开始建设，1999年11月1日正式投入使用。2号航站楼建筑面积达33.6万平方米，装备了先进技术设备。

2号航站楼每年可接待超过2650万人次的旅客，高峰小时旅客吞吐量可达9210人次。

2005年1月29日，中国大陆和台湾之间56年来首次不中停香港的台商包机在机场降落。

2008年2月29日，位于1号和2号航站楼东边的3号航站楼和第三条跑道建成投入使用。3号航站楼承担首都机场60%旅客吞吐量。

2010年12月21日，首都机场累计完成发送旅客7214万余人次、北京首都国际机场由此跃入世界机场第二位。到2014年年底，首都机场的年旅客吞吐量达到8613万人次。

也就是说，目前北京首都机场每天有20多万人来往，数百架飞机起降，起降频次只有几分钟。

我在顺义的时候，几分钟就能看到一架飞机从头顶飞过，有时前边的飞机抛下的“白线”，能将后面的飞机连接起来。几乎，顺义的天空回响着飞机的声音。

“这些噪音，对顺义人的生活有影响吗?”我问。

小姚笑着摇摇头。

听这里的声音，就能知道机场有多忙。

我们乘坐飞机，是否经常遇到“航空管制，飞机等待起飞”的提示。

我们仅看看这些航空公司，就能知道首都机场的繁忙景象：

海南航空公司、大新华航空公司、大新华快运公司、首都航空公司、天津航空公司、中国东方航空公司、中国南方航空公司、厦门航空公司、深圳航空公司、重庆航空公司、海南航空（国际航班）公司、中国国际航空公司、深圳航空公司、山东航空公司、上海航空公司、四川航空公司，以及一些外航服务。

我不知道写漏了没有。

据说，3号航站楼是目前国际上最大的民用航空港、国内面积最大的单体建筑，总建筑面积98.6万平方米。它拥有地面五层和地下两层，由T3C主楼、T3D、T3E国际候机廊和楼前交通系统组成。

北京首都机场的情况，不仅是国际国内乘客未必知道，就是顺义人也知之甚少。但是，它与顺义的关系就是这样的密切。

1993年，顺义创办机场开发区，后改为天竺空港经济开发区。

2002年，顺义提出全区空港化、空港国际化、发展融合化。

2004年，顺义与《经济日报》合办临空经济论坛。

2006年，顺义临空经济列入北京市六大高端产业功能区。

2009年，顺义成立北京天竺综保区。

2014年，顺义区整合北京天竺空港经济开发区、北京空港物流基地和北京国门商务区3个经济功能区成立北京临空经济核心区，当年实现公共财政预算收入57亿元，增长11.2%，占到全区的51.6%。

首都国际机场，给顺义带来的是史无前例的大好机遇。其中，包括2008年北京奥运水上项目的举办。

老程说：“申报2008年北京奥运水上项目那事，也是难着呢!”

4.

地点：莫斯科

时间：2001年7月13日21点56分

隆重而庄严的会场，国际奥委会委员开始投票。

21点59分，第一轮投票结果统计出来，没有城市在首轮得票超过半数，北京获得44票，多伦多20票，伊斯坦布尔17票，巴黎15票，大阪6票。

根据投票规则，大阪首轮被淘汰。

22点05分，第二轮投票结果统计出来。22时08分，国际奥委会主席萨马兰奇宣布北京获得2008年奥运会举办权。

这时，莫斯科投票现场的委员们全都站了起来，用热烈的掌声祝贺北京获得2008年奥运会举办权。

此刻，全世界的电视机前，已经等待很久的华人，还有我们的朋友，全都站了起来。掌声、热泪、拥抱不断，甚至有人激动地跳了起来，有人点燃了节日般热烈的鞭炮……

消息拂过顺义潮白河的水面，那水面掀起欢快的波浪。

北京申办2008年奥运会之前，北京市政府向国际奥委会提交的申办报告中，明确指出将水上项目规划选址在潮白河顺义向阳闸库区东侧。在此期间，顺义区多次接受并顺利通过了国际奥委会及单项联合会的考察。

在对场馆进行二次评估时，北京市市长和评估委员会22位执行委员一致同意将2008年奥运会水上运动场设在顺义区向阳闸库区东侧。

2002年9月，顺义区成立了以区委书记、区长任组长，全区37个相关单位参加的顺义区奥运场馆建设领导小组。

2002年10月17日，顺义区奥运场馆管理委员会正式挂牌成立，顺义区正式启动了水上项目场馆建设的前期筹备工作。

然而，为了在奥运场馆建设中体现科学发展观和“绿色奥运、科技奥运、人文奥运”理念，自2004年8月9日起，北京市政府对全市奥运场馆项目的规划、设计、投资等逐一进行优化和重新评估，并对部分奥运会场馆建设方案进行适当调整。

顺义区奥林匹克水上公园是参加此次选址评估对象之一。顺义能否建设奥运场馆，成为一个悬念，悬上人们的心头。

老程说："情况突然复杂起来，结果扑朔迷离。奥运会水上运动场甚至有可能出现转到其他区县承办的后果。"

尽管顺义做了很多卓有成效的工作：

比如顺义区委、区政府高度重视，精心部署，在较短的时间内有力地协调了各方力量，编制出了高水平的比选报告，得到了各级领导和专家认可；

比如顺义区经济社会的快速发展，尤其是高标准的交通条件、优美的自然环境以及优秀的人文素质等方面的优势，得到了各级领导和专家认可；

比如顺义区前期筹办工作扎实细致，对奥运会水上项目的理解更深刻、更透彻，得到了各级领导和专家的肯定和信任。

老程说："一条硬杠杠，差点把顺义拒之门外。"

我问："什么硬杠杠？"

老程说："潮白河没水，怎么办水上奥运？"

我说："的确，没水，肯定就不能举办水上项目！"

我们顺义有足够的水保证奥运水上项目顺义实施！这是在关键时刻，顺义区领导发出的声音。

这是一个足够自信，足够坚决的声音。

于是，一个个方案、一项项措施，在顺义人夜以继日、争分夺秒的努力下，相继出台。

顺义坚定的信心，科学可行的方案，最终赢得了北京市政府和北京奥组委评估领导小组的充分肯定，顺义区又一次从其他申办区县中脱颖而出，赢得了三次评估的胜利。

2005 年 7 月 22 日，顺义奥林匹克水上公园工程破土动工。

工地上彩旗飘扬，歌声嘹亮，车流穿梭，人头攒动……

为了确保按期、保质完工，积极协调各参建单位，科学安排施工组织计划，统筹安排各项工程建设工期，严格落实奥运工程“安全、质量、工期、功能、成本”五统一要求，保证了顺义奥林匹克水上公园顺利、有序建设。

一声声建设的号角吹响，一声声胜利的凯旋曲弹出：

主看台、静水艇库、动水艇库、赛道、激流回旋赛道相继建成；

顺利通过北京市2008奥组委办公室、北京市建设委员会组织的场馆功能验收；

顺利通过北京奥组委组织的场馆功能验收；

在全市新建奥运场馆中率先竣工，北京顺义水上运动场馆也成为北京市为数不多的正式通过验收并投入使用的新建场馆……

紧张筹备和建设的5年，弹指一挥间。顺义圆满完成了奥林匹克水上公园工程建设任务，为举办好北京赛艇、皮划艇、马拉松游泳比赛和奥运会赛事提供了重要的基础条件。

当颁奖时国歌响起，国旗升起，顺义人比全世界其他地方的人，更自豪、更骄傲、更激动。

当时的顺义，代表了中国！

5.

“那位领导”告诉我，顺义奥运场馆建设工程，始终得到了北京市委市政府的关怀。

的确有文字记载：

2006年8月12日，北京市市长王岐山、副市长牛有成到顺义区调研潮白河（减河）生态治理等工程。

潮白河（减河）生态治理工程，与奥运场馆建设工程连在了一起。因为奥运场馆建设，顺义把生态建设提高到从未有过的高度。

顺义区区委书记夏占义、区长李平等与王岐山市长来到减河口五环桥，察看了潮白河（减河）生态治理工程。这里的工程基本结束，河道治理的面貌一新。

河床整齐，流水涔涔，两岸平展展的道路缠绕，一排排绿树相随。往日的荒滩、荒草，骤然不见了，眼前是令人明快的景色。

2003年5月，顺义本着“以人为本、人水和谐”的原则，坚持“以河为基、以水为魂、以路为骨、以林为韵”的总体治理思路，投资2.38亿元，打响了潮白河牛栏山桥到河南村橡胶坝段河道综合整治的战役。

王岐山市长在顺义，详细了解了工程进展情况以及顺义新老城区雨水汇集利用情况。

他指出，顺义区要适应北京市产业升级的需要，高度重视生态环境建设，着重发展高新技术产业和现代制造业，做好软、硬件环境建设，为地区经济发展打下良好基础。

王岐山市长一行来到顺义奥林匹克水上公园，视察了2008年北京奥运会赛艇、皮划艇比赛场馆建设情况。

王岐山市长指出：赛艇、皮划艇是顺义区承办的唯一项目，也是最能够展示顺义乃至北京市优美环境的比赛项目。为了实现新北京、新奥运的战略构想，顺义要紧抓机遇，以建设奥林匹克水上公园带动整个顺义新城的建设。

他说，奥林匹克水上公园要按照“安全、质量、功能、工期、成本”五统一的要求，精心施工，保证质量，确保工程经得住历史的考验。

从王岐山市长的行程和讲话来看，环境、生态建设是他反复强调的内容。这也是北京“绿色奥运”的理念，体现了生态环境与人类社会协调发展的思想，开启了顺义新城建设的新征程。

顺义的环境、生态建设已经开始与经济建设“结亲”。

6.

仁和水务所一般都是下午五点钟吃晚饭，职工吃了晚饭回家，或留在单位值班。晚饭后，太阳还挂在杨树的枝头，院子里的花草沐浴在夕阳的余晖里，鸟儿唧唧喳喳有回巢的迹象。

小姚给我端来一盆水灵灵小树，放在我的电脑前。

“它叫什么名?”我问。

“无名。”小姚答。

“它开花吗?”我问。

“不知道。”小姚答。

“那，它结果吗?”我又问。

“不知道。”小姚说。

小姚还为小树浇了水，就走了。

我有点“粘席”，就是挪了地方往往失眠。两只藏獒在窗外比赛叫声，此起彼伏，好像在炫耀它们的尽职尽责；飞机擦着屋顶而过，三五分钟就要吼叫一次，恐怕我安静下来。

干脆，爬起来看资料。

枯燥的时候看一些枯燥的资料，本想催眠却显得不枯燥了。

资料上写着，北京市领导的关心与支持，顺义区全体党员干部职工的不懈努力，上下联动，齐心协力，可以说是捷报频传：

2006 年 9 月 20 日，顺义第二水源地整体改造工程完工，为顺义奥林匹克水上运动场馆的供水提供保障。

这一年，超常规做好水安全保障工作，奥运供水、排水保障做到万无一失，经受住了“7·04”和“8·10”两次强降雨的考验。

2006 年 12 月 28 日，顺义奥林匹克水上公园首次蓄水成功。

2007 年 10 月 27 日，引温入潮跨流域调水工程通水。

这一年，潮白河水面宽阔，水波荡漾，再现了往日的美景。

2008 年 8 月 9 日，奥运会水上项目在顺义开幕。

参赛国运动员纷纷前来，赛艇、皮划艇、激流回旋、马拉松游泳的比赛项目竞相开始，中国国旗一次次升起，中国国歌从这里传向世界……

北京奥运会和残奥会期间，这里产生 32 枚金牌。

顺义奥林匹克水上公园位于顺义区潮白河向阳闸东岸的北小营镇，公园总面积近 10 平方公里，自南向北由灯塔广场、世帆赛基地、生态广场和水上运动基地四部分组成。

如今，奥林匹克水上公园视野开阔，净水赛道清如泉水，波光粼粼，赛场内绿树环绕，碧水蓝天，交相辉映。公园充分利用赛场资源，建立了夏日戏水系列的水上项目，吸引了众多的游客，成为一处具有国际品质的体育休闲旅游胜地。

顺义为北京奥运会做出了巨大的贡献，也得到了多种荣誉。仅水务系统就有：

顺义区水务局获“奥运筹办工作突出贡献单位”荣誉称号。

顺义区水务局、顺义区城市排水设施维修中心获“北京市水务系统、北京奥运会、残奥会先进集体”荣誉称号。

顺义区水务局温榆河管理段获“北京市平安奥运迎汛安全保障工作先进集体”称号。

顺义区水务局局长李国新被北京市水务局评为“北京奥运会、残奥会先进个人”。

啊，顺义还有这么多精彩的事儿！

7.

正如“那位领导”告诉我的，顺义奥运场馆建设工程，也始终得到了水利部的关怀。

2008 年 7 月 25 日，离奥运会开幕只有几天的时间，国家防总副总指挥、水利部部长陈雷，国家防总秘书长、水利部副部长鄂竟平一行组成检查团，检查了北京市保奥运防汛和供水工作。

陈雷部长要求，要把服务保障奥运作为水利工作的重中之重，统筹兼顾、加强协调、积极有序、扎实有效地做好各项工作，确保奥运期间首都度汛安全、水源安全、供水安全和水环境安全。

水环境安全，重在生态建设，这不仅仅是奥运期间，更是长期而艰巨的任务。

可以说 2008 年北京奥运会，使得顺义生态建设步伐明显加快。

2009 年 10 月 23 日，顺义新城滨河森林公园工程举行启动仪式。北京市副市长夏占义出席。

顺义新城滨河森林公园，是北京市最大的滨河森林公园。这里树木成行、绿荫覆盖，水波荡漾、水鸟飞翔，游人如织、如诗如画。

而在2004年至2006年，作为顺义新城滨河森林公园的一部分，减河公园率先建成，2007年开园。减河河道上，架设了五环桥、太极桥、天目桥、悬索桥等形状各异的桥梁；河中种植鲜花由浮床托举形成一个大型花坛，红花、绿草相应，天鹅、白鹭相伴。地形、植物、水景三大自然要素为一体，彰显水生态的特异功能。

顺义新城滨河森林公园共分为“五景、四园、三区”，分别是水景、堤景、桥景、灯景、树景；湿地园、生态园、野生动物园、体育休闲园；休憩疗养区、郊野观光区、远景发展区。

这里已形成了春有花，夏有绿，秋有果，冬有景的美丽景观。

这是顺义新城滨河森林公园标志性工程，行人来到和谐广场，就见场内有两大建筑景观，一座是百米喷泉组合，一座是玫瑰园。

百米喷泉组合由主喷、辅喷、跑泉、冷雾和叠水五种水型组成。主喷扬程为136.8米，寓意为顺义县建制于1368年。这个高喷是国内目前旱地最高的喷泉。

水柱喷起，错落有致，忽而如山峰峭立，忽而如群山逶迤；忽而似一马奔腾，忽而似万马齐喑；忽而像孔雀开屏，忽而像百鸟朝阳。优美的音乐，抑扬顿挫，不知是它随喷泉歌唱，还是喷泉为它起舞。雾气弥漫，时而有雨星随微风拂来，一丝凉意，几分惬意。

水像花儿一样开放，绚丽多姿，五彩缤纷。

那玫瑰园围绕中心水池，建设了以玫瑰花为主题的集会广场，花路、花亭及藤本廊架等，为婚庆活动提供了浪漫的场所。玫瑰是爱情盛开的花儿，在这里绽放得格外艳丽。一对对漂亮的准新娘，身着洁白的婚纱，婀娜弄姿，如痴如醉……

潮白河整治后，按照规定不允许再捕鱼、钓鱼。顺义水务人想得周到，在周边新开辟了免费垂钓区，不花一分钱就能享受到钓鱼的乐趣，以前玩“野钓”的钓友也有了“正规”的去处。

顺义区潮白河左岸永久桥至彩虹桥之间的主河道北侧的百亩水域，

可同时容纳数百人，允许市民自由垂钓，每天都吸引很多钓鱼爱好者前来。

夏日里，河水旁，一顶顶遮阳伞五颜六色，一行行垂钓者端坐岸边，一支支钓竿躬身水面。突然，水面上起了涟漪，“水漂子”连连点头，渐渐沉了下去。说时迟那时快，就见一钓者躬身甩杆，一条鱼儿摇头摆尾，被钓了上来。

一阵欢喜！

这里原先是河道边的一处大坑，在治理河道的时候，把这个坑与河道连通，形成了一个坑塘。这里塘内水草茂盛，适合鱼类生长，塘边林木成荫，钓鱼时有荫凉可以避暑，离河道也有一定距离，能够确保钓鱼者的安全。

这片水域里野生的小鲫鱼较多，大的也有一二两，而且由于垂钓区距离主河道较远，属于相对独立的水域，在这里垂钓对主河道内的水质几乎没有影响。垂钓区内只允许钓鱼，严禁捕鱼、电鱼等行为。垂钓区的附近还有停车场，方便驾车的市民停车。

这就是顺义！

8.

夜深人静，这些数字却更加清晰：

顺义区总面积1021平方公里，其中平原面积占95.7%。2014年全区户籍人口近60万，常住人口达到100万，下辖19个镇、6个街道办事处、426个行政村。

根据顺义区人口和计划生育委员会2013年11月的工作报告，顺义自1998年拆迁了62个村，有7.8万人转为城镇居民。

顺义作为北京东北部发展带的重要节点、重点发展新城之一，是首都国际航空中心核心区，是服务全国、面向世界的临空产业中心和现代制造业基地，“十二五”时期成为北京东北部面向区域、具有核心辐射带动作用的现代化综合新城。

顺义区自2011年起GDP突破1000亿元，顺义成为京郊科学发展的排头兵。到2013年GDP达到1232.2亿元，2014年达到1339.7亿元，产业结构呈现“三二一”分布，结构比为54.8∶43.3∶1.9，由农业大区向工业大区、服务业大区转型。

我突然停止阅读，陷入思考。这是一个很惊人的数字，2014年GDP达到1339.7亿元。这个数字说明顺义发展之迅速，而发展之迅速又源于什么呢？

资料说，顺义的发展源于深入改革，不断推动区域经济与社会发展转型升级。调整功能，整合资源，全面打造临空服务、高端制造、绿色生态三大板块，着力实施亲水、生态城市，营造水系连通，色彩多样新景观。

资料说，顺义以科学发展观为指导，遵循“空港国际化、全区空港化、发展融合化”的发展理念，加快推进“经济发展多元化、城乡发展一体化、社会管理精细化、党建工作科学化”，全区走出了一条产业优化升级、就业比较充分、人口总量控制、经济社会协调、城乡统筹发展的道路，各项事业实现了科学发展、和谐发展、全面发展。

资料列举了2014年，顺义区委、区政府牢牢把握“三个阶段性特征”，加快推动“四个转型升级”的例子。

三个阶段性特征：经济发展进入稳中求进、提质增效的新阶段；城市发展进入完善功能、提升品质的新阶段；社会建设进入深化服务、创新治理的新阶段。

四个转型升级：推动临空经济区向首都国际航空中心核心区转型升级，推动产业发展向创新创造转型升级，推动经济发展向投资、消费协调拉动转型升级，推动城乡发展向城乡一体化转型升级。

这些措施见到了实效，从他们获得的一个个荣誉，可见一斑：

顺义先后获得“首都文明区”“全国创建文明村镇工作先进区”“全国文化先进区”“全国体育先进区”“国家卫生区”“全国绿化模范城市”

“全国双拥模范城市”“全国食品安全示范区”“全国农田基本建设先进单位”“北京市抗击‘7·21’特大自然灾害先进集体”“中央财政小型农田水利重点县”“全国中小河流治理示范县”等荣誉称号。

我曾在荣誉室看到这些锦旗、奖杯、奖状。

资料又充满激情地说，百尺竿头更进一步，在诸多成就和荣誉面前，顺义提出“建设绿色国际港，打造航空中心核心区”定位，这既反映顺义现有的本质特征，又体现了顺义今后长远的发展战略，对全区人民具有明确的导向作用。

“建设绿色国际港，打造航空中心核心区”这个新定位，使我想起历史上顺义“京郊粮仓”的名字以及“燕京啤酒”等品牌。

20世纪50至70年代，“京郊粮仓”在顺义区形成的，并在北京及全国流传。到了80年代，“燕京啤酒”等品牌亮相顺义，顺义的经济和社会事业发展已经到了新阶段，几十年前以单一生产粮食为主的行政区域，“京郊粮仓”的形象已经成为历史。

我相信，顺义在积极、主动、有意识地重新塑造顺义新形象，顺应顺义区经济和社会发展的要求，体现区委区政府与时俱进的时代精神和对顺义历史高度负责的态度。

顺义的“形象设计”也是一项创新，我想。

但是，其中的来龙去脉是个啥样子？

9.

早晨起床，第一件事就是拉开窗帘。

我从窗口望出去，对面是起伏的山脉，黛青色的。我很奇怪，顺义是平原，为什么我却看到了山脉，像我小时候在太行山老家看到的山脉。难道我出现了幻觉？真的是幻觉吗？

脑海中，还是昨晚关于顺义形象的问题。

我试图从密密麻麻的文字中，从顺义走过的历史中找到答案。

“建设新世纪两个文明高度协调发展的新顺义”，这是顺义2001年区委全会提出的奋斗目标。

2001年，顺义区委、区政府下大力气编制了《“十五”计划纲要》，确定了顺义区未来五年到十年的发展思路和战略目标。

具体思路是：在巩固农业大区的基础上，加快向工业大区、服务大区转变，走“依托空港、服务空港；依托空港、发展顺义”的道路。

总体发展战略是：实施“信息工业化”发展战略，构造空港国际化、全区空港化、发展融合化的经济运行体制，构建现代化大工业体系，实现社会生产力的跨越式发展。

这时，正值顺义人民满怀信心地按照《“十五”计划纲要》建设新世纪新顺义的时候，迎来了我国加入 WTO 和 2008 年奥运会申办成功的喜讯。

而 2008 年奥运会的有关项目将在顺义区举办，无疑是顺义再度腾飞的历史契机。

顺义区委区政府认为，必须要抓住这一历史契机，面向社会广泛征集“顺义形象设计”方案，塑造新世纪顺义的新形象，提高顺义在全国乃至世界的知名度。

当然，他们这样做的目的，就是吸引大量外来资本和一大批优秀人才，进一步加快全区经济发展步伐，为全区在 2010 年基本实现现代化创造条件。

2001 年 9 月上旬，“顺义形象设计”征集活动启动。

这是根据改革开放以来全区经济、社会、政治、文化等方面发生的深刻变化，以及区委、区政府确定的今后一段时期内的总体发展战略，抓住现有的本质特征和今后的发展趋势，发动社会各界人士对顺义形象做出新的评价和准确定位。

征集公告在《北京日报》《北京青年报》《北京晚报》《京郊日报》、顺义电视台刊播后，引起北京各大媒体都对此事给予关注，纷纷刊发新闻，为各项活动营造了浓郁的氛围，也成为宣传顺义的一次好时机。

“顺义形象设计”共征集到广告用语 1332 条，平面广告设计方案 112 幅，电视广告方案 95 件，电视专题片方案 19 件。

投稿者来自黑龙江、上海、湖南、广东等近20个省、直辖市、自治区，包括农民、工人、军人、干部、专业设计人员等各界人士。

参与征集作品作者的层次很高。中国广告协会学术委员会副主任潘大军、北京工商大学商学院广告学系主任张翔、北京师范大学艺术系教授于丹等人以及北京盛阳世纪、北京北奥、北京桑夏、北京东方伟龙等一批知名广告公司，都送来了作品。

征集办公室经过3次筛选，初步选出20条候选广告用语，制作13030张选票发至全区各单位进行广泛评选。共回收12480张选票，占发出选票总数的96%。从20条广告用语中，选择“北京顺义，绿色国际港”的有8477人，占67.9%；其中，“绿色”和“国际港”，成为民众喜欢的关键词。

经过聘请的专家评审论证和区委常委会多次讨论，“顺义形象”定格在“北京顺义，绿色国际港”。

这是既能反映顺义现有的本质特征，又能体现顺义今后长远的发展战略的响亮口号。“绿色”，代表着美好的环境，代表着科学发展和持续发展，代表着顺义人的文明程度；“国际港”则明确了顺义的定位及发展方向。

“北京顺义，绿色国际港”既朗朗上口，又富有内涵。

好运，带来了奥运，带来临空经济核心区，带来北京四个重点新城之一、东北部中心城市，带来了顺义产业结构重组，带来了顺义农村加快融入新型城镇化的步伐。

“北京顺义，绿色国际港”，多么充满内涵和诗意的句子！

……

漫长而短暂的一周过去，我要回单位处理些事情，回家看看老婆孩子。

“那位领导”说：“让小姚开车送您。”

小姚一脸的惊讶。

她说，她没开车去过北京，不认得路。

“那位领导”没有言语，意思是说不认得路，导航嘛！

小姚还是开车上路了。她说，她告诉了老爸，不要担心；她打电话给当警察的老公，请他“导航”。

到了北京，我说要请他们吃饭，小姚很爽快地答应了，她老公却执意要赶回去。

我失望地“省钱”了……

原来，顺义很美——

其实，顺义本来就很美。她有一部可歌可赞的人文历史。2014年，中国京杭运河申遗成功，京杭运河成为世界文化遗产之一，而在顺义，早在汉朝就有漕运；她有众多的河流，无私地滋养着这块土地和土地上的人民，“上善若水”在这里演绎了一个个精彩的故事；她有让人流连忘返的景致；她有众多脍炙人口的美丽传说……

第二章　本来就很美

1.

通过前期阅读资料，形成了初步写作大纲。我预计写十章，20多万字。

具体章节是：空降好运、本来就很美、战洪图、斗旱魔、托起水长城、“顺”潮白、中国第一、一字之差、绷紧红线、潮白水韵。

大纲基本顺利通过，但是书名引起争执。

原定书名是《顺义之水》，我提出叫《顺水》。

一些人坚持叫《顺义之水》，我执意叫《顺水》。

我的理由：

《顺水》就有《顺义之水》的意思；

“顺”字有顺流的意思，本义为沿着同一方向，指水顺着水势或水流的方向而流泻；

“顺”也意指面对千头万绪的事情，先要理顺思路，理清头绪；

“顺”更强调“趋”，如“顺风”“顺势”，即“顺”着自然规律，更科学、更充分、更有效地利用自然；

中华民族的历史，就是一部治水史，一个“治”字连续了几千年。从大禹治水开始，历代中华儿女前赴后继，在“治”的基础上，实现了“顺”的升华；

在水资源紧缺的今天，他们实施生态治水，扮靓我们生存生活的环境。这一“治”到“顺”的转变，“顺”出了人与自然和谐的新常态。

我说明道理，得到了大家的认可。

我把书名比喻为书的大脑，大脑支配章节、情节和细节。

“顺义之水”调研室已经将采访的人物、地点、程序，安排就绪。

我再次到来，进入采访阶段。

我、老程、小姚、小孙，组成采访组，驱车奔驰在顺义大地上。

“小姚，车开得挺好!”我说。

“我从十几岁就玩车。”小姚说。

开车在顺义行走，与乘坐飞机明显不同。

如果从飞机上，仔细往下看，顺义是这样的：

一个长方形，东西长约45公里，南北宽约30公里。她的东北部，被燕山余脉所环绕；西北部和东南部，散落着星星点点的山丘；之后是潮白河玉带般冲积平原，平坦开阔，森林茂密。

顺义地势北高南低，从飞机上看不出它的坡度，因为它的坡度只有万分之六，微乎其微。

汽车在大平原上行驶。

老程把一份专业资料给我：

顺义区的地形，大体可分为浅山区，海拔约100米的高程；山前坡岗区，海拔高程在50～100米；平原区，海拔低于50米。山区面积72.86平方公里，平原面积943.14平方公里。

河道长年的冲击，形成了平原地区，虽然坡度不是太大，也明显地分为一级阶地和二级阶地。两阶地以坡地相连接，高差10米左右。

顺义是这样划分的：一级阶地为潮白河、小中河、温榆河两岸的三条槽形平地；二级阶地包括东部、西部和中部三块高地平原。

顺义是农业大县，曾经被誉为“北京的乌克兰”“京郊粮仓”“中国粮田喷灌第一县”等，都与农业有关，与粮食有关，与水有关。

我因为多年从事的工作与水有关，所以对这些数字很敏感。你不要小看这一级阶地和二级阶地的高差只有10米，却是农业生产上的重要分水岭，一级阶地有洪、涝、碱灾，二级阶地有干旱灾害。

所以顺义既有洪灾，也有旱灾，有时洪灾和旱灾急转。洪灾也会转变为旱灾，旱灾也会转变为洪灾。

它让顺义世世代代，为之躬身，为之搏斗。洪灾、涝灾、碱灾来了，要与它们斗；干旱灾害来了，要与它们争。顺义的历史，就是与水旱灾害搏斗的历史，就是追求风调雨顺，人水和谐的历史。

资料说，顺义的地质也很有特点，前第四纪地层包括长城系高于庄组、蓟县系雾迷山组、寒武系、奥陶系、石灰—二迭系、侏罗系、和燕山花岗闪长岩。主要构造线为北东及北北东向，其次是北西和北北西向。构造形态主要有褶皱和断裂。

资料还说，顺义曾是农业大县，与水文地质密切相关。

顺义水文地质分为平原含水层、山区含水层、地下水运动、地下水埋深等内容。

平原含水层主要由砂、砾石、卵石组成，从北向南，介质颗粒由粗变细。以地下水赋存条件看，可分为三部分：牛栏山、大胡家营以北属潜水含水层区；县城以南及东西两侧二级阶地属承压含水层区；两区之间的北小营地区为溢出带。

平原含水层中的主要含水层大体集中在地深百米以内。百米以下，深层水各处不一，主要分布在县城中部和西南部。东南部和西北部的土层中属贫水含水层区。

山区含水层：山区基岩多属碳酸盐类，以灰岩、白云岩为主。受多次构造运动影响，致使断裂构造发育，因而含水较为丰富。单井出水量一般为50～80立方米每小时，部分地区可达140立方米每小时。但局部受多层泥质灰岩影响，地下水短缺。

地下水运动：地下水补给来源主要是大气降水渗入、河水渗入、地下基流侧向补给渗入及灌溉用水渗入。地下水运动形式主要是存在于岩石孔隙、裂隙和溶洞之中的水的渗流。地下水的总流向大体是自北向南。

资料记录了地下水埋深情况：

2005年至2014年顺义区地下水埋深：2005年，24.01米；2006年，26.31米；2007年，28.06米；2008年，28.53米；2009年，30.25米；2010年，31.66米；2011年，36.16米；2012年，36.46米；2013年，36.35米；2014年，39.04米。

你如果分析这些枯燥的数字，就会大吃一惊：

顺义的地下水原来相对比较丰富。一些老年人回忆，那时一锹挖下去就能挖上水来，后来地下水水位下降，但是还能用辘轳提水，用压水机提水，渐渐地，水位就越来越低。

很可怕的是，从2005年至2014年的数字看，地下水埋深年均下降1米左右。

我们知道，顺义是农业大县，势必与土地和土壤有关。

顺义区域土壤覆盖率为97%，面积为152万亩。顺义山区土地面积很小，100成中占4成；其他都是平原。

一级阶地以壤土、砂土、黏土、潮土为主；二级阶地以壤土、砂土、潮褐土为主；山前坡岗地属冲击褐土和潮褐土；浅山区属半旱生灌木系杂草褐土丘陵地。

顺义的土地原来大部分为农业所用，随着城市化建设的加快，旧村改造范围不断扩大，特别是仁和镇、南法信镇、天竺镇和后沙峪镇国家建设用土地增加，一些土地成为城市或商业用地。

枯燥的资料，看得人头晕脑胀。

我从窗口望出去，对面是起伏的山脉，黛青色的。我很奇怪，顺义是平原，为什么我却看到了山脉，像我小时候在太行山老家看到的山脉。难道我出现了幻觉？真的是幻觉吗？

我翻阅大量的资料，证明“顺义——绿色国际港”，将逐渐替代“北京的乌克兰”。

相对来说，顺义土地肥沃，适合发展农业，也算顺义的一美。顺义之美，还体现在悠久而光辉的历史、美丽而众多的河流，勤劳、聪慧而勇敢的人民。

2.

顺义之美，体现在她有一部可歌可赞的人文历史。

说到历史，老程侃侃而谈。

早在黄帝建都涿鹿时，顺义便是畿辅重地。春秋战国时地属燕国，自东汉初年起，顺义区的建置有了记载并一直延续至今。

历史上西周燕王，唐朝大将罗成、薛仁贵、尉迟恭，明朝女豪杰谢红莲，清代乾隆、康熙皇帝，清朝的李鸿章等有名的人物，都在顺义留下了精彩的故事，尤其与水有关的故事。

邓小平曾经来这里帮助村民打井，江泽民曾在这里考察植树，胡锦涛来这里慰问群众，还有其他的中央及部市级领导，在这里留下一段段治水佳话……

我仔细研究顺义悠久的历史，给顺义带来灿烂的文化积淀。而这种灿烂，与大善之水密切相关。

东汉建武十三年（公元37年），渔阳太守张堪不仅打退匈奴万骑的侵扰，还在古代的狐奴，也就是现在的顺义北小营一带，利用河水和泉水“教民种植”，从而“百姓得以殷富”，曾有歌谣《渔阳民为张堪歌》。

《后汉书·张堪传》写道：

桑无附枝，
麦穗两岐。
张君为政，
乐不可支。

这首诗的大意是：大叶的桑条不长枝杈，而一棵小麦却长出两个穗。岐，就是分岔。麦穗两岐，一棵小麦长出两个穗子，农业要丰收，这是十分吉祥的喜事儿。张太守当官，我们老百姓太高兴了。

不仅《后汉书》有收录，北魏郦道元也在《水经注·沽水》转载了这首歌谣。到了清代杜文澜辑《古谣谚》，将这首歌谣添上题目，为《渔阳民为张堪歌》。

这首歌谣朴实无华，感情真挚，带有浓郁的北方民歌特色，固然流传久远，更重要的是老百姓对于“拯民于水火，救民于涂炭”的地方官吏的德政，总是发自内心地爱戴和赞颂的。

历史告诉我们，那些实实在在为老百姓办实事的“富民侯”，人民都不会忘记。有诗为证：

狐奴城下稻云稠，
灌溉应将水利收；
旧日渔阳劝耕地，
即今谁拜富民侯！

这是早年在顺义狐奴山白云观，墙壁上的一首诗。它描写了河水、泉水润泽庄稼，狐奴城下稻黍千重的景象，也抒发了敬仰张堪的情怀。

一位不知名姓的诗人，还以“蝶恋花”的词牌名，直抒胸臆，以“张堪赞”赞张堪：

风雨千年山更俏，
杨柳飞飞，
绿水围山绕。
汉帝封臣知不少，
张堪绩业多荣耀。
箭杆河边清水稻，
鱼来飘香，

百姓诚修庙。
庙内焚香常凭悼，
张君为政农家笑。

诗中所说张堪庙，就在位于北小营镇前鲁各庄村。采访组来到这里，见张堪庙遗址已经种上绿油油的小麦。20 世纪 60 年代，此庙被毁，无存。

据说，他去职之日，乘折辕车，布被囊，两袖清风。连皇帝都赞叹，下诏褒扬。当地百姓怀念他，在前鲁各庄修建了张堪庙。

老程还自豪地说："张堪是将水稻生产传入顺义地区的第一人！"

再看那高高的狐奴山，身披浓浓的绿装，头顶蓝天白云，数年如一日，关注顺义人民的发展情况。周围那数千亩的古老的稻田，虽然已经远去，但是取而代之的现代化设施，再现顺义农业发展的生机与活力。

自古，顺义对水就有别样情怀。

2014 年，南水北调中线通水，南阳的水来到顺义。古时南阳人张堪稻，今又饮南阳甘甜水，不是奇遇，不是巧合，这是人与自然在这里的和谐际会。

这是后话。

3.

2014 年，中国京杭运河申遗成功，京杭运河成为世界文化遗产之一。

修建京杭运河的目的之一是漕运，将南方的粮食、丝绸等，源源不断运到北京，供应北京。

"隋朝修建了京杭运河，但是在顺义，早在汉朝就有漕运的事情。"老程介绍说。

我翻开顺义的历史，密密麻麻写着关于漕运的文字。

汉代，漕运温榆河上接昌平，下通北运河，已有漕运。

那时，河道不宽，仅容帆船来往。经明隆庆初年（1572 年）进行疏浚后，长陵、居庸关的军饷由此河运至昌平，多时年达 18 万石粟。

清乾隆五十四年（1789 年）重又疏浚，使之更为便利。

居庸关自古为兵家必争之地，历朝都在这里派重兵把守。因此，朝廷要不断为这里供应军饷。

明朝嘉靖年间，疏挖了通州至牛栏山潮白河道，并在密云开挖白河东道，将潮、白二水汇合处由牛栏山移至密云城南，经密云、顺义、通州直达天津。

于是，漕船、商舶、兵船往返于潮白河上。明朝还在牛栏山后设有停船处，装卸货物，设有厘卡收税。沿途设有码头，通行轮船。顺义城、牛栏山镇的商品可由天津直运而来。

1938 年，侵华日军于孙河建自来水公司，上游垒有水坝，船行不便，下游葛渠一带尚有零星货运。

“说到漕运，我们不得不提顺义的苏庄洋桥，因为它的消失，水运从此消失。”老程庄重地说。

采访组踏上废墟，查看那凌乱的遗址。

近百年的沧桑岁月，年复一年刷新它的年轮。那裸露的或者散落在河边的砖头，每一块上面都有几个字母，尚未有人准确说出这字母是什么符号。

“这是商标？还是生产厂家的名字?”我问。

残垣断壁，露出灰色砖块，上面清晰刻着字母。

“现在还需要考证。”老程说。小姚、小孙把写有字母的砖头捡起来，要带回去研究。

但是，人们都知道，每块砖都是漂洋过海，从国外运来的。

潮白河款款流水，不息地流淌，传咏洋桥的故事。

“洋桥”，因由外国人设计而得名。

洋桥是顺义县第一座钢筋混凝土桥，是相距约 6 米的两座闸桥的统称。一座东西横跨潮白河上，称泄水闸桥；另一座南北架设在引河即小北运河进口处，称进水闸桥。

京东各县人民，长期遭受潮白河水害。

1922 年春至 1926 年秋，由北洋军阀政府顺直水利委员会拨款 200

万块银洋，所用建筑材料除沙石外全部来自国外。美国的工程师罗斯和顾斯设计，京东河道督办处和顺直水利委员会主持，招募顺义和邻县各地民工施工，建成两座闸桥。

洋桥闸一端于通县平家幢附近接潮白河故道，一端于苏庄附近接箭杆河。建闸目的，平时闭闸使潮白河河水进入北运河，以改善漕运。汛期水涨时，提闸宣泄大部分洪水入箭杆河。

工程修建历时5年，耗资500万元。在闸西潮河正流上修进水闸一座，共十孔，作为调节水量之用。闸下至通县平家町村开挖引渠，长十五里，导入北运河。

这两座现代化闸桥合一结构的闸桥，是顺义县第一座永久性桥梁，也是北京地区建筑闸桥的创始。闸桥的建成，除在拦洪泄水上起了较大作用外，还接连了北京经杨各庄至平谷的公路。

苏庄洋桥建成后，曾有天津、通州的商货运往顺义和北货南运的船只往来。

1939年潮白河大水冲垮洋桥，小北运河干涸，水运消失。

民国期间，因军阀混战，日军侵华，加之陆路运输渐兴，潮白河漕运船只渐少。1938年侵华日军虽强征民船，只是运载修筑碉堡材料，未能进行航运。

1949年后，陆运发达，水运消失。

不能消失的是历史的印记！

采访组来到明代漕运码头。码头像一只老鹰，河的上游和下游如同老鹰的两个翅膀，延伸而去。水面开阔、平坦，有管理的船只停靠在岸边。岸和水交界处，是已经干裂或阴湿的淤泥。那边，随风飘来一阵阵鱼腥味。

“2001年11月25日，在北京温榆河顺义段整治工程中，于古城村北，温榆河东岸挖掘出导流石槽、砌石等一批古代建筑遗址物件。经文物专家勘察现场及查阅史料后断定，这是明代漕运码头。”老程介绍说。

“它首次以实物形式，见证了温榆河历史上作为漕运的重要功能。”老程说。

这个漕运码头让人重温那段历史：温榆河自明朝隆庆六年（公元1572年），担负起为皇陵驻军运送粮饷的重任；清朝以后，明皇陵所在地不再有重兵把守，温榆河漕运功能随之消失。

经年代久远，泥沙淤积，真正的码头被埋于河床之下。

采访组沿顺义至杨镇公路，到达县城东侧俸伯村西。在这里的潮白河边，看到小东庄渡口又称俸伯渡口。

这个渡口清乾隆年间即已使用，国民党统治时期曾一度实行军管，在附近村庄修筑坚固工事，派兵把守。渡口上一般在农历九月后架起临时木桥，农历三月十五汛期到来之前拆除，设船摆渡。

1954年，顺义县政府成立河道管理委员会，组织专人管理渡口事物；1957年河道管理委员会撤销，渡口由县政府交通科领导。

由于该渡口的摆渡量日益上升，两岸货物积压严重，1960年经市政府批准，将半桥半渡的渡口改建为永久性大桥。

大桥于1961年6月竣工通车。

永久桥已经运行半个世纪，2015年顺义在北侧重新建起一座大桥。

我感慨：潮白河就是历史的河！

我们站在河岸边，往上望去，她宽阔，她弯曲，她居高临下，闪着波光而来；看下游，她欢腾跳跃，奔流而去。这里，留下了今天的繁华，也留下了昨日繁荣佳话。

漕运远去，又迎来南水北调的水。

南水从湖北丹江口，北上千余里，在去密云水库的路上，于顺义的李家史山闸放水，经小中河等到潮白河牛栏山橡胶坝上游。潮白河干枯的河道上将迎来一亿立方米的“南水”，再现昔日湿地景观，涵养地下水源。

南水北调的水去密云，原来只是路过。顺义水务人自我加压，主动争取，在李家史山建闸放水，将清水注入潮白河。

南水北调，一个世界上最大的调水工程，将在这里留下闪光的足迹。而位于潮白河边的第八自来水厂，每年将大量的地下水送往北京城，润泽北京市民。

4.

在顺义采访，看到最多的就是顺义的河流，纵横交错，源远流长。

顺义之美，也美在这众多的河流，无私地滋养着这块土地和土地上的人民，“上善若水”在这里演绎了一个个精彩的故事。

顺义区境内河流多属海河水系，包括潮白河、温榆河、小中河等大小河流。东部河流汇入蓟运河支流——泃河，包括金鸡河、冉家河、无名河和鲍丘河。

顺义的河流有个特点，就是诸水南流，基本为平原地下河。

每条河流，都有很多比河流还长还远的故事。

采访组沿着潮白河行走，在欣赏美景的同时，更多是在聆听她的历史。

潮白河，有“北京的莱茵河”之称。

潮白河是顺义最大的过境河流，几乎从顺义的中间穿过。境内流程38公里，流域面积445.79平方公里，多年平均流量1309立方米每秒。

“为什么叫潮白河呢?”我问。

老程、小姚、小孙显然对这个问题知道得清清楚楚。老程给我讲，小姚、小孙偶尔补充一下。

潮白河的上游分潮河、白河两大支流。

潮河在历史上称鲍丘河，源于河北省丰宁县草碾沟南山，经滦平县到古北口，入北京市密云县境。潮河因水流湍急，其声如潮而得名。

白河发源于河北省沽源县，在延庆白河堡村进入北京地区。她古称湖灌水、沽水、沽河、潞水、潞河、溆水、白屿河。河多沙，沙洁白，故名白河；河性悍，迁徙无常，俗称自在河。

两河于密云县河漕村汇合后西南行，于北树行村入顺义境，于南庄头村出境。

由潮河、白河汇流而成，故称“潮白河”。

老程、小姚、小孙是在潮白河边上长大的，对潮白河历史并不陌生。尤其老程，如数家珍。

早在秦汉时期，潮白两河并不合拢，而是各行其道。

潮河入境后，由木林下坎，过蒋各庄，沿张家务、闫家渠、至马庄出境入河北省三河县，流经宝坻后注入蓟运河，再入渤海；白河由牛栏山入境，于李桥下坎，在通县北汇入温榆河，经安次与永定河汇合后入渤海。

两河有历史记载的第一次汇合点，即潮河在三河县境内西徙，于通县北串入白河，那年是北魏孝文帝太和二十一年（公元475年）。

辽代建都北京后，潮白河成了水运要道。为了漕运的需要，于北宋政和元年（1111年），整治潮、白两河，将两河汇合点由通县上提到顺义县牛栏山。

再到明代，密云一带防务官兵的粮草需要漕运供应，在嘉靖三十四年（1555年）开白河东道，并对潮河进行疏导，引白壮潮，两脉合一，并把两河的汇合点继续上提至密云河槽村。

从那时起，两河汇合点定位至今。今日的小东河就是原来潮河故道；怀柔境内的沙河，就是原来的白河故道。

清代以后，潮白河由漕运要道变为北运河及海河的主要水源。

这时候，潮白河在顺义境内河道仍于苏庄转西，经李桥南下入温榆河。

1904年和1912年，潮白河在李遂附近两次决口，夺箭杆河以下河床东下，冲入蓟运河。

民国12年（1923年），顺直水利委员会拨巨款，修建苏庄洋桥，导水入北运河，用来确保北运河上游水源。

新中国成立后，新辟潮白新河，使潮白河最终成为独立水系，其故道成为今日的月牙河。

“月牙河像月牙吗?”我很好奇。

“月牙河形同月牙，尤其在月光下，是一派璀璨的美景，很好看。”老程告诉我。

白天采访，马不停蹄。到了晚上，我还要看一些资料：

1939年，最大过水量达到64.69亿立方米；1941年，最小过水量只有3.35亿立方米，相差约21倍。

1956年，最大过水量达到37.22亿立方米；1980年，最小过水量只有5.13亿立方米，相差约7.2倍。

顺义区水务局潮白河管理段观测记录显示，潮白河顺义段1998年断流。

这就是说，潮白河的过流量很不均匀。水多的时候，可能造成洪涝灾害；水少的时候，就可能造成旱灾。

1998年断流后，河道沙石裸露，茅草丛生，野鸟哀鸣，成了牲畜的散养场。

我在资料中看到，顺义曾实施“引温济潮”调水工程。

2007年一期工程竣工后，潮白河与减河汇合口处土坝至河南村段蓄水；2010年6月河南村至柳各庄段蓄水；2012年4月柳各庄至苏庄段蓄水；2012年7月21日蓄水到沮沟橡胶坝，新增400万立方米。

至此，从向阳闸至沮沟橡胶坝蓄水达到1000万立方米。

所以，我们看到的潮白河，河面宽阔，波光粼粼。两岸绿树成荫，环路围绕。河上建起彩虹桥等建筑，既方便同行，又成为一道亮丽的风景线。奥运水上场馆、潮白河森林公园、汉石桥湿地公园等现代文明景观。

资料记载，潮白河有诸多支脉。

怀河，古称朝鲤河、七渡河，又名黄颁水。上游为怀九、怀沙两条支流。怀九河发源于延庆县境内，怀沙河发源于怀柔县沙峪乡。两支流在怀柔城西汇合后称怀河，东南行，汇潮白河于境内史家口村。

箭杆河，俗称溜溜河，下游又称窝头河。1904年前，流经顺义、三河、香河等县后入蓟运河。1904年后，潮白河在赵庄西夺取其以下河床，使之变为潮白河支流。

小东河，发源于密云县河南寨，于贾山村西入顺义境。经大林、小韩庄、马坊后，在大胡营村西入潮白河。流程20公里，流域面积17.9平方公里。

城北减河。1959年至1960年开挖的人工河道，目的是把海洪以上小中河流域面积的75平方公里的超量沥水截入潮白河。自海洪起，向东经县城北至潮白河。

……

潮白河的美，不仅仅是她养育了两岸的儿女，也给人们带来美丽景色。她的四季都是美的，春天鲜花遍野，花香四溢；夏天绿阴遮盖，惬意凉爽；秋天果实累累，笑傲枝头；冬天千里冰封，万里雪飘……

“除了潮白河，顺义还有一条美丽的河，叫温榆河。”这是顺义人挂在嘴边的话。

资料记载：温榆河由昌平县境内的南沙河、北沙河和东沙河汇聚而成，流经昌平、顺义、朝阳，过通县北关闸后接入北运河。全长63.5公里，境内流域面积53.98平方公里，顺义区河长17公里。

采访组站在温榆河畔，眼望十里长堤一望无垠，如龙逶迤。岸边，或千亩良田一望无垠，或白杨树林屹立参天，或果树林翠绿延绵数十里。偶尔，林中小松鼠蹦蹦跳跳，树上的鸟儿唧唧喳喳，远处时而有三两声犬声忽隐忽现……

我深深感叹，温榆河的美不仅说她是历代王朝的漕运要道，而且由于其水质洁净、清澈，成为皇家宫廷、园林、湖泊的御用之水。顺义人扬温榆河之善性，引温济潮，使枯槁的潮白河风帆点点，碧波荡漾，给两岸人民带来新的福祉。

当然，顺义还有小中河、龙道河、白浪河、西牤牛河、方氏渠、引河等温榆河的支流。你知道这些支流是干什么的吗？它们是源源不断为温榆河输送“血液”的……

对了，还有金鸡河、无名河、鲍丘河等河流，多么好听的名字。

进入20世纪90年代，顺义一些河流已断流，但是那些优美传说却令人难以忘怀。

5.

“历史上顺义‘十二大美景’，都有哪些？”我问。

老程、小姚、小孙，三人一起说全了。

顺义原来有八大美景，之后又变成十二大美景：“玉幢金马”“引堤叠翠”“碧霞春晓”“温榆远树”“狐奴远眺”“石梁蟹火”“洋桥破浪”

“清浊流芬”“松雨书声”“曲水晴涛”“高台仙阁”“金牛古洞”。也有文章将“海岛迴澜”“圣水三潮”等列入其中。

我发现，最美景观，往往是以水为魂，以诗扬名的。

您看“海岛迴澜”。黄志记载：在治东五里许，寺名海岛，当白河洄流，水湾湍急处。民国杨志记载较为具体：在治东五里大东庄北，有海岛寺，今名倒座观音，台下当白河洄流，水湾湍急处，后白河东迁奉伯，此地变成沙壤。

据说，20世纪70年代以前，滔滔的潮白河水，撞击这里的崖壁后，拐弯向东南流去，水流湍急，激荡回旋。临岸望去，但见崖上古刹巍巍如蓬莱仙阁，崖下激流翻滚，景色的确是蔚然壮观，更有涛声隆隆。

确切资料证实，清康熙年间，知县黄成章将海岛迴澜列入八景之一。

清朝张大酉写诗描述：

曲槛迂洄绕藏楼，
白河欹岸拥瀛洲。
蓬山弱水托银练，
野寺湍流挂月钩……

清朝毛振翧也以五言写道：

三岛非人世，
白河尚有名……
范纵涛诗云：
云纤雨细海天风，
小岛回澜系短篷。
絮软苹香芳草碧，
高山远树翠玲珑。

……

您看“清浊流芬”。它在牛栏山镇下坡屯村东，是怀河与潮白河合流处。犹如泾河和渭河相会泾渭分明一样，怀水清，白水浊，同流数里，清者自清，浊者自浊。

民国时期，顺义县人杨桂山写诗描述：

白水浊兮怀水清，
两河相会自天成。
牛山南枕频翻浪，
渔火中烧别有情。
泾渭合流原不混，
薰莸同器各分明。
濯缨濯足歌孺子，
留得芳踪付众评。

民国县志还有照片，留下了“清浊流芬”永久记忆，此景确能令人产生无限遐想，她不仅仅是一处美景，也是一部教科书。只有“泾渭合流原不混”，才能“留得芳踪付众评”。

也正如其名“清浊流芬”。

您再看“圣水三潮”。位于北小营镇北府村狐奴山前，泉水一日三溢，遇到海潮则大溢。当地老百姓，将其引入水渠，灌溉农田。号曰“圣泉”。

这里田野开阔，地势低洼。汉朝渔阳太守张堪屯兵狐奴县，曾引其水，开稻田，教民种植。这里曾是“稻黍千重浪，金秋落地黄”的一派丰收景色。百姓富足，敌兵未敢入侵，天下太平。

清朝蜀人毛振翧咏诗：

地脉通灵窍，

清泉进石坳。
流膏长不竭，
千载润东郊。

清朝张大酉写道：

尺沼渊渟工鉴平，
三冬不涸碧潭澄。
一腔雪浪溶溶月，
万斛银涛滚滚鲮。
玉液杯时泉可掬，
金瓯引处汲无绳。
窍灵应有神蛟窟，
溉亩分波熟稻塍。
……

还有“曲水晴涛”。位于北小营镇仇家店村北，高梁桥下。箭杆河水至此曲流，澄澈潆洄，与晴光明媚相掩映，构成诱人的美景，谓之曲水晴涛。

毛振翧写诗咏道：

更宜晴后看，
霞彩散银河，
……

黄成章咏之：

曙色平收涛色媚，
湖光上影日光迷，
……

不仅是顺义的每处景致，都留下了赞美她的诗篇，就是整个顺义，一些帝王将相、文人墨客，见过路过住过的都说好。

清高宗在《过顺义县》中赞到：

行行过县城，
陌柳扬烟轻。
白水桥为渡，
青郊尘不生。
藩宣察吏治，
保障廑民情。
安乐真安乐，
春田遍雨耕。

曾经先后担任怀柔水库、密云水库修建指挥部总指挥、顺义县委书记和北京市委书记（当时设有第一书记）、北京市副市长等职务的王宪，也曾写诗，抒怀顺义：

金鸡秀水映绿野，
潮白深林不见天。
黍谷神农北相依，
张堪引稻狐奴南。
廿里长山涌甘露，
春娘香飘千家宴。
……

顺义美景，就像潮白河畔一幅幅亮丽的风情画，给人们心中留下一个个无限美好的回忆和遐想。历史上的顺义八景也好，十二景也罢，都是古代顺义繁荣兴旺的一个缩影，汇集成了顺义的悠久历史和灿烂文化内涵。

这些美景有的已经消失，有的只是人们的美好记忆。随着时代的前进，首都国际机场、奥林匹克水上公园、国际鲜花港、燕京啤酒厂、北京现代汽车、新国际展览中心、杨镇汉石桥湿地、焦庄户地道战遗址纪念馆等，顺义新的美景在世人面前闪亮呈现。

6.

“顺义之水”采访组给我一本《潮白河畔美丽的传说》，这本书记载着许许多多的传说故事，其中的很多故事精彩动人，寓意深远，脍炙人口，源远流长。而这本书中的词写得也别有意蕴。顺义的很多故事本来就很精彩，这样一写就简直神了。

比如“康熙与顺义三伸腰清水稻”。

文章写了为什么叫“三伸腰”大米，这种米怎样成为的贡米。

先说为什么叫“三伸腰”大米？

一种说法，即“三伸腰”就是蒸煮三次后，大米不失其香，不变其形，只是膨大、变软了一些，好像是大米伸了三次腰。当地人形容这种大米的黏性，说“一把甩在墙上，就粘住了!”。那确实是一种绿色大米，因为空气没有雾霾，水没有被污染，种植不用化肥农药，更不用人工使用漂白粉漂白。

再说这种米怎样成为的贡米？这要先从这本书中的一首词说起。

小桃红·南石槽
行宫
燕山脚下南石槽，
行宫春光好。
又见杨棠御前报，
三伸腰，
顺义有名清水稻。
白色飘香，
康熙称妙，
年年供当朝。

康熙是中国历史上善于治国的、为数不多的伟大封建政治家之一。他 8 岁即位，14 岁时亲政，16 岁时铲除了权臣鳌拜。康熙执政期间，撤除吴三桂等三藩势力，从郑成功的孙子郑克塽手中收复台湾，平定准噶尔汗噶尔丹叛乱，并抵抗了当时沙俄对我国东北地区的侵略。他干了这么多的大事，还对顺义的“三伸腰”大米很感兴趣。

这是因为，他还是多才多艺的学者。他十分重视农业，亲自考察和实践农作物的培育和种植，包括稻、麦、人参、花木等，有十几种之多。他在北京西苑丰泽园搞了一块试验田，培育了稻米颗粒细长、颜色微红、吃起来香甜可口的优良的稻谷，叫“御稻”。于是，他下令京师地区推广这种水稻的播种，结果是康熙王朝几十年宫中吃的都是这种御稻。

康熙四十六年（1707 年）九月，他参加木兰围场“秋狝大典”后回京，路过顺义南石槽行宫时，召见顺义县令杨棠。康熙想听听“三伸腰”清水稻的生产情况。

杨知县立即禀告：“这种稻碾出的米雪白、光亮、油性大，做出米饭香甜可口。煮饭时不乱汤，剩下的米饭再蒸再煮不变形，所以百姓管它叫‘三伸腰’大米。”杨知县停了停又补充说：“今天圣上吃的米饭就是‘三伸腰’大米。”

当时，杨知县显得很紧张，没有把“三伸腰”大米解释清楚。

康熙立即端起饭碗，闻了闻米饭的香味，饶有兴趣地说：“怨不得，这米饭有一种特殊的味道呢。你们看，它松散不粘。不过，要把剩下的饭，晚上要熬一碗粥，再重新蒸一碗饭，看看如何?”

晚上，康熙吃了重蒸的饭，又尝了粥，证实这种米味道不变。他高兴地指示杨知县：“顺义供给种子，在京师地区普遍推广种植，凡是种植这种稻谷的免税三年。”

康熙还要求杨知县选一块地，明春他要亲自来种植，研究水稻技术。

杨知县受宠若惊，立即走街串巷，宣传康熙皇帝的圣旨和免税三年的政策。第二年春天，他还在狐奴山下，圣水桥旁选了一块地，竖起“圣水泉御稻试验基地”的招牌，脱掉官服，挽起裤腿，光脚下水田种稻。

那年，全县有水的地方都开始种水稻。康熙皇帝没有忘记年前的承诺，来到狐奴山前，挽腿下水“抹秕”种稻，还兴奋地说：“大清国多有些县令都像杨棠似的，朕的丰衣足食思想就能实现了。”

顺义的老百姓围过来，笑着说：“万岁爷，您还真是个干农活的行家里手!”康熙直起腰，抹抹脸上的汗水，笑着指着牌子说：“你们的县太爷给我插了个牌子，不干不行呀!”

于是，“三伸腰”清水稻成为清廷贡米。

我听了这个故事，想告诉大家，现在您如果在市场上看到这种大米，一定想好了再买。我在顺义采访时了解到，这种大米已经绝迹。我们可以听听传说，望梅止渴、画饼充饥罢了。

《潮白河畔美丽的传说》在描写“冒水明珠”时，配了这样的词：

驻马听·冒水明珠
汩汩声声，
冒水明珠神水井。
甘甜洁净，
消寒清暑有奇功。
师爷忧患故乡情，
顿生异念窃珠瑛。
心诚感老翁，
甘尝泉苦圆人梦。

20世纪70年代以前，顺义的地下水没有开发时，水源非常丰富，有大面积的湿地。西部小中河沿岸，东部潮白河东岸至杨镇下坎，大部分是低洼地，许多地方都有水自流，咕嘟咕嘟冒出地面。

群众把这种现象叫“冒水”。古代由于条件的限制，不能作出科学解释，就演绎了许多美丽的神话。

顺义北门外的龙王庙边上有一眼水井，井水与“地河”相连，经常有一颗光芒四射的明珠浮出水面，明珠玲珑剔透，金光四射。喝了这井水的人都感觉到：三伏天喝了，神清气爽，暑气全无；三九天喝了，暖气融融，寒气顿消。

凡喝此井水的人，红光满面，精神饱满，很少得病。

于是，这井水就成了村里的宝贝。为了保证明珠的安全，村里选派一位德高望重的老人巡视。有一天，这里来了个“南方人”，乔装打扮成师爷模样，每天晚上到井旁绕弯，还念念有词。巡视的老人揭破他的秘密说：“你是不是在打冒水明珠的主意呀?”

这位“南方人”突然跪下来求情：“我们南方家乡闹大旱，连喝的水都没有了，人都快渴死了。大家听说顺义有一颗明珠能给我们引水，派我来找明珠，救救将死的人。”

巡视的老人看见来人可怜的样子，心想救人一命胜造七级浮屠，就说：“冒水明珠是我们家乡的宝物，借你可以，但要早日奉还。若你不还，明珠就不灵验了。”

“南方人”借回冒水明珠，救了不少人的性命，那里的人纷纷感谢顺义舍己救人的高尚风格，许多南方人都知道顺义的水好喝。自从明珠被借走后，顺义北门外这口井的水就失去了甜味，变为早晨是铜味，中午是铁味，晚上是土腥味。

当地人都埋怨巡视的老人。

老人说：“咱还能喝上水，比把人渴死强吧，咱顺义人什么时候见死不救啦!”其实，后来人们发现，附近的“地河”被污染了，所以井水变味了。

这个故事给我的印象是，顺义自古就有“顺人情”“讲大义”的好民俗。

《潮白河畔美丽的传说》还写到了“万金泉”。

得胜令·秀水万金泉
汩汩万金泉，
碧潭澄照青山。

一川翻稻浪，
满目是江南。
甘泉，
酿玉液迎四方琼浆宴。
画意诗情，
诗百首抒怀清水篇。

北小营地区狐奴山下，曾有数不清的泉水，自古常年流淌，人称“万金泉”。

过去这一带用水不用挖井，随便用舀子或水桶一打就带回家做饭，用手捧水喝成为一道风景。那清凉的水，一边从喉咙润下去，一边从手指缝隙落下。如果有阳光照射，那水滴就跟珠子一样，闪闪亮亮。

秦汉时代。这里已是富饶的鱼米之乡。

这里是古代顺义的风景区，不仅风光秀丽，而且历史悠久，人文荟萃，山山水水都有着丰富的文化内涵。

传说知县黄成章来顺义，首先被万金泉秀丽的景色迷住了。

这里山美、水美，晚霞更美，每当夕阳西下，万金泉霞光万道，一片火红。他踏着夕阳的余晖，边走边看，田间处处有清泉，块块稻田有潺潺的水声。

他诗兴大发，边走边吟，每走百步成诗一首，有五言、七言，有绝句、有律诗，直到天明，成诗百首。黄成章歌颂万金泉百首诗集就是这样形成的。

受万金泉的启发，许多文人墨客留下了精彩的诗篇。

唐无名氏作“渔阳怀古”诗：

渔阳豪侠地，
击鼓吹笙竽。
云帆转辽海，
粳稻来东吴。

宋邵康节陶醉万金泉，以水为师，写出《孝悌歌》：

子养亲兮弟敬哥，
天时地利与人和。
莫言世事常如此，
堪叹人生有几何。
满眼繁华何足贵，
一家安乐值钱多。
奇哉让果与怀橘，
子养亲兮弟敬哥。

另有《心安吟》：

心安身亦安，
身安室自宽。
心与身俱安，
何事能相干。
谁谓一身小，
其安若泰山。
谁谓一室小，
宽如天地间。
……

您看，泉水不仅是泉水，还是哲学内容，与孝悌相关，与修身相连，难怪那些文人墨客文思如泉涌呢！

还如“千年圣泉搬倒井”。

迎仙客·搬倒井
搬倒井，

涌泉清。
唐王东征渴大营，
井有功，
碑王颂。
雕刻九龙，
传世成八景。

中国人能把水井搬倒，确实是一种智慧，却是顺义的发明。

古代，南彩镇西江头村有一口井，井水常年自流，当地百姓称之为满井。相传，唐王东征率40万大军胜利归来时，由于天热口渴，士兵争抢饮水，把井给搬歪了。井水自流而出，盛夏格外清凉。

唐王见状，当下说："此井有功，立碑纪念。"

于是在井边立下石碑，宽5米、高3米。唐王还亲手名，叫"九龙碑"，意思就是水特别多，特别好。

知县黄成章称之为"圣井涌泉"。

一个"涌"，可见此"泉"水之旺盛。新中国成立初期，村里学生上学，只拿个杯子，渴了就舀一杯满井水喝；老百姓播种耕田收秋时，渴了或趴在井沿，伸嘴吸水喝呢。可是，如今顺义的地下水却以每年一米的速度下沉，"伸嘴吸水"早已经成绝唱，掘井止渴也成"告别式"。顺义不仅自己要喝水，还要保证北京市解渴，怎么办？

……

"顺义的传说还有很多。"老程说。

"我们这次仅把与水关联的几个摘录一下，说明顺义真的很美。"我说。

我从窗口望出去，对面是起伏的山脉，黛青色的。我很奇怪，顺义是平原，为什么我却看到了山脉，像我小时候在太行山老家看到的山脉。难道我出现了幻觉？真的是幻觉吗？

似乎幻觉也很美。

水利、水利，水利万物的意思。但是，水也有害人的时候。从古至今，一个叫“旱魔”，一个叫“水鬼”的两个家伙，不间断祸害人们。因而，顺义最美的，却是历代顺义人顽强不屈，与水鬼旱魔进行持久的战斗风采。他们执着、科学、无畏，保卫首都北京，保卫首都国际机场，保卫顺义的数以万计的鲜活生命，保卫顺义的秀美山川和大地……

洪涝灾害始终是中华民族的心腹之患，中华民族的历史也是一部治水史。在顺义，大洪水带来的灾害殃及生灵和家园。多少往事不堪回首：1939 年大水，潮白河上洋人建造的“洋桥”被彻底摧毁；1950 年大水，一个村庄被夷为平地，多少家家破人亡……顺义人民历代永续，修水库、筑堤坝，战“蛟龙”，变害为利。保卫美丽家园，保卫首都机场，保卫祖国心脏，成为他们光荣的使命……

第三章　战　洪　图

1.

天上出现蘑菇云，不久大雨就来临。

1994 年 7 月初，顺义的天空阴云密布，到了中旬就连降大雨。

那是一场罕见的特大暴雨。

一次次紧急报告：

全县降雨量超过 50 年一遇。

顺义县境内所有河道、桥涵的行洪量均超过了原设计流量，洪水来势凶猛。

顺平公路行宫桥金鸡河洪峰水位超过桥面，港西闸水位超过启闭机工作台，河道蔡家河、箭杆河、温榆河、方氏渠、小中河等十几条河道及南彩闸、半壁店闸、苇沟闸等数十个闸桥涵洪水均超过原设计流量50％以上，造成桥涵被毁、堤坝坍塌、河塘漫溢、农田被淹、交通断绝、供电中断、民房倒塌、工厂进水……

灾情就是命令！

7 月 15 日下午，北京市召开紧急会议，部署救灾与防汛任务。北京市政府当即决定拨出专款 1000 万元支援顺义及平谷、密云、通县灾区人民，安排生活、生产自救。要求全市各行各业要尽力支援灾区，有关部门的干部要下去解决问题。两位副市长及时赶到顺义，视察灾情，慰问群众。

7 月 21 日，正值酷暑时节，北京市政府主要领导来到顺义，听汇报，解决问题。踏着洪水侵蚀过的土地，顶着炎炎的烈日，市领导到南彩镇水屯、张镇港西等地，深入农户察看灾情，当场解决实际问题，给顺义县干部群众带去了鼓舞，带去了战胜灾害的信心。

顺义县委、县政府及防汛指挥部不等不靠，及时派将分兵几路，深入灾情严重的乡镇村庄，指挥抗洪抢险。

顺义县委书记赵凤山现场指挥，对险村险户及时采取措施，搬迁转移，确保人民生命安全；县长赵义正在外地学习，深夜打电话询问灾情，第二天中断学习，赶回抗灾现场，指挥救灾工作。县委的其他领导也都及时赶到沙岭、张镇、尹家府等重灾区，与乡镇村干部一起研究部署并指挥救灾抢险。

顺义县委、县政府的办公室，则是灯火通明，昼夜有人值班。

7 月 12 日晚上 7 点多，顺义县水利局局长马德斌冒雨到降雨强度较大的金鸡河岸边三个乡实地检查。夜里 11 点多钟来到沙岭乡，果断连夜调集草袋 5000 条运往金鸡河。

当晚，顺义县水利局副局长、年近花甲的赵士礼，先到南彩箭杆河闸桥，看到洪峰超出危险界限，果断命令提闸放水，又冒雨赶到赵庄视察橡胶闸坝，随后赶往顺三排水渠，见到护堤冲毁，立即组织人抢修并与有关单位联系，紧急调拨草袋 3000 条及其他物资。

之后，赵士礼又马不停蹄赶往金鸡河行宫桥，洪峰漫过桥面七八十厘米，流量达 300 立方米每秒以上，此时已是深夜 11 点半。

凌晨 1 点，他又顶风冒雨赶到破罗口，那里有金鸡河支流，1988 年曾发生过水灾。他同已经在前半夜赶到那里的乡党委书记吕志旺等主要领导研究，果断决定放弃200多亩鱼池，扒开副坝。

大街小巷只要有水的地方，就有活鱼乱蹦。几千斤鱼跑了，但保护了全村300多户1100多人的生命安全。

7月13日，县委决定将指挥部迁移到靠近重灾区的杨镇政府进行办公，确保抗洪抢险的顺利进行。

13日凌晨2时，北京市防汛办公室及时派出以总工程师藤树堂为首的防汛小组，连夜赶到沙岭乡，顶雨冒险勘察金鸡河水情和破罗口村抢险避灾情况，指导防汛工作。

而在7月12日晚，沙岭乡机关干部闻讯跑步赶来，十几名干部跳进急流中固定豁口，一直奋战到13日早晨5点。

北务乡党委书记和乡长，从晚8点至第二日早8点，带领抢险队加高堤埝，堵复决口及时转移被水围困村民。

张镇党委抢在洪水之前，把李家洼子、港西两村险户提前转移。

村里的党员干部也哪里危险就出现在哪里。

大田庄220户人家180多家进水，110间房屋倒塌，2000多亩玉米被水淹没，460间温室蔬菜及瓜田、鱼池均陷入一片汪洋。

支部书记张连仲12日下午6点从北京赶回村里，直奔村委会召开紧急会，立即成立40人的抢险队，深入各户，动员群众搬出危险的地方。

他趟水逐户视察，劝出30多户脱离险境。深夜雨急时，他又带人呼唤，让全村人保持警惕，并把猪只赶往高地，把仔猪捞出水放到仔床上，三天三夜没回家。

张书记家里5间旧房、2间厢房倒塌，也没回去看一眼。年近6旬，有高血压、心脏病的大队长也始终坚持奋斗在雨中。

22岁的村长田永华，背起80多岁的胡长富，趟水离开险境，放到自己家中照看。他的腿上划出又深又长的口子，直到伤口化脓，不得不输液治疗。

副书记贾桂森把有病的妻子一人放在家里，两天两夜在外抢险奋战……

一方有难，八方支援！

7月15日，县粮食局、县供销社、化肥厂等单位先后送来9卡车化肥、5卡车面粉和方便面。

顺义公路分局组织300多名职工，出动几十台施工机械，及时抢修被冲毁的公路。

保险公司遍访受灾户，简化手续，至7月21日，给56个企业、380个家庭赔付保险金320万元。

顺义县各阶层、各单位及所有群众团体在县委、县政府组织号召下，踊跃捐款捐物，支援灾区，仅两三天时间，就收到捐款422万多元。

那张捐款捐物单上写着：

> 县委、县政府、县人大、县政协四个单位就捐5.4万元、李桥镇干部职工至17日捐款7万多元、半壁店村个体户张绍凌先后捐款1.9万元支持救灾和慈善事业。
>
> 中国红十字会、北京市红十字会，东城、朝阳、崇文、西城等区红十字会，都纷纷捐款捐物支援灾区。

7月15日，烈日当头，酷热袭人。

全县紧急动员2万多名机关干部和企业职工，为夏播玉米追肥。一直持续了4天，至7月19日，45万亩夏播玉米追肥一遍，把大灾之年的损失降到最低。

顺义区档案馆资料记载：

> 这一年，特大洪水使河道堤防多处漫溢决口，水利工程损毁严重。这场大雨造成金鸡河、箭杆河15处漫溢，小中河、顺三排水等5处决口、冲毁，损坏桥涵78座，闸11座，跌水7座。
>
> 这一年，顺义粮食产量在粮田减少5万亩的情况下，总产

仍达5.56亿公斤，单产877公斤，提高了34公斤。蔬菜供给首都市场6.5亿公斤，比上年多1.6亿公斤。农业、县乡工业总产值都比上一年有一定幅度的提高，农民人均收入达3212元，比上年增加677元。

这一年，顺义县防汛抗旱指挥部办公室获“1994年北京市水利系统防汛抗旱先进集体”称号；赵士礼被评为“94年度全国抗洪模范”称号；赵士礼被评为“94年度北京市水利系统防汛抗旱先进个人”。

这一年，顺义再次奏响团结治水，众志成城，一方有难八方支援的抗洪协奏曲。

潮白河，就像一根琴弦，顺义人民世世代代在上面弹奏，既有高亢的音符，也有悲伤的乐曲。

历次抗洪抢险战斗中，几位英雄英勇就义，英雄壮歌惊天地，泣鬼神。

老程说：“其中，刘勇在抗洪中，英勇就义的事迹，在顺义广泛传扬。”

2.

1995年夏天，顺义经过4个月的紧张施工，在潮白河苏庄段建起一座300米长的橡胶坝。这座圆筒形的橡胶坝，像一条长龙横跨在潮白河上，将潮白河的水拦住，再现水波荡漾的美景，也为两岸带来郁郁生机。

这是顺义人民建设美好家乡的又一举措。

可是，进入汛期，人们担心，会有一场大雨来临。因为在几天前，当地人看到了燕子低飞、老鼠出洞、群蛇过街、蚂蚁搬家、月亮打伞等征兆。那些农家谚语，往往是很灵验的。

果然，大雨如期而至。

几场大雨后，密云水库蓄水水位上涨，按照防汛的要求，开始泄洪。

第三章　战洪图

密云水库在顺义的上水头，泄洪的水必然要通过潮白河，必然要进入顺义。

果然，6月1日，密云水库泻下的洪水，如脱缰的野马咆哮而来，瞬间就漫过橡胶坝，顺流而下。

那洪水中，夹带着木板、棍棒等杂物，集结在橡胶坝后上下翻滚，危机产生了。

下游水位顶托和坝后产生的漩涡，使木板等杂物循环抽打坝袋。

那坝袋充满水鼓鼓的，是个庞然大物，其实它是用一层橡胶制成的，如果木板上带有铁钉，坝袋就有被扎破的危险，那样坝袋就成了泄气的皮球，瘪了。

如果它突然瘪了，大量的积水会顿时涌出，危机下游的村庄和农田……

再者，橡胶坝刚刚建成，两个隔离墩上新吊装了两条钢筋骨架，骨架底部刚刚做了简单的混凝土固定，尚不坚固，因此保留两条纤绳维系骨架的安全。

这时，杂物挂满纤绳，不断拉曳骨架，如果长时间拉拽，有将龙骨拽倒的危险。一旦上吨重的龙骨倒下，坝袋必毁无疑。

如果坝袋被毁，大量的积水会顿时涌出，危机下游的村庄和农田……

指挥部当机立断，指派第三施工队副队长庞宝利，带两名水性好的年轻民工进行处理，排除险情。

庞宝利接到命令，随即带两名本地民工，准备乘船去排险。

第三施工队队长刘勇发现后，对副队长庞宝利说："这事儿很危险，别让民工去，万一出点事怎么办?"

庞宝利问："那怎么办?"

"我去!"刘勇毫不犹豫地说。

"你去不是也危险吗?"庞宝利说。

刘勇继续说："我们是水利人，这是我们分内的事情。我们不能把危险留给别人!"

庞宝利还要阻拦，刘勇抄起一把钳子，踏着西头坝袋的顶部，趟着不很湍急的水流，很快把西墩上的龙骨纤绳剪断了。

这时，庞宝利带人驾船赶到。

刘勇、庞宝利准备去剪断东墩上的龙骨纤绳。他们闯过中坝袋激流区，一同来到东岸，剪断最后两条纤绳，龙骨可能被拽倒的危险已排除。

这时，汇积在胶坝后的杂物，仍然随着漩涡的旋转，不停地抽打着坝袋，发出噼噼啪啪的响声，坝袋仍然处于危险之中。

刘勇盯了那些杂物片刻，心想这些杂物不清除，橡胶坝还是处于危险之中。

可是，清走这些杂物，必须进到漩涡区内，用手把杂物捞出扔到漩涡区外，才能将杂物顺水漂走，别无任何办法。

刘勇心里明白，坝下就是近一米深的消力池，加上翻滚的漩涡，人是不能上前的，只能坐在船上拾捡这些杂物。

但是，由于水流和漩涡的作用，船根本不听使唤，到不了杂物跟前。

刘勇看着几尺长的木板一会被水举起来，打在胶袋上又沉下去，一会又旋起一根木桩撞向坝袋，有的木板上有钉子，有的木桩有锋利的木茬子，每次打下去，就像有一根绳子揪动着他的心。

他们精心动手修起的橡胶坝就像自己的孩子被人欺负一样，刘勇不忍心再看下去，于是他对船上的庞宝利说："我跳下水去，往前推着船，你们用手捡杂物。"

庞宝利说："太危险了，还是我去吧!"

刘勇很严厉地说："不行!"

刘勇说罢，纵身跳下激流。

洪水一下子没到他的胸部。

他在激流中艰难地推着船前进，一步一步，接近了漩涡，接近了杂物。

这时，船在激流漩涡中激烈地摆动、摇晃起来，正有坝顶流下的洪水注入了船舱，眼看就要有沉船的危险发生，刘勇在喧嚣的浪声中高喊："赶紧跳水！游出漩涡！"

刘勇死死地扶着船，尽量让船体稳当一点，以便让船上的三名同志踏得实、窜得远，尽快离开漩涡区。当他看到庞宝利等人全部离开船体时，才决定松开这摇摇欲翻的船。

他刚一松手，船立即就被打翻了。

从船上跳下来的人陆续游出水面，然而刘勇却被旋进漩涡区，在漩涡中翻滚几次，再没有露出水面。

赵士礼发现船在漩涡中打转，有一人没有出水面，立即指挥周围的人："不好，有人落水，赶快组织抢救！"

命令如山倒。

苏庄水文站的人立即乘船赶到出事地点。

苏庄大队的村民，武警支队战士，水利局的领导等陆续赶到了苏庄闸桥工地。

一场在茫茫洪水中的大寻找开始了。

副指挥刘汝福意识到人已经被洪水冲到下游，立即带领人在桥桩一线阻截，在桥桩下找到了昏迷中的刘勇。

刘汝福背起刘勇，迅速将他放到早已在东岸待命的汽车上。汽车风驰电掣般地开到医院。

一场抢救生命战役随之打响。

身着白衣的医护人员进进出出，忙忙碌碌……

吊瓶的液滴如注，流进刘勇的心脏……

县长赵义来了……

水利局领导来了……

两个小时的紧急抢救，还是没有挽回这位年仅 42 岁的水利干部刘勇的生命。

噩耗迅速传遍顺义。

潮白河流水声，变成了悲伤的呜咽……

整个苏庄闸桥工地默然无声，耸立在潮白河上的一根根桥桩静静地默哀……

横卧在潮白河橡胶坝偷偷流泪……

在顺义县水利局干部职工的花名册中，刘勇的名字引起人们的关注。

他不是国家的在册干部，也不是国家的固定职工，他是一位农民合同制工人。

但是，他是一名水利人。

水利人，一个值得骄傲的字眼！

他在危险面前说："我们是水利人，这是我们分内的事情。我们不能把危险留给别人！"

英雄不问出身，但是英雄之所以成为英雄，绝非偶然！

刘勇生前的好友、同事、亲人，共同见证了这个朴素的道理。

1991年秋，在秋风瑟瑟中，潮白河综合开发治理工程拉开序幕。

刘勇是远近闻名的木工，听说工地上需要木工，就积极参加了治水工程。他将高超的技艺用于修建码头的施工工艺中，深得水利局和水利工程公司领导的赏识，特意安排他在1992年修建河南村闸桥工程中，负责木工组的模板制作任务。

施工中，他克服了铆固槽模板质量要求高等难题，为工程的提前竣工创作了条件。于是，他在顺义橡胶坝建设中有了名气，当年8月被派到房山区帮助实施橡胶坝的铆固槽制模工作，又是胜利而归。

这是一名少有的技术人才和管理人才！经研究，水利局与他签订了劳动合同。

"你这么好的手艺，每年至少收入三四万元，吃这苦，受这累，怎么不自己干呢？"有人问。

他说："我从小长在潮白河边，新中国成立后人民政府治理了它，不再泛滥成灾，现在还要开发它，让它为人民造福，是为子孙后代谋福利的大好事，水利局的领导看重我，我不能推辞。"

同年9月，他被任命为水利工程公司第三施工队长。

1993年，他带队到江苏省沪宁高速公路镇江段施工；1994年，他负责箭杆河赵庄公路桥和李魏公路两座桥的施工；1995 年 2 月，带队参加了苏庄闸桥工程的施工……

他带领全队人员，每到一处都是高标准、高质量、高效率提前完成各项施工任务……

他累瘦了，他被晒黑了，他该休息了……

大禹治水的故事家喻户晓，刘勇为水利事业英勇献身的事迹美名远扬。

刘勇的家在顺义县俸伯乡后俸伯村，家里有 84 岁的老父亲，还有一双未成年的儿女，伺候老人、养儿育女的事情，他放心地交给了妻子。

他参加潮白河治理工程，几乎都在家门口转，但他很少回家看看，这也说明大禹治水三过家门而不入确有此事，而某某专家胡说大禹三过家门不入是因为婚外情，纯属无稽之谈。

他有时乘车路过家门口，司机问他家中有没有事，他摇摇头，示意继续往前开。他偶尔回一趟家，也是很晚才到家，孩子们睡了，他轻轻地走到孩子的床前，摸摸孩子的脸蛋，看到孩子熟睡的样子，脸上微微有些惬意。

“睡得真香！”他低声对妻子说。

妻子把一只手指竖在唇边，示意刘勇不要把孩子吵醒了。

然后，他再到父亲的房间，问问父亲的身体情况。

“我没事，你安心工作吧”老父亲说。

第二天，天蒙蒙亮，他已经到了工地。

工程队实行单独核算，生产、生活，管理、安全，经营、核算，野外施工、流动作业，哪件事他都要想得周全，不能造成损失和浪费。

他处处精打细算，当队长就像当家长，把施工队的工作看做自家日子。他任队长两年多，完成产值 700 多万元，上缴利税 100 万元。

和工友相处的日日夜夜，他没和谁红过一次脸。他秉承堂堂正正做人，认认真真办事的风格，也影响了所有的工友。

工友说：“我们都信服他，他指到哪儿，我们干到哪儿。”

刘勇身为一队之长，始终没有把自己当头儿，以普通工人身份参加劳动，处处起带头作用。

无论他的领导，还是同事，评价他时总是异口同声。

苏庄闸桥工程浇筑桥孔、盖梁期间，几天几夜顶班干，运料司机病了他顶替，争时间抢速度。

他严于律己，服从指挥部的统一安排，从不计较小团体和个人利益。

他清正廉洁，从不利用职权谋私利，赢得了工友的拥戴和信服……

他走了，把这些口碑留了下来，流传开来。

人们清理他的遗物时，每个人的泪水淌下。

各种单据、借据、工资单，保存完好无缺，笔笔清楚，分文不差……

施工单位结算拖欠他的工资时，发现他造的加班费不比别人多，他的工资总额比和他同期参加工作的副队长还少……

他的同事这样解释，刘勇生前总是这样说，把咱的队搞好了，盈利多了，我的奖金系数比你们高……

1995年6月9日上午，顺义县水利局在殡仪馆，为一名“合同工”举行了遗体告别仪式。

殡仪馆庄严肃穆，哀乐回旋。水利局的领导，各单位的职工代表，俸伯乡及后俸伯村的村民及亲朋好友数百人，胸戴白花，排着长长的队伍，噙着眼泪向他默哀，与他最后告别。

一位邻居突然大哭：“我的房子是你用晚上时间打成的房架！我忘不了你呀！你不该这么早走啊！”

老父亲蓦然站立，向隅而泣。

然后，老人擦去眼泪，直起腰板，大声说：“儿子，你做得对，死得值！”

世间多少悲伤事，最苦莫过白发人送黑发人！

孩子、妻子的哭声，撕破凝固的空间。

孩子高喊：“爸爸，你是英雄！”

妻子喃喃："下辈子，我还嫁给你！"

一幅幅低垂的挽联诉说着人们的巨大悲痛，倾吐着人们的无限哀思和崇敬之情。

在悼词中，一段话格外凝重：他是一名水利战线的好职工，是党的好干部，是人民的好公仆……

采访中，我们看到，矗立的一块块抗洪英雄纪念碑，就是顺义一部令人仰视的治水历史！

在顺义抗洪英雄的纪念碑上，还刻有这些人的名字：

1958 年 7 月中旬连降大雨，潮白河王家场至沙浮村堤段决口；小东庄北岸决口，洪水直奔县城北窑坑，形势非常严峻。为抢堵决口，顺义区委副书记李景春现场指挥抢险，组织 1800 名县抢险队员，市直属机关组织 530 名机关干部、驻京部队组织 1000 名指战员参加抢险。军民协同奋战，终于堵住决口，保护了人民的生命财产安全。在抢险中 5036 部队排长高再勇不顾个人安危，冲锋在前，不慎失险壮烈牺牲。顺义人民将永远记住这位抗洪英雄，他的事迹永存！

1966 年 7 月 4 日夜降大雨，温榆河水上涨，对后沙峪公社的 5 个村围困。顺义县防汛指挥部组织县水利局干部前去协助社队发动群众抗洪抢险。在这关键时刻，县水利局干部共产党员陈万友积极参加抗洪战斗。在强渡龙道河进村查看水情的紧急情况下，他不顾个人安危，第一个下水探路。因水大浪急，将他打入下游，当寻找到他时，已经献出宝贵生命。

他们的英雄事迹广为流传，为后来的水利人树立了榜样！

但是，我们不得不思考，为什么要抗洪？为什么有这么多人在抗洪战斗中牺牲？这到底是谁惹的祸？

3.

一个人、一台电脑、一间写作室，每每写得累了，便在地上不停地走动。

我从窗口望出去，对面是起伏的山脉，黛青色的。我很奇怪，顺义是平原，为什么我却看到了山脉，像我小时候在太行山老家看到的山脉。难道我出现了幻觉？真的是幻觉吗？

终于有一天，我发现这不是幻觉……

2011 年，北京人民大会堂，新中国成立后中央最高规格的水利工作会议上，传出一个沉重的声音：

水旱灾害，始终是中华民族的心腹之患！

我十余年奔走于江河之畔，感慨良多。

长江，已经奔腾呼啸了上亿年，那是何等漫长而悠久的历史啊！正是这有着悠久而漫长历史的长江，与古老的黄河一起，共同孕育了我们文明的中华民族。但是，它也给中华民族带来无尽的灾难，留下永远的伤痛。

历史资料记载：

1931 年 7 月，长江流域大水滔天，荆江大堤下段漫溃，沿江两岸一片汪洋，54 个县市受灾，受淹农田 5090 万亩，受灾人口 2855 万人，损毁房屋 180 万间，因灾死亡 14.52 万人，灾情惨重。

1954 年 6 月，长江流域发生形成了 20 世纪以来的又一次大洪水，尽管百万军民奋战百天，相机运用了荆江分洪区和一大批平原分蓄洪区，确保了荆江大堤未溃决。但洪灾造成的损失仍然十分严重。受灾农田 4755 万亩，受灾人口 1888 万人，因灾死亡 3.3 万人，损毁房屋 427.6 万间。

1998 年，长江又一次发生了全流域型特大洪水，来势凶猛、洪峰一次次袭来、水浪翻滚。尽管数百万军民英勇抗洪，尽管与 20 世纪前几次特大洪水相比，造成的灾害最小，依然造成 4002 万亩耕地成灾，倒塌房屋 81.2 万间，死亡 1320 人。

1975 年 8 月，淮河流域的河南板桥水库垮坝，巨大洪水所过之处，皆为平地，连铁轨都被拧成了麻花，乌鸦成群，蚂蚁成堆，毒蛇乱窜，死伤数万人……

我曾翻阅中国治水史，从上古时代，我国就有了与洪水搏斗的传说。

大禹治水的故事家喻户晓。

相传在距今约4600年前的夏朝尧舜时代，正值冰河时代后期，气候转暖，积雪消融，洪水泛滥，天地沦为泽国，万物同是波臣。生灵或搬到高处，或躲进木船，以免被淹没。

《尚书·尧典》记载："汤汤洪水方割，荡荡怀山襄陵，浩浩滔天"。同时，海水水面升高，海水倒灌，沧海横流，淮河淤积，形成大片泽国。

洪水泛滥，苍生流离，或无家可归，或葬身鱼腹。

鲧是尧舜治下的一位治水首领，被派去治理洪水。由于他采用堵塞的方法，结果九年不成，还淹没许多人的生命，被舜帝诛杀于羽山之野。

《山海经·海内经》载，鲧死之后从他的腹中生出了他的儿子禹。大禹奉命继承了父亲未完成的事业，他吸取了父亲失败的教训，采用疏导的方法治水，靠前指挥，栉风沐雨，历经十年之久，终于降服洪魔。

的确，历代治国者，大多先治水。

大禹治水建立夏朝；秦国以水立国；汉武帝致力水利事业；隋炀帝开凿大运河；李世民倡导不仅干水利，而且管水利；朱元璋要求子孙后代重视水利；康熙为水利呕心沥血；孙中山有一系列关于黄河、长江、淮河治理的设想……

历史上，既有治水帝王，也有功绩卓著的治水名臣和贤臣，更有默默无闻却灿若明星的水利人。战国时期李冰父子修建都江堰，明朝水利专家白英破解大运河难题，清朝林则徐撰写《畿辅水利议》，清朝靳辅治理黄河等。

"为什么治国者多先治水?"您会问。

"因为我国是农业大国，风调雨顺则五谷丰登，水安则人心稳则天下宁则百业兴。"我会答。

1949年新中国成立后，治理大江大河泛滥的浪潮，一浪高过一浪。

毛泽东先后发出治理江河的伟大号召：

"一定要把淮河修好！"

"要把黄河的事情办好！"

"一定要根治海河！"

……

水利部门权威发布：

1950年年末至1960年年初，以治淮为先导，我国开展了对海河、黄河、长江等大江大河大湖的治理，治淮工程、长江荆江分洪工程、官厅水库、三门峡水利枢纽等一批重要水利设施相继兴建。

1990年后，水利投入大幅度增加，江河治理和开发步伐明显加快，长江三峡、黄河小浪底、治淮、治太等一大批防洪、发电、供水、灌溉工程开工建设。

1998年长江大水后，长江干堤加固工程、黄河下游标准化堤防建设全面展开，治淮19项骨干工程建设加快推进，举世瞩目的南水北调工程及尼尔基、沙坡头、百色水利枢纽等一大批重点工程相继开工……

在顺义的采访，对顺义的了解，使我看到顺义不正是中国水灾与抗洪的一个缩影吗？

4.

水之"利害"，说明水都是很有脾气的，比如潮白河，有时给人们一个笑脸，欢喜相迎，还润泽无声；有时怒气冲冲，暴跳如雷，连打带骂，竟下狠手。

"为什么叫'潮白河'？"我问。

老程对答如流。

潮白河，由潮河、白河汇流而成。

“时作响如潮”称作潮河；“河多沙，沙洁白”称作白河。

两河汇流称作“潮白河”。

历史书籍描写潮白河，它就是洪水猛兽，潮河、白河水势凶猛，曾多次改道。东汉以前，潮河、白河独来独往，潮水不犯白水；《水经校注》披露，北魏时“鲍丘水又西南，历狐奴城东。又西南流，注之沽河，乱流而南。”在今北京通州区的东北部汇合成一条河。

之后，两河汇流点逐步向北迁移，至五代时期已经转移到今天的顺义牛栏山地区；明嘉靖三十四年（1555 年），在密云县西南 18 里的河漕村汇流。

逍遥自在的潮白河，逍遥惯了，三年河东，三年河西，游荡多变，致使两岸沙白不毛，东西数里灾难重重。

厚厚的《华北、东北近五百年旱涝史料》，厚厚的《顺义县水利志》，我每翻开一页，都能看到潮白河泛滥成灾的文字，就像电影的镜头，一幕幕闪现：

清光绪十九年（1893 年），“夏雨连日，平地水深丈许”。意思是说，那年夏天，雨天连日，地面上的水深有一丈多。可想，那却是一片汪洋。人畜被迫聚到山顶、树上。那乌鸦成团，群蛇绕树，水面上漂着坛坛罐罐、破衣烂袄、死狗死猫……

1938 年，曾出现“雹大如卵，厚五寸，禾稼皆平”暴雨与冰雹交加而至的惨状。意思说，那年下起冰雹，冰雹跟鸡蛋大小，落在地面有半尺厚，所有的庄稼都被夷为平地，所有的树木成了赤身裸体，折胳膊断腿……

1939 年，潮白河洪峰在苏庄站的流量达到 5980 立方米每秒，巨浪滔天，雷声撼地，铁路被拧断，公路被冲毁，洪水在 590 平方公里的范围疯狂流窜，223 个村庄被淹没，1240 间房屋被推倒，数十人命丧黄泉，数十万人无家可归，漂泊流浪。

潮白河上，民国14年（1935年）修建的一座大型水闸工程，也是我国引进西方水工技术建成较早的水利工程之一的苏庄洋桥，30孔拦河闸被冲毁12孔，留下一片残缺的洋砖。

那年，粮食减产六成以上。“三年河东，三年河西”的潮白河，肆意摆动，造成两岸或冲淤或塌岸或决口或漫溢，给沿岸村庄和耕地带来巨大危害……

而在1949年以后，顺义水灾依然不断：

1949年，潮白河泛滥，造成当年35万亩受灾土地颗粒无收。

1954年，潮白河发威，造成两岸漫水6公里。受灾面积32万亩。

1955年，潮白河逞凶，淹地近40万亩，占耕地面积35.5%。

1958年，潮白河漫溢，箭杆河南彩村北2处决口。

1963年，温榆河涨水，后沙峪和天竺地区受灾严重……

历史，不会忘记——

1994年，7月12日8时至13日8时，顺义县降下罕见的特大暴雨，最大降雨量为每小时54毫米，全县平均日降雨量276.9毫米。以潮白河为界，东半境日均降雨331毫米，西半境日均降雨227毫米。因为降雨范围广，全县普遍受灾。但受灾的重心为东半境10个乡镇。降雨量超过50年一遇、日降雨大于300毫米的有张各庄、杨各庄、北务、沙岭等十几个乡镇，其中大孙各庄日降雨量405毫米。

这次特大暴雨，使顺义县境内所有河道、桥涵的行洪量均超过了原设计流量，尤其是上游地处山区前沿的金鸡河处于日

> 降雨量在300～500毫米的区域内，洪水来势凶猛，致使桥涵被毁，堤坝坍塌、河塘漫溢，农田被淹，交通断绝，供电中断，民房倒塌，工厂进水，造成的直接经济损失高达3亿多元。

我介绍一下行业术语，即日降水多少毫米。比如日降雨300毫米或日降雨500毫米，也就是一天降雨0.9尺或1.5尺，1.5尺大概到人的膝盖处。至少有两种情况很危险，如果一天降水就到膝盖，假如是两天呢？三天呢？我们知道，地面有高处也有低处，而水是由高处流到低处的，这样低处就会聚流成河，河水泛滥，滥觞无故。

很多人可能经历过“瓢泼大雨”，就跟水从天上往下倒一样。我听说过一次让人瞠目结舌的大雨，就是1975年8月致使河南板桥水库溃坝，造成数万人死亡的那场大雨，正下雨时有人在门口用脸盆接雨，脸盆伸出去再收回来，就满了。

您即使是没有见过瓢泼大雨，相比曾经淋浴洗澡，那水哗哗流下，脚下也是溪流涔涔。那可只是碗大的一个水龙头呀，如果是天大的水龙头，您能想象是什么样子吗？

此次被称为“7·12”特大暴雨。

无独有偶，2012年的“7·21”特大暴雨与这次特大暴雨类似。

2012年7月21日，北京地区发生了最大暴雨。7月21日至22日8时左右，北京及其周边地区遭遇61年来最强暴雨及洪涝灾害。数十人因此次暴雨死亡、万余间房屋倒塌，数百多万人受灾，经济损失惨重。

其中，首都机场航班大面积延误，近8万乘客滞留在首都机场。首都机场国内进出港航班取消229班，延误246班，国际进出港取消14班、延误26班。由于机场快轨故障，出租车奇缺，大量旅客滞留在首都机场。这也只是21日18时30分钟前的数字。

顺义区平均降雨量为212.7毫米。本次降雨导致顺义区出现积水路段84处，其中白马路铁路桥下、龙塘路铁路桥下、顺平路滨河小区南侧，积水3尺以上。首都机场部分路段出现积水，如果您当时正坐在飞机上，也许能感受飞机悬空或者返回的情景。

顺义区做了详细统计：

> 受灾19个镇，进水住户共计972户，转移群众105户315人，受灾人口2916人，农作物受灾面积8万多亩，成灾面积1.7万亩；设施农业过水6690亩，经济作物损失1179.45万元……

中国历史上，一代人接着一代人，前赴后继治水的事迹数不胜数。在顺义，也是如此。

5.

历史传说，西周燕王召公奭亲赴潮白河，观龙虎大战潮白河。《潮白河畔美丽的传说》这样写的：

> 凌波仙·龙虎
> 大战潮白河
> 悠悠燕地传说多，
> 龙虎交锋潮白河，
> 食人猛龙凶残狞恶。
> 惊龙皇，
> 动干戈，
> 抖龙威伏虎驱魔。
> 人间乐，
> 笑语和，
> 越千秋龙舞欢歌。

公元前11世纪至前771年，即周武王灭商建立的西周王朝时，周武王把远在北方的燕国封给召公奭，让他来统治。

召公奭刚到燕国都城蓟城，就听到一个可怕的传说。

原来，燕山有一只猛虎，不仅力大无比，而且非常凶暴。这只猛虎一口吞只猪，两口吃头牛，燕山的动物几乎要让它吃绝了。

这么厉害的猛虎，把居住在这里的人都吓跑了。

召公奭立即派人去请“四头龙皇”。

传说“四头龙皇”生息繁衍在潮白河。

盘古在开天辟地后，繁衍了三个后代，即天皇、地皇、人皇。天皇长了 13 个头，经过 36000 年后，生下地皇。地皇 11 个头，也经过 36000 年，生下人皇，人皇 9 个头。

地皇是江河湖海的总管，地皇经过 72000 年生了一个“四头龙皇”，于是地皇把管理江河湖海的事交给了“四头龙皇”。

这天，“四头龙皇”接到奏报，说是召公奭前来求援。

听说燕山猛虎称王称霸，残害百姓，非常疯狂，“四头龙皇”认为自己在其位，当谋其政，负其责，当即派兵点将，带着龙子龙孙，马上来到华北燕都蓟城的东北郊潮白河附近。

“四头龙皇”行走，必是呼风唤雨，声势浩大。从牛栏山北侧的龙王头村，到通州城北全长几十公里的低洼地里，“四头龙皇”走过之处鼓起一道长长的土岗，那土岗嗯扇嗯扇颤动，土岗两侧从地下往上冒水，水流成河。“四头龙皇”浮出水面，一条巨龙，四头昂立。

召公奭问：“龙皇，你需要我怎么配合?”

“四头龙皇”说：“我要你们立即躲到 200 公里外观战，我要立即与燕山猛虎决战。”

燕山猛虎知道“四头龙皇”来者不善，但还是与“四头龙皇”叫阵：“别说是你‘四头龙皇’，就算是‘八头狗皇’来了，能奈我何！我天不怕，地不怕，你‘四头龙皇’还不快快滚去!”

燕山猛虎一边卖狂，一边张嘴咬断一棵几人抱的大树示威。

就见那参天大树，吱呀呀倒下。

这时，“四头龙皇”突然把头抬起，就像一座山峰插入云霄。“四头龙皇”的子女四海龙王，指挥龙子龙孙摆出“龙门阵”，与燕山猛虎决战。

燕山猛虎先发制人，抢先进攻，一个“猛虎扑食”，向“四头龙皇”扑来。

“四头龙皇”早有准备，尾巴越伸延长，直伸到海口，把太平洋、大西洋、印度洋的水吸入腹内，然后猛然喷出。当时，燕山一带海啸震荡，翻江倒海，一片汪洋，只剩燕山一个山顶，山顶上集聚了所有的百姓。

“四头龙皇”以己之长，攻虎之短。

燕山猛虎是山中之王，虽然在山上叱咤风云，势不可挡，现在落入水中，与“四头龙皇”无法相比。燕山猛虎渐渐只有招架之功，没有还手之力，垂死挣扎，急忙逃往山顶。

“四头龙皇”说：“决不能放虎归山！”

“四头龙皇”把尾部翘起，顿时龙卷风升起，将燕山猛虎卷入风中。

燕山猛虎再次落到水里，四脚抓不住地，只有逃生之技，在雷鸣般的喘息声中，再次跑回山顶。

“四头龙皇”一展双须，像两条白云带子一样在燕山上空舞动，继而白云带子打在燕山猛虎的身上，燕山猛虎疼痛难忍，一声声惨叫……

那两条龙须落地，变成了两条河，就是白河与潮河。

百姓纷纷围拢过来，看见昔日燕山猛虎张牙舞爪、不可一世的凶相，此时在“四头龙皇”面前无可奈何的样子，高兴地说：“一物降一物，盐卤降豆腐。”

传说，潮白河第一个字是潮字，潮字左偏旁三点水表示太平洋、大西洋、印度洋的三洋水，潮字中间是两个十字加一个日字，右偏旁为月字，白字表示一条巨大的白龙，潮白河三字是表示“四头龙皇”这条大白龙与燕山猛虎决斗20个日日夜夜的意思。

燕山猛虎战败，燕山从此无虎，百姓安居乐业。

燕山脚下潮白河畔的这场龙虎斗，以“四头龙皇”打败燕山猛虎结束，从此龙的光辉形象流传至今。中国人自称是龙的传人，首先从人皇自称是真龙天子开始。现在很多的古建筑，比如北京故宫太和殿里有造型各异的龙，台湾、香港、澳门等地的建筑物上也多有龙的标志，这是中华民族始终倡导龙马精神。

龙马精神主要是为民除害，确保百姓平安。

召公奭在顺义杨镇上坎的高台举行龙舞大会，答谢“四头龙皇”拯救百姓急难的英雄之举。召公奭决定，每年都要举行庆祝活动，于是龙舞节目历代传承，经久不衰。

汉董仲舒《春秋繁露》描述：在四季祈雨祭祀中，春舞青龙，夏舞黄龙，秋舞白龙，冬舞黑龙。

顺义的杨镇龙舞历史悠久，特点浓郁，造型雄伟，表演粗犷奔放。这里用竹篾子分别扎成龙头、龙身、龙尾，上糊白布并彩绘成龙的形象。每节下面装一木柄，舞龙人手持木柄挥舞。

每逢节日，多有龙舞。龙头前面有一人，手持彩绸扎成一只燕山猛虎图形，引龙戏舞。锣鼓有节奏地响起，龙头在前紧追龙珠，龙身龙尾翩翩随后，很是好看。

传说盘古在开天辟地累死后，他的身体就变成世界万物：

他的呼吸变成了云气；声音变化为雷霆；左眼为日，右眼为月；四肢五体各自成为四极五岳，他的血液变成江河湖海，筋脉变成山川；肌肉化成田园土地；头发和胡须成为星辰；身上皮毛变为草木；齿骨成为金属石头；精髓变成珍珠美玉；汗水变成雨水沼泽。

一个生气蓬勃的世界从此诞生了，盘古成为宇宙的始祖。

《潮白河畔美丽的传说》还描写了李鸿章治潮白河的故事：

天净沙·李公护堤
潮白泛滥泥沙，
常常淹没庄稼。
李公修堤筑坝，
灾荒减泯，
好事应予称佳。

清同治十三年（1874年），李鸿章亲自视察，做出在李桥镇安里村西筑堤坝拦水，确保古城安全的决定。自此，李鸿章在安里村西拦水的堤坝被后人称为“李公堤”。

新中国成立后，傅作义任水利部部长，也在王家场一带筑堤拦水，确保右堤的安全。

我也是来采访之后，才知道有个叫“王家场”的地方，才知道那是一个叫顺义人牵肠挂肚的地方。

6.

水缸穿裙山戴帽，蚂蚁搬家蛇过道——大雨要来了！

果然，1954 年的 8 月 9 日、10 日，连续两天，连降暴雨。

潮白河洪水肆虐，白浪滔天，水位已经达 27.8 米，超过保证水位 0.3 米。

保证水位，就是设计和建设时，保证河道基本安全的位置，潮白河保证水位是 27.5 米。如果超过这个水位，就会有危险了。

当时，苏庄站最大洪峰，每秒就有 2940 立方米流过，形象地说，就像无数列无数辆高铁，闪电而过；也可以想象成万马奔腾。那洪水席卷树木、牲畜等，一泻千里。两岸数公里一片汪洋，几十万亩庄稼淹没、浸泡在水中。

洪水还在持续泛滥。

潮白河是北京的第二条大河，属于海河北系大河之一，发源于河北省承德地区，流经北京市密云、怀柔、顺义、通县及河北省的廊坊地区和天津市，在天津市东北注入渤海。

潮白河的地理特征，造就了它与众不同的坏脾气。

潮白河顺义段的上游，一万六千余平方公里流域面积，均属于山区和半山区，一遇暴雨或大暴雨，大洪水便从上而下，呼啸而来。水流湍急，水势凶猛，一路摧枯拉朽，涤荡万物，有万夫不当之势，而到了顺义县境内，进入平原地区，因为河道坡度缓，洪水流速减小，潮白河又变得“蔫坏”，把水位抬高，把水面变宽，淹没两岸大面积农田和众多村庄。

我翻阅史料得知，1939 年潮白河在顺义县城处撕破脸皮，把水面放宽达20公里，洪水围困了顺义县150多个村庄，淹没30多万亩土地。

潮白河有点欺人太甚，因为顺义段为砂质河床，两岸土地为沙壤质土壤，在抵抗洪水冲刷方面确实是个弱者。潮白河带走洪水时，还引起塌岸和塌地，使河道摆来动去。顺义县流传着“三年河东，三年河西，糠帮沙底潮白河”的顺口溜，就是对潮白河最准确的说法。

老程说：“1950年的大水，一天之间坍塌掉东房子一个整村，100多户人家的房屋和土地成为河底，致使全村被迫搬到西房子村的王家场院安家落户，后来两村合并改名为王家场。”

老程对那场大雨有所记忆，因为那时他已经在顺义的大地奔跑了。

这场洪水过后，顺义县开始亡羊补牢，以防“狼”再来。

他们在王家场村东修筑七道护岸石坝。这七道护岸石坝建成后，有效地抵御了历来潮白河洪水的冲塌，广大干部、群众认识到在潮白河上修筑石坝是个防止冲塌，保村、保地的好措施、好办法。

几十年，这项措施和办法先后在顺义县潮白河的险村、险户、险工地段十余处得到了推广和应用，效果非常好。

我们采访时，护岸石坝还在。它的材料主要是块石、水泥、沙子和枝料、铅丝及圆木等。坝的形式也是多种多样的，有潜入河底下的潜水挑水石坝，有鸡嘴石坝，有铅丝石笼护埽石坝，有浆砌石、干砌石护坡，有木栅填石坝，柴石混料坝。

老程对1954年的那场大洪水，更是记忆深刻！

那是一场超标准的洪水。

超标准洪水，也就是洪水超过了河道的设计承载能力。

本来，7月潮白河流域陆续降雨，上游广大流域的土地已经趋于饱和，有的地方自流成河。进入8月，大雨不断，暴雨横行。洪水无忌，肆意妄为。

潮白河王家场段，洪水水位已经超过河岸高度。一旦洪水在此外溢，将淹没顺义县的城关镇河南村、临河、陶家坟，李桥乡的李桥村、后桥村，沿河乡的北河村、西大坨、树行、临清、芦各庄和王家场村及近两万亩农田。

当时的专家预测，如其被淹没，将有近万亩农田颗粒无收，将有近万亩农田严重减产，将有数百万多斤粮食减产，将有百万计人口断粮。

无情的洪水，还将殃及顺义县下游通县的平町、大庞村等众多村庄和农田。

洪水水位接近河岸，漫溢随时发生。

顺义县潮白河以西的14个乡镇的7500名群众，组成抢险队，临危不惧，聚集到出险地点的王家场村东进行临险筑堤。

水与堤争高度，水长一寸，堤高一寸；

水与人抢速度，水进一分，人争一秒。

顺义县县委书记李伯华来了；

主管水利的副县长王玉德来了；

顺义县农建科和交通科科长伊月竹来了；

书记、局长、科长、科员等近百名机关干部，手持铁锹、身披雨衣来了……

他们抢筑成了三道小堤，挡截住了河水向外漫溢。但是河水继续上涨，洪水在局部堤段已越过堤顶开始外流。

情况十分危急！

新修筑的土堤经水一泡，非常湿软，加之天上有雨，地上有水，无处取土，用土料加高培厚堤坝已很困难。

“绝不能让外溢洪水冲毁堤坝！”县委书记李伯华高喊。

万众一心，众志成城。

在场的县、乡领导和水利干部赶紧指挥群众砍树枝捆成小捆，横放在堤顶上，加高堤坝。但是，枝料数量少，不能解决洪水大面积外溢的问题，洪水继续外溢。

这时，青年水利技术员安运富高喊：“赶紧拔青玉米秸捆成捆，横放堤顶，人坐在玉米秸上，拦截洪水！”

群众如羊群散开，迅速拔来很多青玉米秸，堤坝普遍得到加高30厘米。

突然，大堤出现一处决口。

洪水似野马脱缰，窜进堤内。

说时迟那时快，伊月竹等人奋不顾身跳入水中。紧接着，无数群众纷纷跳下，用身体筑成人墙堵缺口。

“坚决战胜洪水，保证不淹一亩田!”七区王家场乡乡长马凤鸣、支部书记姚望站在水中高喊。

这时，县乡干部以身作则，民工们个个奋勇当先，站在水中传送物料抢堵，加高培厚堤埝，堵住了决口。

到下午6点多，洪峰到顶不再上涨，水势开始平稳了下来，夜间8点多水位下降，结束了紧张状况，险情解除。

大堤保住了，所有的人都松了一口气。

1954年8月16日，顺义县人民政府发布水灾情况报告：

顺义县有耕地1216750亩，于七月初到八月十六日期间，因水灾淹地572178亩，占耕地面积47.26%，其中沥涝304168亩，河溢268009亩；水深程度，轻的水深一尺至二尺，一般的水深三尺至四尺，严重的到五尺至八尺；减产程度，不能收的109306亩，占耕地面积8%，平均减产50%。

顺义的一份资料总结了那次抢险的经验：

一是领导重视，县委和当时的区委、乡镇及水利科的主要领导均来到第一线的险工地段指挥抗洪，组织得力，并能及时分析险情，想方设法采取措施进行抢险，赢得了宝贵的时间。

二是领导带头，身先群众，给广大群众极大的鼓舞，增强了他们的斗志。

三是措施得力，采取了临险筑堤埝，人墙挡水和就地取材，特别是用青玉米秸捆捆横放，迅速加高堤埝的办法，和洪水争速度、抢时间，在洪水到达最高峰的时候，是一个较好的措施。

四是连续作战，这次抢险历时48小时，干部群众不离抢险一线，发扬了连续作战的作风，顽强与洪水作斗争。

1954年10月，通县专区召开防汛抗洪表彰大会，顺义县被评为防洪模范县。

但是，这种经验也只是兵来将挡水来土掩，解决潮白河的洪水灾害，最主要的手段还是党中央、国务院做出的那个重要决策——修建密云水库。

7.

史料详细记载，1368年至1939年的500多年中，潮白河共发生大小水灾380多次，其中5次水进北京，8次淹天津。新中国成立的第一个10年，潮白河发水8次，淹地达1100多万亩次。

您现在知道，潮白河几乎每年就要泛滥一次吧？

您现在知道，当年为什么兴建密云水库了吧？

1958年9月1日，密云水库正式开工。

当年来自河北省的密云、怀柔、平谷、延庆、蓟县、止河、宁河、武清、安次、大厂、香河、宝取、遵化、五田、卢龙、抚宁、昌黎、霸县、回安、永清和北京市的顺义、通州、大兴、周口店、昌平、海淀、朝阳、丰台等28个县区共20.6万民工参加施工。

> 廿万雄师奋战勇，
> 誓锁蛟龙战旗飞。
> 严寒酷暑热汗流，
> 挑灯夜战迎晨晖。

这是时任密云水库建设总指挥王宪描写当时水库建设场面的诗句，充分展现了当年建设水库时热火朝天的工作景象。

密云水库建设是在全国人民热火朝天建设社会主义的大潮中开始的。密云水库是华北最大的一座综合水库，库容43.7亿立方米，修建这么大的水库，在国内外都是少见的。而且，要实现一年蓄水，两年完工的任务，在外国人看来，几乎是不可能的。

1959年10月，毛泽东主席视察密云水库建设。期间，周恩来总理六次到密云水库视察，现场解决了很多问题。党和国家领导人朱德、董必武、陈云、邓小平、彭真、李富春、习仲勋等来过工地指导施工建设。

轰轰烈烈的建设场面，也引来外国元首、专家和学者前来参观。

老程告诉我："修建密云水库，顺义做出了巨大的贡献。"

在"顺义之水"调研组提供的资料中，我看到：

1958年9月，顺义组建民工支队，参加密云水库建设。支队长孙宝贤，副支队长张志善、王清泉，支队政委先后由区委副书记李伯华、兵役局局长侯振鹏担任。支队下辖8个团，队部设在北省庄。开工初期，日出民工4087人，至11月增到1.27万人。

1964年4月17日，顺义组织8400名民工，参加水库调节池工程施工。副县长王心田带队，并任工程指挥部副指挥。工程项目是由调节池挖一条全长2800米的渠道，并做防渗处理。完成土石方67.6万立方米，用工56.2万个，于7月15日完工，历时70天。

1965年5月，顺义县政府组织民工600多人，参加密云水库石骆驼、走马庄副坝防渗工程。潮河灌区主任王清泉任领队，李季芳、张连弼任副领队，于当年8月完工。

1967年2月，顺义县政府组织民工1000多名，参加白河发电站改装蓄能机组建设。县委组织干事王春荣带队，共完成土石方58.76万立方米，于1969年底完工。

1976年，顺义县政府组织3000名民工，由县委副书记刘宝成带队，参加第三溢洪道石方开挖。1976年7月唐山大地震，波及密云水库，白河大坝上游砂砾石保护层滑坡，为此，第三溢洪道暂停施工，全部民工奉调抢筑金沟围堰。完工后，立即参加白河主坝抢修，1977年10月竣工。

我粗略统计了一下，那时约有3万人直接参加了密云水库建设及加固，而间接参与者不计其数。

采访中，我了解到，每个参加密云水库建设者，都难忘那个激情燃烧的岁月。

那是一个鼓足干劲，力争上游的时代。村中家家户户房屋墙壁上，都贴满了用红绿黄纸写的宣传兴修水利水库的标语。“响应党的伟大号召，掀起农业大跃进”“水利是农业的命脉”“鼓足干劲，力争上游，多快好省建设社会主义”“人民公社好”“有收无收在于水，收多收少在于肥”“大搞农田水利建设，夺取农业大丰收”，等等。

这些标语令人振奋，催人奋进。

一天，顺义支队浩浩荡荡，如一条长龙蜿蜒数里，中午时分才到达工地。工地上写着“热烈欢迎各大队民工同志们来密云修建水库”的红色横幅，高高地悬挂着，十分醒目。

民工被分头安排在农家。

所有的民工都很兴奋，住下来之后主动帮锅埋灶，打扫卫生，扯稻草打地铺。

开工那天，秋风烈烈，阳光普照，天高气爽，令人陶醉。

会场设在水库旧址一大块空旷的地里，一排排施工队伍跟高粱茬子一样挤在一起。台子上悬挂着“密云水库开工典礼”的红色会标，台后面酱红色的布面上，挂着伟大领袖毛主席画像，画像两边贴着“听毛主席话，跟共产党走”的红对联。

指挥部的领导讲话，讲密云水库建设的意义，讲党中央和毛主席对修建水库的重视和关怀，讲修建水库工程阶段性任务。

第一段，做准备和清基；第二段，修筑大坝；第三段，修筑溢洪道等扫尾工程。

“密云水库修建开工!”指挥部的领导声音铿锵响起，在会场回荡。

顿时，锣鼓喧天，鞭炮齐鸣。

会场上的所有人，刹那间全部站了起来。队伍在各自连长带领下，列队顺序涌向坝口清基处，按照分配清基的地方，挖的挖，撮的撮，挑的挑，一派热火朝天的景象。

每天天刚蒙蒙亮，指挥部统一号声响起，民工就迅速起床。吃了早饭，上工号声还没有吹响，七点半钟还不到，大家就扛着镐头、铁锨、拿着撮箕等工具上工了，欢声笑语奔向工地。

建设中，父子俩、姐妹仨、一家四口，处处可见。

“桥发，锹把要握得松点，握紧了，手要打起泡的。”哥哥有发说。

“好。”弟弟桥发回答。

“桥发，你还小，吃不消，不要再挖了，休息下，或撮泥巴去吧!”父辈说。

“不要紧，再挖些。”桥发说。

尽管这样，桥发的双手竟打起了4个水泡。

几天下来，这段清基初战告捷，旗开得胜，他们打了一个漂亮仗。按照密云水库施工指挥部确定的时间，他们提前胜利完成了任务，经指挥部领导和技术干部检查验收，清基达到了规定。

……

那时，20多万民工齐聚工地，真正是“人海战术”。

工地建起了人力绞杆，工人手转辘轳，吊起装满土石的单轮车，后来人力绞车变成了卷扬机，再后来又出现了砸夯机。

密云水库工程浩大，潮河主坝56米高，长1008米，白河主坝66米高，长957.5米，需土石方3700万立方米，加之有些地方施工复杂，缺乏机械设备，主要靠肩扛车推。

筑坝用的沙砾料场，分布在坝址的上、下游5～9公里的河床内，黏土料场则主要在坝址下游，靠火车运输，再用皮带传送到工地。

机械输送来的砂土石料，全靠人力堆成坝体，简直就是搬山。

用得最快的就是土筐，每星期就要换一遍，一换就是几千个。

小推车更发挥了现在难以想象的作用。一辆小推车，一般也就装三四百斤，建设者多时要装满1000斤，半吨重，照样推着车赛跑，他们形象地把小推车比喻为“千斤车”。当时有个“十姐妹”女子突击队，一个女队长身上居然能够扛7个满载的土筐。

密云水库最累最累的是冬天，工地上的温度低到零下20多摄氏度，但是工地上好多人打着赤膊还在浑身冒汗，头顶升腾着一片白雾；工地永远都那么热闹，即便是晚上，也灯火通明。

好多人连吃饭的时间都舍不得歇工，拿着个窝头边干边吃。往往是小车推到半路，窝头已经冻成个硬疙瘩，咬不动了……

就是靠双手和两肩，靠意志和毅力，他们建起了密云水库。其中，有挡水的主坝 2 座、副坝 5 座、2 条输水隧洞、3 个大型溢洪洞、2 座发电站、1 座大型调节池和 1 条密云至北京引水渠。

密云水库像个温柔的女人，把白河、潮河揽入怀中。然而，潮白河依然没有彻底改掉暴戾的秉性，依然向顺义等两岸示威。

抗洪，对顺义来说，确实是一场马拉松战役。

8.

月亮打伞，大雨不远。

其实，早在几天前，顺义的老百姓就预测大雨就要到来。

2012 年 7 月 21 日，顺义区出现一次自 1994 年 7 月 12 日以来最大的一次降雨过程，全区平均降雨量为 212.7 毫米，最大雨量站为大孙各庄镇，雨量为 299 毫米，而降雨量超过 200 毫米的有 11 个镇，城区降雨量为 192 毫米，天竺降雨量为 226.9 毫米。

水灾，在顺义的河道、城区和村庄蔓延。

全区大部分河道形成了径流，水深 1～2 米。小中河受下游的北运河顶托，河水下泄缓慢。

城区积水主要集中在下凹式立交桥和低洼路段，立交桥积水点位于双河路铁路桥、燕京桥、府前西街铁路桥、西门铁路桥、减河北路铁路桥和白马路铁路桥，积水深度 0.5～2 米。

城区积水较严重的为光明北街双兴小区东侧和金汉绿港餐饮街路段，水深 0.5 米左右。

北京首都国际机场公共区部分路段出现积水情况，最深积水 0.4 米……

有备才能无患。

根据天气预报情况，顺义区防汛指挥部已经提前做出安排。

7 月 20 日下午，顺义区防汛指挥部接到北京市防汛抗旱指挥部下发的《关于做好应对强降雨天气的紧急通知》后，主管副区长张晓峰做出指示，安排部署了应对 7 月 21 日强降雨天气的工作。

顺义区防汛办按照领导批示精神，将《关于做好应对强降雨天气的紧急通知》下发到全区各镇、街道、经济功能区、相关委办局以及分指挥部，要求其做好相应的准备工作。

15 点 30 分，北京市委常委牛有成召开视频会议后，张晓峰副区长强调，各单位要按照分工，明确责任，细化分工，扎实做好各项应对降雨的准备工作。

19 点，张晓峰副区长召开成员单位领导紧急会议强调：防汛办、各单位要加强值守，保持通讯畅通，密切注意天气变化，供销社、商委准备好抢险物资、建委要组织好抢险队伍，其他单位人员全部到岗到位，并做好雨中巡查工作。

大雨似乎按照人们的安排，如期而至。

一切按照防汛安排进行：

顺义区领导深入各防汛重点部位及易积水点巡查。

各分指挥部、各镇、各街道、各经济功能区及各成员单位积极行动，自觉在各自辖区、管片巡查，遇有险情及时联系抢险队伍进行排除。

各积水立交桥两侧均设立了警示牌，并派专人盯守，疏导车辆绕行。区防指副指挥、副区长张晓峰，区防指副指挥、区水务局主要领导和城区防汛分指挥部副指挥、市政市容委主任李国新现场亲自指挥，采取了应急排水、专人盯守、设立警示牌、疏导交通等一系列措施。

东湖、西湖、小中河水位一度趋于饱和状态，北京首都国际机场集团公司、股份公司与顺义区防汛办联动，防汛办和水务局领导，空港服务中心副主任、机场外围分指挥部梁玉成等到场进行协调和指导。

领导小组当机立断：采取将小中河首闸关闭，向潮白河分流，减小机场排水压力，并出动恒宇建筑公司抢险队和龙云工程公司抢险队两支抢险队伍，协助机场共同进行道路排水作业。迅速，缓解了机场重点区域的排水压力。

那次抢险救灾，全区共出动人员 8000 余人次，车辆 1000 余辆，动用推土机、挖掘机、发电机、水泵等机械设备 300 余台次。这次抢险人员、设备分布在各个抢险点，如果排成长队从天安门前走过，要走两三个小时。

这时，顺义开始实现从单纯防汛，到有备迎汛的转变，取得了战胜特大自然灾害的又一胜利。

那次降雨雨量较大，持续时间较长，致使顺义部分地区受灾，全区拨打区防汛办报险电话100余个，涉及19个镇6个街道和14个经济功能区，有1间无人居住房屋倒塌，100余户房屋进水，转移居民30余户。

这与历史上同等级的洪灾相比，损失最小。

2013年1月，顺义区水务局被中共北京市委、北京市人民政府评为“北京市抗击‘7·21’特大自然灾害先进集体”。

这是对顺义抗洪救灾的再次褒奖。

2005年6月，北京市市长王岐山签发上汛令，提出“迎汛”概念，北京市拉开“防汛”到“迎汛”转变的大幕。

回顾顺义战胜‘7·21’特大自然灾害的胜利，顺义水务人充满自豪。

他们不仅取得防汛迎汛的胜利，还变洪水之害为洪水之利，将雨洪收集利用，以备干旱情况下所需。

他们的做法是，在雨前，区防汛指挥部要求防汛与蓄水相结合，在确保安全情况下多蓄水。

雨中，区防指根据本次降雨的雨情和水情，合理调度，既保证了防汛安全，又确保了雨洪积蓄最大化。

那次降雨全区共形成水资源量约2.2亿立方米，全区利用本次降水共集蓄雨洪约2663万立方米。

其中，各主要河道蓄水约1580万立方米；全区湖泊、水库蓄水约83万立方米；中小河道闸坝、坑塘拦蓄雨洪约1000万立方米。

应该说，顺义实施雨洪利用，是被逼出来的，因为近年来，顺义的旱灾比洪灾更严重。严重旱灾，不仅使顺义自身喊渴，而北京第八水厂向市内供水，也频频告急。

旱魔得寸进尺，在顺义横冲直闯，如何使旱魔顺从人类的意愿呢？

我们吃的每一粒粮食，都是从土地上生长出来的。由于地理、气候和人为因素，顺义不仅土地干旱长不好粮食，人们的饮水也日渐困难。最为重要的是，向北京城区供水的首都第八水厂的水量减少，危及首都的供水安全。20世纪60年代，邓小平曾在顺义县调研15天，看到村民因干旱吃水困难，帮助顺义县打出了第一眼机井。此后，顺义成立打井队凿井，向地下要水；实行良田喷灌，向科技要水；实施东、西调水，向工程要水……

第四章　斗　旱　魔

1.

不是江南，曾经胜似江南。

潮白河从顺义中间穿过，就像一条大动脉，源源不断为顺义供应血脉。

这条大动脉，通过一条条支脉，涌出一条条小河、一泓泓清水，还有一股股泉眼。那泉水，出露在山区，出露在丘陵，出露在沟谷、出露在山前地带，出落在河流两岸，涔涔流淌。那泉水，繁若天上的星星，常常又变成了河流的水源。

世界上没有哪条河流，不是从泉水而来，又汇流成溪，成江河，而去，入海。

泉，犹如母亲的乳房，吐出甘甜的乳汁。

采访组马不停蹄，驱车探寻泉的足迹。

我们来到龙湾屯镇大北坞村东，见到金鸡塘泉。老程说：“以前泉水滢滢，远近闻名。”现在，却只是一处大坑。

再到龙湾屯镇茶棚村，又见一处大坑，叫“峪子沟泉”。

又到北小营镇西府村，探秘西府泉，保留一处大坑，其余处已填埋。

哎，北小营镇北府村东的圣水泉，现在连坑都没有了。

我感到奇怪，原来是泉生水，因为有了泉，才有了涓涓流水，而现在只有下雨后，泉才叫泉，才有水。

曾经的泉水叮咚，只能从史料中看到它的美好。

“圣泉”，也就是顺义《黄志》称八景之一的“圣井涌泉”。

圣泉位于顺义北小营北府村前的狐奴山。井水常盈，一日三溢，海潮则大溢。相传源与海通，民疏其水为渠，于是有了渔阳太守张堪种稻的故事。

遥想当年，泉水长溢，渠水长流，春种秋收，稻谷飘香，何等美景！

难怪清朝张大酉等文人墨客，纷纷前来，舞文弄墨，畅抒胸臆。其实，狐奴山曾有数不清的泉水千古长流，统称“万金泉”，因此在秦汉时代那里已是富饶的鱼米之乡。

九龙泉，即顺义东北峪子沟的山坡上的清泉，水流汩汩，暗流出山，灌溉东西府的稻田，滋育出香甜的稻米，东西府的大米成为宫廷贡米。

传说很久以前山坡上有个娘娘庙，有位农妇嗓子疼，谁都治不好，就远道而来烧香求药，不料把门的和尚因为农妇没有“打点”，就不让农妇进庙。农妇又累又饿又气，突然瘫倒了。这时，娘娘暗地给农妇脚下送来一根手杖，农妇把拐杖往地上一戳，立即就从这根拐杖戳的眼中冒出水来了。农妇急忙手捧泉水而饮，渐渐浑身清爽，嗓子也不痛了，于是后人就把那泉水称为“九龙泉”。

九龙泉就是箭杆河的源头，传说在九龙泉旁曾为农妇立过石碑，正面雕刻着四个大字：“龙泉拐杖”；背面刻的是农妇为百姓遍地洒满“九龙泉”的历史故事。

古时提起西水泉，附近七八十里地及山里人都知道，因为这里有口老井，水清水甜；有个茶棚、茶香人善。主人用泉水泡茶，泡茶施人，为过往行人提供喝茶歇息的场所。行人到高丽营赶集逛庙会，都会习惯性地到此休息喝茶。

高丽营农历四月十五、九月十五都有盛大庙会，附近七八十里路山里人都赶庙会，行人都愿意到西水泉喝茶，人们常会亲切地说上一句“走，上泉（西水泉）喝水去”。舍茶与喝水，就成为某个仪式不可省略的一部分，它散发着浓浓的人情味，而泉井也伴随着人们的记忆流传到今天……

顺义的美，是用泉妆点出来的。

因为泉涌，所以水足，所以河多。

大大小小的河流，就像瓜果的藤蔓，密麻延伸；就跟一棵大树似的，枝繁叶茂。

顺义的河流有潮白河，潮白河支流还有怀河、箭杆河、小东河、城北减河；温榆河，温榆河支流有小中河、龙道河、白浪河、西牤牛河、方氏渠、月牙河、引河；其他河流包括金鸡河、鲍丘河、无名河等。其实，叫不上名字的河流很多，统称“无名河”。但是，几乎每个河流，都有一个美丽的传说。

比如箭杆河。

《潮白河畔的美丽传说》有词曰：

大德歌·箭杆河

千年河，

隐传说，

大汉张堪有才德。

泉水清流澈，

稻谷香君子泽。

雕翎箭射添秀色，

悠悠河水唱田歌。

箭杆河俗称漗漗河、窝头河，它传说很多。

一说到顺义的传说，老程、小姚、小孙都好像自己吃了美食，也要请别人分享一样，带着自豪的神态，滔滔不绝。然而，他们的说法不一。

老程说，是当年张堪在渔阳郡狐奴开田稻田时，需要排水，一箭射出一条箭杆河。张堪站在前鲁村南，手指南方说："应从这开始，往南修一条排水渠。"说着从腰间拔出一支雕翎箭，拉满弓一箭射出数十里，水随着箭走开出一条笔直的河，就是现在的箭杆河。张堪也感到惊奇，说："天助我也！"这个箭杆河实际是古代人工修建的一个排水工程。

小姚说，箭杆河源头是北小营镇境内的山泉，在上辇村北汇合后而成为箭杆河，经桥头、南彩、魏辛庄南下，从赵庄西流入潮白河，主要是起排水的作用。

20世纪50年代初期，这里都是用不插秧，直播的方法种水稻，传统叫"抹桄法"。因为这里水多，种稻不需灌水，只需排水。农民最头疼的是潮白河涨大水，顶托箭杆河水排不出去，地下水还照常溢出。

水都顶托了，排不出水，为什么地下还往出冒水呢？有人解释说：这里的水真漗，水不论涨多高，它都照常冒水泡。所以百姓又称箭杆河为漗漗河。

小孙说，是因为有一年发大水，箭杆河下游河水改道，发动民众治河，是吃窝头治理的，所以这条河又称窝头河。史料记载，1904年前，箭杆河流经顺义、三河、香河等县后，汇入蓟运河；1904年后改道，从赵各庄西流入潮白河，变为潮白河的支流。

到底谁说得准确呢？我无法判定，应该说各有道理吧。

再就是方氏渠的传说。

《潮白河畔的美丽传说》是这样写的：

后庭花·方氏渠的由来
乾隆去进香，
驾銮经老荒。
斜阳泥泞路，
京官自恐惶。
见汪洋，
开渠排水，
通途得种粮。

关于这词是否可考，我翻阅《顺义县志》得到答案：

清代乾隆皇帝赴丫髻山进香，出京第一站在小汤山沐浴，第二站在三家店行宫休息。此御道经老荒之地，就是现在的文化营村北地名叫“北荒”的沼泽地，原来的千顷草场为皇家牧马之地，当时田间积水，道路泥泞，帝心不悦。时任直隶总督方观承遂征集民夫开挖一条泄水渠，后称方氏渠。

老程说：“方氏渠是温榆河支流，至今仍是这一带重要的排水渠。20世纪90年代又加强治理，河道拓宽，沿途建三座橡胶坝，排灌蓄水，更有利于方氏渠沿岸人民生产和生活。”

因为河多，传说也多；因为河多，桥也就多。

顺义的桥无数，有名的桥包括苏庄洋桥、圣水石桥、后桥大石桥、太平桥、巽峰桥、俸伯大桥、河南村闸桥、柳各庄闸桥、苏庄闸桥、沮沟人行桥、顺义彩虹桥、牛栏山引水桥、向阳闸桥、温榆河桥、南彩闸桥、小中河桥、牤牛河桥、草桥、豆各庄闸桥等，大小桥有五六百座之多。我在文档中，搜索“桥”字，密密麻麻都是涂红。

小桥伴流水，大桥听涛声，成为一道道美丽的风景。

古时候，南彩镇有个桥头村，有各式各样的桥，数也数不清。有石桥、木桥、砖桥、土桥、草桥、铁管桥，有大桥和小桥。每座桥都有自己的名字，有龙桥、凤桥、白桥、黑桥，有长桥、半截桥、鸳鸯桥，有罗锅桥、人字桥。

我发现，顺义的桥各有特点，比如小两口因为吵架，自家地的桥坏了不修，叫断桥；未结婚的青年男女修的桥，叫鹊桥；识文断字的人修的桥，叫斯文桥；舞枪弄棒练武的人修的桥，叫青龙桥或叫剑桥；单身汉修的桥叫缺腿桥。桥头村长期以来形成一种桥文化，一叫桥的名字，这户人的特点就能知道了。

说到这故事，老程、小姚和小孙脸上都出现了格外的惊喜。故事确实很美丽！

桥头村村西北角有一片茂密的小树林，流水潺潺，小路弯弯，蝴蝶曼舞，柔光点点。林子深处有一座小草桥，像两岸的鸳鸯伸嘴吻在一起，大家都唤作鸳鸯桥。

这里有很多青年男女来幽会，每对情侣都心领神会，遵守一种不成文的约定。先来的，即是话正兴、情正浓，也要让给后来者，这里总有一种缠绵和热烈。

小草桥只有一步之遥，一个人站在桥东，一个人站在桥西，距离永远给人越雷池一步的美好向往。

融洽的情侣，沿着一方向，边走边聊，走到应该去的地方了。

结婚前还要拜桥，虔诚的男女在信誓旦旦中，从这里走向新生活。

《潮白河畔的美丽传说》是这样描写的：

贺圣朝·北国江南桥头村
观美景，
箭杆河一绿洲，
岸柳谷香鱼儿游，
芙蓉濯雨蒹葭柔。
问桥数满目云愁，
神仙造莫追究自展风流。

好一派北国水乡风光！

顺义因为水多，很多的村名都与桥有关。

比如：板桥、李家桥、后苏桥、汉石桥、后桥、桥头等。

而与水有关的村子有沙井村、塔河村、望泉寺村、河南村、临河村、泥河村、东海洪村、西海洪村、大江洼村、刘家河村、临清村、洼子村、北河村、沙浮村、沿河村、南河村、沮沟村、西泗上村、后沙峪村、前沙峪村、水坡村、水屯村等数十个。

然而，这些都成了美好的回忆。

顺义因水而兴，因水而美，却也因水而遍体伤痕。旱灾，给这里带来的是土地干涸、庄稼枯死、人们或背井离乡或饥寒交迫。顺义缺水的危机正在一步步走来。

2.

春回大地，绿染顺义。

仁和小院内，桃花、杏花、梨花，都已经落地，树枝上长出小果子。小院外，有一块职工自己种自己吃的菜地，黄瓜、丝瓜弯弯的枝秧爬上架子，开了黄澄澄的小花。茄子、西红柿，也长出地面，扬起头。门卫老金正在浇水，水汩汩滋润着秧苗。

我喜欢吃顶花带刺的黄瓜，伸手从架子上摘下来，咬一口清脆。记得我在老家的水利所下乡时，每逢夏天要到菜园子里摘黄瓜吃，一次就吃好几根，那种原生态的享受，岂是从市场上买回又老又蔫的黄瓜可比。这里，引起我几十年的回味，勾起了我的美食之欲望。

我的嗓子吞咽垂涎。

回创作室，翻阅中国干旱资料。

我国本身就是一个贫水国，人均水资源量为 2100 立方米，只有世界人均水平的 28%，且时空分布不均。尤其是黄淮海地区，水资源最为匮乏，人均 462 立方米，仅为全国平均水平的 1/5。

而在北京，2014 年前后，官方媒体透露，北京市人均水资源只有 100 立方米，比世界上最缺水的以色列的人均 300 立方米，只占 1/3。

随着全球气温升高，地表降水和地表蒸发量都在变化，我国北方地区水资源总量长期持续减少。水减少，人剧增。北京市在新中国成立初期只有几百万人，现在已经超过了 2000 万人。

1952年，毛泽东提出“南方水多，北方水少，借一点来也是可以的”，正是因为受到旱魔欺凌的，主要是北方。新中国第一代领导人，就要解决北方干旱问题。

《华北、东北近五百年旱涝史料》《顺义县水利志》记录了顺义因旱成灾的文字，那龟裂的土地，那枯死的秧苗，那肌瘦的身子，那霍乱的瘟疫，那被“旱魔”夺去生命的人们——

从1368年至1949年，顺义地区共发生重大旱灾21次。

1949年以后：

1951年冬和1952年春连续干旱，直至5月无雨而无法播种。政府组织群众打井抗旱，挑水点播。

1962年全年旱，部分玉米连遭虫害。潮河、白河两大灌区昼夜输水灌溉，抗灾保苗。

1963年全年旱，地下水位比1962年下降2米左右。个别地区出现干井。

从1964年10月下旬至1965年4月16日，连续无有效降水，严重影响了小麦的生长和玉米的出苗。

从1971年秋至1972年春降水稀少，地表水锐减，导致大部分河道断流，地下水位下降，甚至出现干井。

1980年至1982年顺义地区连续干旱少雨，持续时间较长，范围较广。

这是让顺义人感到水危机的三年。

这三年，降水量连续偏少。

1980年至1982年3年降水量分别为360.1毫米、386.8毫米、495.8毫米，分别比1959年至1999年年平均降水量减少42%、37%、20%。其中，这三年汛期降雨量分别比多年平均同期降雨量减少51%、40%、15%。

这三年，由于降水量连续减少，造成境内大小河道断流，地表水紧缺。密云水库因入库水量大量减少，对顺义等县的农业供水也进行了严格控制。天不下雨，水库限制供水，顺义怎么解渴？

这三年，顺义不得不大量开采地下水，导致地下水位急剧下降。1980年至1982年，顺义地区地下水平均埋深与1979年相比，分别下降了0.73米、2.29米、3.13米。因此，在全区3000多眼机井中，有1/3的机井不能正常出水，甚至干枯。

这三年，顺义受灾严重。1980年，粮田受旱面积68.23万亩，成灾面积15万亩，20个农村饮水困难；1981年，粮田受旱面积52万亩，成灾面积11万亩，33个农村饮水困难；1982年，粮田受旱面积4万亩，成灾面积2万亩，58个农村饮水困难。

每看一会资料，我都要站起来。

我从窗口望出去，对面是起伏的山脉，黛青色的。我很奇怪，顺义是平原，为什么我却看到了山脉，像我小时候在太行山老家看到的山脉。难道我出现了幻觉？真的是幻觉吗？

这真的不是幻觉。对面是四合院的房顶，上面装饰了起伏的顶子，是黛青色的，跟山差不多。顶子后面，有挺起的杨树；顶子上面，是平展展的天幕。

我的印象中，那是山。

3.

如今的顺义，从前的泉水几乎不见了，从前的小河几乎没有了，从前的水井空空荡荡了，而且井越打越深，水位越是下降；他们的母亲河潮白河断流了，河床裸露，茅草丛生，一派荒芜；地里的庄稼没有以前水灵了，颗粒没有以前丰实了……

您说奇怪不，夜深了，失眠。失眠的原因，竟是这些枯燥的数字。越是枯燥，大脑越是兴奋。越枯燥，就越想把它弄懂；弄懂了，又要问几个为什么？

截至2010年，顺义区（县）开展了四次水资源调查评价，即：第一次完成时间为1979年至1982年，第二次完成时间为1985年，第三次完成时间为1991年，第四次完成时间为2003年。

四次水资源调查评价基本摸清了全区水资源“家底”。

1979年至1982年，依据《水利部关于全国水利区划研究工作要点（草案）》《北京市水利区划工作计划（1979年）》《北京市农业自然资源调查和农业区划技术规范》等文件要求，完成水资源调查评价。多年平均可用水资源总量为2.9亿立方米；平水年（保证率50%）可用水资源总量为3.2亿立方米；枯水年（保证率75%）可用水资源总量为2.1亿立方米。

1985年7月，依据《北京市区划办公室关于进行水资源补充调查与农业合理供水研究的通知》精神，完成水资源调查评价。平水年（保证率50%）可用水资源总量为2.9亿立方米；枯水年（保证率75%）可用水资源总量为2.8亿立方米。

1991年8月，按照北京市水利局组织开展全市及各区、县的水资源数据更新及评价工作统一部署，完成水资源调查评价。本次对1989年县域水资源供需现状进行了分析和评价，并预测了1995年、2000年的可用水资源量。

1989年水资源现状评价结果，可用水资源量为4.4亿立方米，现状实际供水量为4.8亿立方米，与现状可用水量相比超采地下水0.37亿立方米；预测1995年水平年的可用水资源量保证率50%为3.7亿立方米，保证率75%为3.6亿立方米；预测2000年水平年的可用水资源量保证率50%为3.7亿立方米，保证率75%为3.7亿立方米。

2002年至2003年，根据全区经济发展需要，并经顺义区人民政府批准，完成水资源调查评价。通过利用地理信息系统技术，收集、调查、分析大量基础资料后，对顺义区水资源承载能力及水环境状况进行了综合评价。该次评价成果通过了北京市从事水资源工作的有关专家的评审。

本次对水资源量的评价成果是按地下水可采量频率计算法：

45年系列（1956年至2000年）多年平均可用水资源总量

为 3.309 亿立方米；

保证率 20％的可用水资源总量为 4.126 亿立方米；

保证率 50％的可用水资源总量为 3.198 亿立方米；

保证率 75％的可用水资源总量为 2.569 亿立方米；

保证率 95％的可用水资源总量为 1.832 亿立方米。

顺义区对未来发展定位及城市发展进行了总体布局，确定了未来产业发展趋势及社会经济发展目标：

《北京市城市总体规划（2004—2020 年）》对顺义新城的功能定位：东部发展带的重要节点，北京重点发展的新城之一。引导发展现代制造业，以及空港物流、会展、国际交往、体育休闲等功能。

《中共北京市委、北京市人民政府关于区县功能定位及评价指标的指导性意见》对包括顺义在内的城市发展新区的规划是北京发展制造业和现代农业的主要载体，也是北京疏散城市中心区产业和人口的重要区域，是未来北京经济重心所在。

其主要任务是增强生产制造、物流配送和人口承载功能，成为城市新的增长极。

《根据顺义新城规划（2005 年—2020 年）》，顺义新城的发展目标是：

利用首都国际机场优势，积极发展国际会展、商务、物流等临空产业，巩固提升先进制造业的层次与水平，打造作为区域产业发展引擎的临空产业中心和首都先进制造业基地。

强化城市的综合服务职能，突出滨水组团式布局特色建设绿色宜居新城。构建“一港、两河、三区、四镇”的区域空间总体布局，形成新城—重点镇—一般镇的城镇结构，确定合理的城镇规模，优化空间和功能结构，保障并促进区域和城乡协调发展。

水是战略性、基础性资源，一点不假，而经济社会的高度发展，导致这里的水资源供需矛盾更加突出。

依据《北京市顺义区水资源调查评价》（2003 年），2000 年以前近

20年来顺义区实际拥有的地表水资源量多年平均仅为1.7亿立方米。

但是，自2000年以来，顺义区境内主要河流（除排污河流）均已断流，现状条件下的地表径流远远小于天然条件下的来水量，这使顺义区河流自净能力差，水体污染严重，再加上其时空分布的不均匀性，已很难作为有效水源加以利用。“十二五”顺义区已经没有地表水可用，可供水量为零。

而地下水可利用量呢？

《北京市顺义区水资源调查评价》（2003年）同样显示，顺义区1956年至2000年45年多年平均地下水可开采量为3.2亿立方米；1980年至2000年21年多年平均地下水可开采量为3.0亿立方米。1980年后，北京偏枯年较多，尤其是1999年至今连续干旱，预测采用21年地下水多年平均可开采量值3.0亿立方米。

顺义区外调水主要是从温榆河、北运河向潮白河调用再生水，作为河道景观用水。引温济潮一期、二期工程实现向潮白河年调水量6000万～7000万立方米。

同时，千方百计利用再生水，利用雨洪资源。

但是，供水量远远不足需水要求。

不得不开采地下水。

南水北调的水进京后，顺义区减少向市区输送地下水。在地下水超采，全社会节约用水，大力推广使用再生水等措施下，顺义区农业、工业、生活和区外需水可以满足，但是河湖环境用水仍有缺口。

当然，顺义在水资源配置方面也做了诸多的努力：比如尽量减少地下水开采，涵养地下水源；地下水优先保证居民生活、区外供水和对水质要求较高的工业用水；再生水可用于水环境、市政杂用、工业冷却水等用水。

小院的灯光都已经关闭，只有我的窗子还亮着。前半夜，两只藏獒嗷嗷叫个不停，忠于职守，一丝不苟。到了后半夜，可能是累了，一声不吭了，隐隐约约还有打鼾的动静。天一会儿比一会儿亮，家雀噗噗啦啦飞起来，叽叽喳喳叫起来。远处的布谷鸟与家雀相互呼应。

顺义，为什么越来越缺水呢？

4.

一连几天，顺义水务局组织专家，在仁和水务所会议室，研究讨论为什么缺水的问题，大家发言踊跃。从小孙整理的录音来看，大致是这样的：

顺义易发生水旱灾害，首先是“先天不足”。

顺义的地形西北高东南低，其山前区坡度大、植被差，零星分布着泥石流易发区，一旦遇到暴雨，就会发生山洪、泥石流。

顺义的山区与平原区地形高差大，坡陡流急，山区洪水顺势而下，大量涌入平原，往往造成水灾。

顺义平原区地势平坦，又多低洼地区，排水不畅，就容易造成洪涝灾害；顺义区潮白河东西两侧，分布的土质偏黏、透水性差，易发生农田渍害。

顺义区的丘陵地和山前平原土壤质地较粗，地面坡度大，保水性能差，易发生旱灾；平原区的沙质土壤，保水能力差，也易发生干旱。

大气环流随着四季变化，直接影响顺义地区的旱涝。

冬季的时候，顺义区高空处在深厚的东亚大槽后部，盛行西北气流，引导极低大陆气团南下，多强冷空气活动；地面上受强大的蒙古冷高压中心东部的影响，所以气候寒冷干燥，雨雪稀少，经常出现干旱。

而到了春季，大气环流由冬到夏的转换季节。地面和空气温度不断升高，低层环流形式发生明显变化，以印度为中心的亚洲大陆热低压出现，并逐步增强，而蒙古冷高压强度减弱，向西北收缩。春季冷空气势力虽减弱，但仍经常南下，造成降温、小霜冻、大风、寒潮过程，有时会产生降雨及冰雹。西南暖湿气流比冬季活跃，降水比冬季增多。但由于回暖快、风力大、蒸发强，所以经常出现干旱。

再到夏季，副热带高压强大，位置偏北，顺义经常受热带海洋气团影响，天气炎热潮湿。此时，来自北方的小股冷空气仍经常南下影响顺义区，两气团交绥，产生大量降水，甚至形成暴雨。所以夏季是全年降水最集中的季节。此时，登陆北上台风也会影响顺义，出现特大暴雨和大风，如果副热带高压控制顺义，则天气闷热无雨，若长时间维持，可能出现伏旱。

然后到秋季，副热带高压势力减弱，9 月撤退到北纬 25°以南，10 月退出大陆，整个东亚地区高空为西风带控制。同时，地面上随着蒙古高压的加强，顺义处在极低大陆气团控制之下，气温迅速下降，降水骤减，多秋高气爽天气。10 月起，偶有寒潮天气出现，造成降温、大风、降水天气。

当然天气系统也是重要原因之一。因为天气系统的活动，造成各地的天气过程变化。影响顺义暴雨的形成。这种天气系统主要有低槽冷锋，西南低涡、西北涡、台风等。

对于低槽冷锋类暴雨、西南低涡类暴雨、内蒙古低涡类暴雨、西北涡等专业术语，说起来很难懂，也很难说明白。但是，对于台风，恐怕很多人耳熟能详。

台风形成于低纬度水温高的洋面上，但在一定的大气环流背景下，台风可以深入内陆，直接影响顺义及其相邻地区形成暴雨，就是台风类暴雨，包括受台风低槽间接影响而形成的暴雨。

1972 年 3 号台风在天津塘沽登陆，直接影响顺义及相邻地区，1972 年 7 月 27 日顺义气象站 24 小时降水量为 131.8 米。

1994 年 7 月 11 日，北京地区上空为高空槽天气背景形势，受北上 6 号台风外围云系及偏南暖湿气流的影响，7 月 12 日形成了暴雨和大暴雨天气，暴雨和大暴雨中心位于顺义区的大孙各庄，暴雨历时 30 多小时，最大雨量杨镇为 413 米，大孙各庄为 405 米，最大 24 小时雨量大孙各庄为 391 米。

最能导致顺义水旱灾害的，罪魁祸首应该还有极端气候。

其实，科学定位有“厄尔尼诺现象”和“反厄尔尼诺现象”两种。

厄尔尼诺现象是指位于赤道附近东太平洋水域的秘鲁洋流水温反常升高，鱼群大量死亡的现象。不仅对低纬度的大气环流，甚至对全球气候有重大影响。反之，当南美东太平洋海域冷水区水温异常变冷时，称反厄尔尼诺现象。

一些研究表明，厄尔尼诺现象和反厄尔尼诺现象对顺义地区旱涝规律有着明显的影响。厄尔尼诺现象发生的当年，顺义地区降水量明显偏少。

南方涛动指的是热带太平洋区气压和热带印度洋区气压的升降呈反相关的振荡现象。

南方涛动的强弱，不仅影响赤道中太平洋信风的强弱，并对中纬度地区的天气气候发生显著的影响，造成顺义等许多地区的天气气候异常。

冷冬正常偏涝，暖冬正常偏旱的现象十分明显。据1959年至1991年资料分析，顺义区冬季气温距平常低于0.5℃的冷冬有10年，其中有8年当年夏季降水量正常偏多，概率为80%，顺义区冬季气温距平常高于0.5℃的暖冬有13年，其中有7年当年夏季降水量正常偏多，概率为54%。

1924年至2000年苏庄水文站观测，顺义区多年平均年降水量606.8毫米。顺义地区降水特点包括降水变率大，丰、枯水年连续出现，降水地区差异明显，等等。

顺义地区历史上发生这种小地形、小气候的局部地区暴雨，其中心位置、强度、雨区笼罩范围等都不一样，暴雨中心地区常形成严重洪涝灾害，而雨区边缘地带因降水量较少，灾害较轻，甚至因长期无雨、干旱严重。

这充分表明了降水的地区差异以及所导致的水旱灾害地区分布的不同。

包括水面蒸发。顺义地区蒸发量很大是造成顺义干旱的重要原因。顺义区总面积的90%以上为平原，又处在潮白河和温榆河两大河出山的风口地带，是北京地区蒸发量的高值带，多年平均水面蒸发量为1180毫米，水面蒸发量很大。

还有陆面蒸发。根据降水、径流和地面蒸发三项水量平衡的关系，顺义地区多年平均陆面蒸发量为430毫米左右，陆面蒸发量也是相当高。

再就是干旱指数。干旱指数是多年平均水面蒸发量和降水量的比值，是作为评定地区干旱程度的一项指标。顺义气象站干旱指数为1.92。

顺义可用水资源严重不足，这已经是事实。

顺义区93%的面积为平原，不适宜修建大型蓄水设施，而顺义的地表径流70%发生在7月下旬至8月上旬的主汛期时段，此时段正是农田防汛除涝的关键时期，一旦河道有了水流，为了调解防汛除涝与闭闸蓄水的矛盾，一些河道蓄水设施也只好开闸度汛，使宝贵的地表水源白白地流走。

应该说，顺义水旱灾害严重，既有“天灾”，也有“人祸”。

人类活动对水旱灾害影响甚大。

首先是人口增长，水资源却在减少，形成“僧多粥少”的格局。1950年，顺义人口只有31.89万人，而2014年年底有100.4万人，比1950年增长到3.15倍；顺义1949年人均水资源量是1254.3立方米，而目前只有300立方米左右。

正所谓人口越来越多，水却越来越少。

再是顺义城镇建设面积飞速扩张，高楼大厦崛起，农田灌溉面积增长，粮食作物单位面积产量增加。其中，工业与农业用水1949年不足0.1亿立方米，2014年已用到2.8亿立方米，增长了28倍。于是大量开采地下水。

正所谓大楼越盖越高，地下水水位越来越低。

还有一点，城市排水等基础设施建设滞后，增加了旱涝灾害几率。

正所谓城市建得越来越漂亮，排水等基础设施越来越糟糕。

谁也不能否认，一些客观原因的存在，比如因1979年以来的长期干旱，密云水库水源向首都城市供水转移，位于顺义区内的北京市自来水第八水厂、引潮入城水厂超设计抽水，加剧了顺义水资源的供需矛盾。

谁也不能否认，建在北京市自来水第八水厂水源地下游的燕京啤酒厂等水源地，均是由于北京市自来水第八水厂、引潮入城水厂投入运行后，促使潮白河缺水式断流。

谁也不能否认，在长期得不到水源补给后，地下水位急剧下降，水源枯竭，水质变坏，而不得不另辟新的水源地，损失惨重。

谁也不能否认，几千万立方米的城镇生活及工业废污水的排放，导致了一些河水水体被污染。

谁也不能否认，农业灌溉改用地下水，加剧了水源紧张程度。

谁也不能否认，部分小城镇及开发区建设，往往对排水、防洪、治污考虑不全面，与周边农村在结合部地带发生矛盾，一遇暴雨往往酿成水害……

这里有太多的“不能否认”!

干旱就在眼前，时刻危及顺义。我们很多很多的事情，不是一味地顺天，也应该努力让老天顺人。

5.

据我了解，我国大批水利科学家，对我国的干旱原因已经分析得相当透彻；一些地方水利部门，也对本地区的旱情了如指掌；顺义也是如此。他们分析这些的原因，就是趋利避害，变水害为水利。

2011年，在新中国成立后首次以中央名义召开的水利工作会议上，中共中央总书记、国家主席、中央军委主席胡锦涛严肃地告诫大家：

洪涝灾害频繁仍然是中华民族的心腹大患，水资源供需矛盾突出仍然是可持续发展的主要瓶颈，农田水利建设滞后仍然是影响农业稳定发展和国家粮食安全的重大制约，水利设施薄弱仍然是国家基础设施的明显短板。

顺义，正是这些“心腹大患”“主要瓶颈”“重大制约”“明显短板”的集中体现。从古至今，顺义人民既顺应自然规律“顺水”而为，又前赴后继与洪涝灾害搏斗不止；既流传了无数脍炙人口的历史传说，也书写了很多可圈可点的故事。

包括一些神话。

《潮白河畔美丽的传说》，记述了发生在顺义干旱时节的一些神话：

最高歌兼喜春来·秃尾巴老李

黑龙降闪电雷鸣，

李氏厌惊魂慌恐。

外公带领青菜种，

滚泉流水井。

黑龙秃尾翻腾涌。

拜请乡亲斗恶龙。

一战动雷霆，

次一战白龙痛，

再一战水潭平。

从此后风流静，

送风送雨老李，

报恩情。

这首词，说的是“黑龙”出世，滋润潮白河两岸良田沃土的故事。

铁匠营村有个孩子，生下来就有一条尾巴，爸爸不疼，妈妈不爱，村里人不待见。这孩子感觉自己不招人喜欢，就孤孤单单跑到衙门村姥爷家，一边玩一边帮助姥爷浇园子。

因为天旱，渠道里的水淅淅沥沥，流到菜园子就没了，菜园子始终就浇不完。

这孩子看天旱无水浇地，非常着急，就下到井里搅水。他一搅和，井水就汩汩地冒出来。

姥爷感到惊奇，就问这孩子的来历。这孩子悄悄告诉姥爷他是“黑龙”转世。

他说，这地方水是让白龙截去了，我要回到牛栏山下的黑龙潭，与白龙决战，解决村里缺水的问题。按照他的吩咐，姥爷找来一些人督战。

“黑龙”在水里与白龙决战开始了。

“黑龙”浮出水面，人们就扔给他馒头吃，“黑龙”吃了馒头潜入水中，继续作战；白龙浮出水面，人们就往他脸上、眼里扔白灰，白龙手捂双眼逃到白龙潭去了。

渐渐，龙潭中平息了，从此黑龙潭泉水滚滚而来，浇灌着潮白河两岸的沃土良田。

当然，这是古代人们，在科学还没到来时，对美好的一种期盼。

顺义还有一个七连庄神龟显圣救百姓的传说，也是类似的内容。

《潮白河畔美丽的传说》词曰：

平湖乐·神龟的传说
七连庄外大乌龟，
老辈传说奇。
干地干天井干底。
一青年，
舍身汲水无踪迹。
龙龟恶斗，
头颅断去，
清水照须眉。

这个故事说的是，龙湾屯镇七连庄村北锁龙山上，很久以前有一个恶龙兴妖作怪，把河水、泉水、井水全部吸干，田地荒芜，庄稼干枯，群众连口水都喝不上。恶龙天天作恶，百姓只是唾骂，无法降服恶龙。

有一天，村里来了一位青年，勇敢而且有智慧，大喊：“恶龙休走，我是奉天皇之命前来捉拿你的!”

青年跳下井，引龙出水。

那恶龙张牙舞爪，向青年扑过来。青年膀子一甩，把锁龙山掀开，一把将恶龙塞进去，压在山下。

突然，那恶龙突然咬住青年的头不放。青年使用缩摇法，变成无头大龟，在此日日夜夜看守恶龙。从此，当地百姓年年进香，敬奉“神龟”。

很多人都知道薛仁贵，但是未必知道他怒鞭蛤蟆石的传说。

峪子沟是顺义东北部平原用水的源头，有大蛤蟆突然爬进山谷里，把泉水全喝光了，附近草木不生，一片荒凉，老百姓叫苦连天。

这时，唐王率30万大军征东来到燕山脚下，将士要在这里休整，听到百姓断水的反映，唐王命令先锋官薛仁贵立即除掉大蛤蟆。

薛仁贵走到蛤蟆跟前，用白虎鞭只抽打一鞭，蛤蟆便没了气，却从被抽破的肚皮，流出涔涔泉水，源源不断。而那只大蛤蟆，也变成了蛤蟆石。

老百姓立碑："薛仁贵怒鞭蛤蟆石，白虎鞭喜迎山泉水。"

对此，《潮白河畔美丽的传说》也有描写：

> 凌波仙·薛仁贵怒鞭蛤蟆石
> 唐王率兵驻燕山，
> 忽报山中溪水干，
> 急忙探知泉更变。
> 大蛤蟆卧山间，
> 水吸干断去水源。
> 大将薛仁贵，
> 扬威白虎鞭，
> 泉涓涓百姓开颜。
> ……

历史上，老百姓遇到大旱之年，无能为力，总想借助一股外界的力量来战胜天灾，满足自己的良好愿望。这些传说，虽不是人民现实生活中的科学反映，但也表现了顺义人民对理想的追求。

新中国成立后，随着顺义降水减少，地表水告急，地下水告急，顺义掀起了大规模的打井高潮，邓小平、傅作义等领导亲临顺义指导抗旱，留下更多的佳话。

6.

辘轳，提水的工具，现在除了在个别博物馆能看到外，已基本退出了人们的视线。

上了年纪的人还记得，村中或者村边上，有一口老井，井台上搭起架子，架子上竖托一个圆桶式的辘轳，辘轳的腰间缠了道道绳子，一头系着辘轳一头系着水桶。

辘轳送走晚霞，迎来朝阳，吱吱咛咛不停地劳动。人们把水桶送到深深的井中，左摇右摆装满水，旋转辘轳，提上清冽冽的甜水……

很早以前，北京地下水丰富，随便打口井就供人们用水。后来地下水水位不断下降，就用辘轳提水，再后来不得不用抽水机抽水。从辘轳到抽水机，反映出北京地下水资源的日渐减少。

北京是世界上少有的依赖地下水作为供水水源的大都市。北京居民每喝的 3 杯水中，就有 2 杯来自于地下水，地下水开采量占全市供水总量的 2/3 左右。

2011 年数据是，北京用水 36 亿立方米，其中 20 多亿立方米来自地下水。地下水在首都的经济和社会发展中起到生命线的作用。

北京地下水分布不均匀，分为富水区、中富水区、弱富水区、贫水区。

水利专家是这样划分的：

单井出水量大于 3000 立方米每日，为富水区，分布在密云、怀柔、顺义交界处、平谷王都庄、房山窦店一带，面积 1700 平方公里。

单井出水量在 1500～3000 立方米每日，为中富水区，分布在朝阳来广营、昌平沙河一带，面积 3000 平方公里。

单井出水量在 500～1500 立方米每日，为弱富水区，分布在大兴南部等地区，面积 1500 平方公里。

单井出水量小于 500 立方米每日，为贫水区，主要为山区和海淀苏家坨、昌平小汤山等地区。

人们往往关心由降雨量所直接影响的地表水，对于北京来说，地下水的减少才是最可怕的。

1972年北京遭遇大旱，地表水径流减少，为了给城市解渴，解决水危机，人们的视线盯住地下水资源，随后北京开始大规模开采地下水。

北京由于干旱少雨，地下水资源成为城市供水系统的支柱，但随着城市的日益扩大、人口的急剧增长，地下水资源因为持续开采已经逐渐枯竭。

地下水是很难再生的，就像我们从水缸里舀水，舀一瓢就少一瓢，如果没人向缸里注水，缸里的水就被舀光了。

当时，灌渠和河道基流水源远远达不到灌溉要求。

老程告诉我："顺义大规模打井开采地下水，是从20世纪50年代开始的。"

我们不妨把镜头对准1951年春天。

狂风又呼啸，大地起黄尘，靠天收的老百姓，望眼欲穿等待降雨播种，然而日子一天天过去，焦急、焦虑与日俱增。

人误地一时，地就误人一年，第二年人们就没有粮吃。

茫茫田地，处处"白茬"。

顺义县政府领导坐不住了，大旱让人无能为力，等雨等"等不来"。大活人岂能让尿憋死，顺义县政府马上发动群众，打井抗旱保春播。

一声号召，犹如闸门打开洪水涌出，顺义群众立即行动起来。燕山脚下，京东平原，清晨到处是打井跳水点播的身影，晚上依然传来吆儿呐喊的声音。

到了1952年春天，顺义的地面上，出现了2000眼水井。欢快的井水，变成绿油油的麦浪，变成沉甸甸的果实。

顺义尝到了打井的甜头。

1958年至1965年，顺义一方面大力发展地面水提水灌溉工程，另一方面进行井灌工程建设，包括开发深层地下水源，研制凿井机具、研究凿井技术、建立凿井队伍等。

1958年至1965年，顺义又增加数百眼，几万亩良田得到灌溉。

打井，成了顺义解决干旱缺水的有效措施之一；打井，打出了顺义人向旱魔宣战的威风。

说到打井的事，老程更是头头是道：

1970年2月，顺义县水利局钻井队正式成立，王春荣任队长，李季芳任副队长，共有干部职工44人，钻井机5台。

1975年大旱之前，顺义县打井队扩编队伍，由60多人扩充到120人。两名技术人员为顺义打井队做出了很大贡献，一个叫汪庆文，一个叫杜广茂。

汪庆文，他是河北宣化水利学校毕业的老中专生，在地下找水方面"一看就灵"，出水率百分百；杜广茂，他是从大庆油田调过来的，熟悉钻井业务，在他的努力下，对当时使用的钻井机头进行改造，取得了很大成绩。原来打一眼岩石井需小半年，三四个月是常事，改造后的打井机打一眼岩石井就用一两个月，能下潜到150米。

1972年大旱，密云水库蓄水减少了，最后提出："弃农压工保生活"的方案。顺义抗旱用水主要来源于密云水库，过去密云水库供给顺义2亿立方米的水，这时只给你1000万立方米，那是大旱甘霖，那是救命之水。

这时，打井的决心，越旱越坚定；打井的行动，越旱越迅速。西水东调、东水西调，都与"井"有关，不打井什么都是"瓶颈"。

1978年7月6日，水利局钻井队为北京市第八水厂成功地打出了孔径1.3米的大口井，甘甜的清水开始润泽北京市区。

渐渐，顺义打井队是"隔着窗户吹喇叭，名声在外了"。

1978年，安徽发生了历史上少见的干旱，省委第一书记万里请北京支援抗旱打井，北京市委决定组织队伍支皖。

10月30日，支援安徽打井动员大会在市永定河引水管理处礼堂召开。

北京市援皖抗旱打井队携带钻机58台，柴油机和空压机各21台，职工902名。

1978年11月，打井队前往安徽省合肥、蚌埠市及六安、霍邱、寿县、长丰、凤阳、嘉山、定远、肥东县打井抗旱，到1979年5月20日，共打成农业井1308眼、城市生活用井102眼，另外还打深水井60眼，大部分出水量较好，日出水量超过200立方米的占70%以上。

顺义县支援安徽打井开始出动钻井机7台、洗井机2台，组织县水利局凿井队干部职工及牛栏山公社、杨镇公社、后沙峪公社打井队员70多人。

顺义县水利局革委会副主任袁长权，带队赴打井地区是定远县、嘉山县。到1979年增加到200多人。

刚进入支援所在地，困难很大，红岩土、没有水、没有电，导致进度很慢。

这时，打井办公室负责人刘汝福献计献策：建立经济责任制、按单机进行核算。

果然，这招十分灵验，一个月后效果显著，排在全市前列，一展“铁军”风采，再扬顺义美名。

他们在安徽成立了10个打井组，3个洗井组，打成井271眼，进尺7809米。

1979年，顺义支援安徽打井队圆满完成任务，胜利归来。

1990年，顺义县水利局打井队完成河北省黄壁庄水库加固坝下打减压井任务。

1996年，挺进新疆大漠。

逐渐，他们足迹踏上伊拉克及我国的河北、山东、云南、青海等地区。

……

1995年3月17日，顺义县水利局表彰无私无畏、肯于奉献、不讲索取的水利工程公司凿井队王刚机组，授予王刚机组为“先进班组”称号；授予王刚机组吕振早为“先进工作者”称号。

相继，国外水利专家、水利工作者都来顺义考察。

1984年春天，水利部部长钱正英带着河北省正定县水利工程技术人员来了解开口 1.1 米的大口井是怎么打成功的。

斗转星移，日月如歌。顺义钻井队后来成为水利工程公司，再后来转入北京顺鑫控股集团公司的子公司——鑫大禹水利建筑工程公司。

……

顺义的旱情，始终牵动党和国家及北京市委市政府的心。

1962 年 4 月，中共中央书记处总书记邓小平视察牛栏山公社，提出开发地下水源解决农村饮水和农田灌溉的建议，在芦正卷村的沙岗地上打出了第一眼铁管井。

这第一眼井，起到了星火燎原的作用。

7.

1961 年 1 月 14 日至 18 日，中国共产党八届九中全会在北京举行。

鉴于“大跃进”所造成的国民经济比例严重失调和带来的严重困难局面，会议强调贯彻执行国民经济以农业为基础的方针，全党全民大办农业，大办粮食。提出了国民经济的“调整、巩固、充实、提高”的八字方针。这次会议，对恢复党的实事求是的传统作风，纠正“大跃进”的错误，是一个转折的关键。

在会上，毛泽东同志号召全党大兴调查研究之风。

4 月 7 日，顺义来了一位中央领导，他是中共中央书记处总书记邓小平。

群众得知这个消息，自发到街头欢迎邓小平。

顺义的群众见到邓小平这样的中央领导人，还是第一次。

邓小平来到顺义，调研的日程安排得满满的。

7 日、8 日、20 日，邓小平听取了县委领导关于全县的自然状况、农业合作化、农村各业发展变化以及当前工作等情况的汇报。

12 日、15 日、17 日、18 日，在县委、北小营、牛栏山、前桑园村召开了公社、管理区、大队、生产队书记干部座谈会，听取和调查了张喜庄、北郎中、高丽营、北小营、木林、东沿头、上辇等十几个社队的情况。

16 日，视察了城关公社拖拉机站。

17日，赶了阴历三月初三的牛栏山镇大集，逛了庙会。

18日、19日，又两次去牛山公社，视察白庙村的公共食堂，参观张庄村的扬水站，调查芦正卷村农业生产和群众生活问题。

21日，召开了县商业局、手工业社的局、社、科领导干部座谈会。

此外，邓小平还听取了陪同视察的中央办公厅曹幼民关于上辇村的情况、北京市委宣传部张大中关于北小营村的情况汇报，考察了县城的集市贸易，社队工业、家庭手工业、副业等情况，还到农民家中进行了访问。

在顺义县芦正卷村，中央工作组下派的老周告诉大队长王海："老王呀，你明天别出门，有领导来视察。"

第二天，在村口，王海一看对面来的领导，就认出是邓小平。

邓小平在前，几个陪同在后，进了大队部。

邓小平问王海："你是大队长？"

王海连连点头。

邓小平就让王海汇报村里的情况。

王海汇报村里的土地、人口、种植等情况，汇报了1个多小时。邓小平边问，边点头，边记录。

邓小平问："目前村里最难的是什么？"

王海忙说："说最困难的？就是吃水难。村里人吃水，要到很远的地方去拉水。"

邓小平点头，表示知道了。

邓小平刚出门，正好在食堂附近，看见一个老农满头大汗地用小推车推水。他走过去，看见车两侧各捆绑一个大桶，桶里盛着浑浊的"黄泥汤"。

王海赶紧解释："俺们村只有一口井，离食堂有1里多地，吃水就得靠小车推。"

邓小平皱了皱眉头："你们吃水可真难呀！"

推车的老农说："这还不算难，过几天一种白薯，村里这口井也干了，要吃水就得到5里以外的牤牛河去挑，那才叫难呢！"

邓小平一听这话，转身问身边的老周，打一口井得用多少钱。

老周说："要是打机井，就贵点。"

"打就打机井！"邓小平说。

说着，他们又向公社方向走去。

在公社办公室，邓小平继续听汇报。

公社领导还着重汇报了芦正卷村的情况：芦正卷村沙地多，产粮少，收入很低。1960 年全村人均分配仅 42 元，其中的 30%还是从外村平调来的。社员生活很困难，全村吃水靠仅有的一口井，用水浇地根本谈不上。

邓小平："这些我都知道了，不要重复。"

4 月 20 日，在听取县委汇报当前工作时，邓小平对县委的李瑜铭、孙振英等人说："类似芦正卷这样的穷村，各村有各村的困难，每个村都有自己的特点，帮助他们要因地制宜、因事制宜，要帮助他们自力更生、艰苦奋斗，长志气；帮助他们找致富门路，帮助他们把底子搞厚一些，增加收入，彻底改变贫穷落后面貌，充分显示出社会主义的优越性来。"

邓小平说："像芦正卷这样的穷村，没有人愿意同它并在一起，就让它一个村作为一个基本核算单位吧。这个村沙地多，产粮少，在分配征购任务时，要适当照顾点。还必须扶持它尽快摆脱贫穷落后面貌，使他们早点富起来。"

邓小平又说："这个村吃水困难，全村只有一眼井，连自留地都没能种上。你们县里拿出一部分钱，公社再从工业纯收益中拿出一部分，帮助他们打两眼机井。不仅社员吃水问题解决了，还可以开出几十亩园田，收入就多了。帮助他们把干渠顺过去，就可以解决 600 亩水浇地。有了水，粮食产量也就上去了，收入也会增加。"

邓小平继续说："这个村有会编苇席的，供销社帮助他们解决原料，让他们编，再帮助他们销售产品。再帮助他们解决些仔猪，让他们养，既能增加收入，还能增加肥料，为种好粮食打基础。"

21 日，邓小平离开顺义。

4 月 7 日到 21 日，邓小平调研整整用了 15 天的时间！

没过几天，中央工作组老周乐颠颠地告诉王海："老王呀，你大喜，小平同志要给村里打井啦。"

此后不久，在北京市领导王宪主持下，顺义县委派专人负责，在芦正卷村打出了顺义县历史上最早的两眼机井。

芦正卷村群众有了这些机井，不仅吃上了甘甜的水，而且因为有了水浇地农业连年大丰收，一年比一年富起来，群众生活水平逐步提高。当时全村社员都要求到北京中南海给邓小平同志送些嫩玉米、白薯尝鲜，以表达对他的感激之情。

尝到打井甜头的顺义人，打响了一场引水灌溉的"人民战争"。

8.

1958 年，空气中透出对美好的期盼，透出一股热烈的气氛。顺义人呼吸着这种空气，浑身有使不完的力量。

农林水利局一个敞开的大房间里，到处是一摞摞的图纸。墙上也挂满了图纸，一拨一拨的人围在一起，观看、研究。这是顺义灌区建设的蓝图，一条条引水渠道，就像地上的一条条水龙在行走，到达田间，流进庄稼的根系。

潮河灌区水源引自密云水库，工程包括引水总干渠一条，主干渠四条。引水总干渠、中干渠、东一干渠、东二干渠等。

这些图纸大多由北京水力发电学校师生绘制，也有水利技术人员设计。

那一年，潮河灌区修建指挥部成立，拉开了潮河灌区建设的大幕。

顺义县委副书记王心田任指挥、农林水利局副局长伊月竹等人任副指挥，受益社队近万人参加了大会战。

工地上彩旗飘扬，号声嘹亮。

一村人、一家人、夫妻俩、兄弟姐妹，在工地上比干劲，比速度，挥汗如雨。

引水总干渠渠首在密云县提辖庄村北、潮白河右岸，渠道经密云县宁村、河南寨、荆栗园等村入顺义县唐指山水库，由顺义、密云两县共同修建。

顺义负责从荆栗园至唐指山水库进水口的渠道开挖任务。

1958 年 3 月至 5 月底，顺义 3000 名民工在吴国柱指挥下，日夜奋战，圆满完成任务。

同时，在另一个战场，由顺义、密云、平谷三县共同出工，建成潮河上一道铅丝笼拦河石坝。

1962 年 12 月 20 日，顺义、密云两县的 5000 名民工再次集结，扩建总干渠工程，加大总干渠输水能力。顺义副县长王心田任指挥，组织了杨镇、李遂、龙湾屯、尹家府、大孙各庄、北小营、马坊、赵各庄、张镇九个公社的民工参加会战，完成了渠道和建筑物施工任务。

天寒地冻，大风呼啸，工地上依然热火朝天。

1963 年春暖花开时节，渠道扩建完成，输水能力增加了一倍。

而在 1958 年，中干渠建成。

中干渠不仅灌溉顺义县良田，也给河北省三河县带来甘霖。

又是 1958 年，东一干渠建成，控制了龙湾屯、赵各庄、张镇共三个公社灌溉用水。

金鸡河渡槽的木质结构成为当时一道亮丽的风景，而 1960 年改建为砖制结构，1964 年改建为钢筋混凝土结构也彰显了水利建筑的发展足迹。

还是 1958 年，东二干渠建成，控制了尹家府、大孙各庄两个公社和平谷县一部分土地的灌溉用水。

潮河灌区还包括西干渠等。

除了潮河灌区，顺义还建设了白河灌区。

清华大学、北京水利学校的部分与顺义县水利技术人员，共同描绘了白河灌区一条条地上长龙。

1958 年，顺义县政府成立了以县委第二书记李伯华任指挥、农村工作部副部长崔友鹏、工业科科长赵万江任副指挥的白河灌区修建指挥部，组织受益社队建设白河灌区。

白河灌区当年建成，控制潮白河以西面积 39.2 万亩。水源引自怀柔水库。先后在灌区内建干渠八条，引水总干一条，其中引水总干、五干、六干、七干、八干五条干渠。

1960年冬，总干渠扩建为京密引水渠上段。从1961年开始，灌区水源引自京密引水渠。

五干渠从小中河李家史山进水闸引水，渠首进水口在小中河红铜营拦河闸上游左岸，渠尾至城北减河。

六干渠从小中河李家史山进水闸引水，渠道进水口在小中河红铜营拦河闸上游右岸，渠尾至衙门村东入小中河。

七干渠渠首在豹房村西北、与七八总干渠相接，渠尾至薛大人庄村南入温榆河。

七分干渠渠首位于西杜兰村西，与七干渠左岸相接，经东海洪村南横穿小中河后向南伸延，渠尾在李桥村南入月牙河。

八干渠渠首位于豹房村西，与七八总干渠右岸相接，渠尾在古城村东。

九干渠渠首位于李家史山村西，与引水总干渠右岸相接，渠尾在西水泉村西南。

五分干渠渠首位于小中河红铜营拦河闸左岸，渠道横穿京承铁路和京密公路后，向南延伸，渠尾在西丰乐村东。

引潮总干渠渠首在向阳村东、潮白河右岸，渠尾至城北减河十孔闸。

其他灌区还有江南灌区、豆各庄灌区、菜园子灌区等。

仅仅1958年，顺义数千平方公里的土地上，就建起众多的灌区，一条条引水渠四通八达，就像透视镜下的人体血管一样，密密麻麻通向每个角落。然而，随着干旱越发严重，又不得不搞起“西水东调”“东水西调”工程。

9.

1958年修建的密云水库，成为潮白河洪水的主要屏障，成为北京、天津、河北等地的灌溉水源。

然而，长期依靠密云水库供水灌溉的顺义龙湾屯、赵各庄、张镇、沙岭等公社，用水并没有保证，而且这里地处东部半山区，地上、地下水源贫乏，自备水源几乎没有，老百姓种地还是“靠天收”，粮食产量受到影响。

地里的庄稼枯瘦，收回家的谷物瘪小，挂在房檐、树杈、囤帮上的小辣椒，明显比其他地方的“不仗义”。

1972年，顺义县水利部门提出规划、设计，在富水区木林公社孝德村西北打井数眼，形成群井汇流之势，通过扬水工程将水输入东一干渠，即为西水东调工程。

1972年11月，唐指山水库管理所挂起西水东调工程指挥部的牌子，水利局革委会主任杜崇山任指挥、水利局工程组组长李振明任副指挥。

1975年10月，东水西调工程正式开工。

有关资料介绍了东水西调的工程规模和流程：

由机井群、输水管路、汇流渠、扬水站、配电设施五部分组成。

各井抽出水后，通过各自地下输水管路，将水输入回流渠道，通过扬水站由扬水机站和扬水渠将水扬到高处蓄水池，又源源不断将地下水输送到东部半山区。

当时，全部工程包括土建施工和机井施工，土建施工任务谁受益谁负担。

这又是一个奇迹！

然而，无独有偶，马坡、南法信、张喜庄、高丽营、后沙峪、天竺共六个公社，地处西南部贫水区，也同样遇到了怀柔水库供水没有保证，耕地粮食产量受到影响的难题。

顺义县水利部门提出规划方案，按照西水东调的模式，在富水区怀河一带建扬水站，支援贫水地区，即为东水西调工程。

主持规划设计的水利局工程组副组长徐福，对工程的规模与流程了如指掌。

他在向县领导的报告中写道：

东水西调由怀河一级扬水站、输水渠、机井群、红铜营二级扬水站、配电设施五部分组成……

贫下中农协会主任史翠为指挥、水利局革委会副主任张德瑞为副指挥，组织受益的公社和大队，工程于1975年10月正式开工，1979年8月全部竣工。

1980年初春，顺义东部地区风景独好！

数十个机房，墙面洁白，横竖成行，像大地上凸起的白蘑菇。地面上的电线杆和变压器，就像忠诚的卫士，守卫着机房。远处，一道道电线在空中延伸过来。

顺义西部，久旱逢甘雨，一渠渠清水汩汩流进农田……

当然，人们还不会忘记一些矗立在河边、渠道上的功臣——扬水站。

顺义从1950年就开始建设扬水站，数百处扬水站雨后春笋般矗立在顺义平原。

建设扬水站的故事，至今被人们传颂。

1960年，后疃扬水站建设现场。

北风呼啸，大雪纷飞。

工程开挖基坑时，突然从地底下冒出一股泉水，泉眼水桶般大小，喷涌不止。

俸伯公社党委副书记张金铎正在现场指挥，他料定出了泉水会影响工期，影响工期就会影响明年春播，影响春播就会影响秋粮丰收。

这里的人们真的被旱急了，张金铎甩身跳下去，大声喊道："社员们！跟我来。"

顷刻间，社员们"扑通扑通"地像煮饺子般地跳了下来。

可是，岸上唯独有一个傻大黑粗的汉子，望着冰凉刺骨的泉水犹豫。

张金铎猛地凑到那人面前，扯着汉子的一条大腿："你，你，给我下来吧！"说着，把那个人唰地一下子，拽下了水坑。

社员们都不约而同地大笑起来，大家笑着、说着、干着，欢声笑语一片，工地上立即热火起来。那冰凉刺骨的严冬，一下子成了热气腾腾的盛夏。

大家和着汗水、雪水、泥水滚在一起，用几百斤的大石头，把水桶般的大泉眼堵上了。

后疃扬水站历经半年，终于建成了，潮白河水随着水管哗哗流进，流进公社的田地里……

10.

麻雀虽小五脏俱全，顺义正是全国水利建设的一个缩影。

那是一个激情燃烧的时代，那是一个激励后人也让后人反思的时代。

因为多年水利采访，了解到当时水利建设的情况：

新中国成立初的农业，完全处于靠天吃饭、受大自然摆布的状况。北方广大地区则缺水少雨，土地得不到灌溉，旱情严重时甚至颗粒无收。

1950 年 6 月、7 月，淮河流域发生水患，中、上游支流先后漫决。由于水势凶猛，群众来不及逃走，死伤惨重。

毛泽东手里拿着灾情报告，脸上的表情沉重，眼里落了眼泪。“一定要把淮河修好”，他挥笔写道。

以治淮工程为标志，新中国由此拉开了一场治理江河洪水、兴修水利的大幕，一个个捷报频传。

淮河流域先后建设了苏北运河整修工程和苏北灌溉总渠、石漫滩水库、高良涧进水闸和淮安支东分水闸、白沙水库和汝河上游的板桥水库、新沂河嶂山切岭、苏北导沂整沭、淮安杨庙穿运、三河闸、刘老涧节制闸、佛子岭水库、梅山水库等。

在全国范围，1950 年至 1955 年，相继建设了河北省蓟运河灌溉工程、汉水治理工程、大通湖蓄洪垦殖工程、河北省独流减河工程、引黄济卫（卫河）工程、荆江分洪工程、永定河官厅水库等。

……

1952 年 10 月，毛泽东视察黄河，他严肃地说：“一定要把黄河的事情办好。”同时，他对一位水利负责人说：“南方水多，北方水少，借一点来也是可以的。”

1956年3月新华社报道，全国兴修农田水利的五年计划提前、超额完成，经过五年的努力，不仅大大减少了水患，而且实现了扩大农田灌溉面积达800万公顷，比原计划480万公顷超额约40%。这标志着治水工作取得了阶段性胜利。

进入“大跃进”时期，中国治水以贯彻党中央1957年制定的《全国农业发展纲要》“四十条”为发端的。该纲要明确提出用十二年时间粮食亩产要分别达到“四、五、八”的目标，就是黄河以北400斤，黄河以南、淮河以北500斤，淮河以南800斤。在该纲要的鼓舞下，全国农村首先掀起了一个大搞水利建设的高潮。

1958年农村人民公社普遍建立，大型水利工程能够进行统一规划、部署，不再受原来县、乡区划的局限，统一调配劳动力和资源，可以开展大协作，因此使水利建设的规模进一步扩大，这就大大促进了全国的水利化建设。在新中国水利建设史上，有许多治水的大工程、大建设是在三年大跃进时期实施的。至今遍布全国的水库，其中有半数以上始建于大跃进时期。

1958年，毛泽东和其他中央领导人到北京十三陵水库工地上参加过义务劳动。

北京十三陵水库、北京密云水库、浙江新安江大水库、辽宁省汤河水库、河南省鸭河口水库、广东省新丰江水库、海南省松涛水库等，都是在大跃进中施工或建成的。

这些大型水库都具有蓄水、防洪、灌溉、抗旱、养殖、发电等综合性功能，对当地的环境、生态和经济发展起着重大作用。

全国各地的水利工程更不计其数，气势豪迈。

20世纪六七十年代，“农业学大寨运动”风起云涌，水利建设是其中一部分，这时的水利主要是贯彻毛主席“水利是农业的命脉”的号召，主要解决农业用水和抗旱问题。为此还开掘了许多新河道，修建了大量的水利枢纽工程，治水规模和投入进一步扩大。

1960年动工，1969年全部竣工，震惊中外的河南林县“红旗渠”，被称为“人造天河”，在当时困难艰苦的条件下，林县人民硬是在巍巍太行山的悬崖峭壁、险滩峡谷中开凿出一条河道。

1969年，江都水利枢纽工程竣工。

1972年，辽河治理工程竣工。

1973年，海河治理工程完成。

1973年，长江流域的丹江口大型水利枢纽工程竣工。

1974年，黄河三门峡水利枢纽工程的改建工程完成。

1980年，长江干流上的葛洲坝水利枢纽工程发挥效益。

……

到20世纪70年代末，新中国治水工程取得了决定性胜利，水利建设的预定目标基本实现。由此江河洪水基本形成由人控制、服从人的设计和摆布的格局。不仅洪水泛滥的历史基本结束，而且变水害为水利，基本上消灭了大面积的干旱现象，扭转了几千年来农业靠天吃饭的历史。

近年，中国又建成了长江三峡等工程。

近年，南水北调工程实施，东中线相继通水，丰沛的南水数千里行走，来润泽北方土地……

中华民族的发展史，也是一部人与水旱灾害的抗争史。

在顺义采访，了解到：

1958年至1965年，以灌溉工程建设为主的大型水利建设。

其中，完成了潮河、白河两大灌区的建设，控制灌溉面积86.2万亩。到1965年，潮河、白河两大灌区的工程配套齐备、用水管理制度完善、产量等各方面水平都有了很大的提高，在全国灌区的建设和管理中创造了经验。

其中，完成了电力提水灌溉工程。1958年顺义区有效灌溉面积69.4万亩，尚有20.5万亩耕地需要通过建设电力提水灌溉工程来解决。其水源当时主要依靠潮河、白河两灌区补给及利用大小河道基流水。1958年至1965年，顺义区累计建成电力提水站304处，有效提水灌溉面积达到17.64万亩。

其中，完成了井灌工程建设。1958年至1965年大力发展地面水提水灌溉工程的同时，为了解决灌渠和河道基流水源达不到地区的灌溉问题，作为一种补充的灌溉方式进行了井灌工程建设。1958年至1961年，顺义采取人工架和大锅锥方式，共打抗旱井565眼。1962年至1965年共打机井109眼，累计发展井灌面积4.95万亩。

其中，完成了防洪工程建设。密云水库、怀柔水库建成后，有效地拦蓄了水库上游的洪水，减轻了对水库下游地区的洪水威胁和灾害。但密云水库、怀柔水库以下的密云、怀柔、顺义区间的汇流面积仍可产生较大的洪水。为此，流经顺义区的潮白河及怀河防止洪水漫溢及洪水坍岸的任务仍很艰巨。

修建了唐指山、汉石桥、南彩3座小型防洪水库。修筑了城北减河两岸堤防、顺三排水两岸堤防、东牤牛河两岸堤防、潮白河护岸工程。

其中，完成了疏挖骨干排水河道工程、低洼易涝地区治理工程。

1966年至1977年，在巩固配套的基础上，实现“三水多元化”灌溉。

其中，加快电力提水灌溉工程的建设，扩大有效灌溉面积。1966年至1977年累计建设电力提灌站406处，1977年全区有效灌溉面积达到17.35万亩。

其中，大力发展井灌工程。1972年大旱，密云水库水源紧张，大力压缩农田灌溉供水，使潮河、白河两大灌区供水受到严重影响，农业减产。事实教育了顺义区的领导和群众：不能单靠潮河、白河两大自流灌区，要建设水源多元化的灌溉事业，大力开发地下水源，建设井渠合灌、井灌、井站合灌以及井、渠、站三合一的灌区。

1965年至1977年，顺义区累计凿机井5028眼，并在木林地区修建了西水东调、在牛栏山地区修建了东水西调两个群井补水灌溉工程，将潮白河滩地的地下水和怀河基流水调往潮白河东西两侧二级阶地的缺水区。

从此，顺义区的灌溉事业从单一使用密云水库水源，转变为使用水库水、河道基流水、地下水等多元化水源灌溉。灌溉方式也由单一的自流灌溉转变为灌区自流灌溉、扬水站提水灌溉及机电井提水灌溉等多种形式。

至此，顺义区的灌溉事业在质量和数量方面都得到较大提高。

1978年至1990年，顺义走上建设节水型农业的新路子。

其中，1978年至1990年全区累计凿农用机井5348眼，机井灌溉面积达到70.92万亩，净增33.69万亩。

其中，基本实现了农田灌溉井灌化。全区有效灌溉面积达到82.36万亩，其中扬水灌占7.5%，自流灌占6.4%，机井灌占86.1%。

今天，当我们思考“大跃进”的时候，您是否想过，如果没有它，我国会不会在一个百废待兴的国土上，建成星罗棋布的水利工程？即使是现在我们成了世界第二经济大国，但是能不能在几年内建起那么多水利工程？如果没有建设那么多水利工程，我们后来能不能成功建成矗立世界屋脊的长江三峡和南水北调？当然，当时的观念、经济实力、技术水平都很落后，也留下来了诸多遗憾！

今天，我们在思考“人定胜天”的时候，您是否想过，它是特殊的历史条件下，一种战胜巨大困难的精神力量。如果没有这种精神力量，我们的国家能不能走到这种地步？当然，我们现在追求的是人与自然和谐，但是我不能隐瞒自己的观点：我们当追求在人类意愿基础上的人与自然和谐，而不是我们逆来顺受的所谓和谐！

1995年，江泽民总书记视察顺义，说：“顺义县粮田喷灌搞得好！”。

1997年，出现全国节水会议的代表现场参观顺义，水利部副部长李伯宁欣然题字：中国粮田喷灌第一县——北京顺义县。

新中国成立后，顺义通过一代代人前赴后继，不懈治水，用汗水和智慧建成了诸多的水库，建成的诸多大堤、大坝、桥梁，成为顺义江河安澜的“水长城”。

潮白河苏庄“洋桥”被大洪水冲毁若干年之后，顺义人民实施了新的苏庄闸桥工程，还建起了“苏庄劳动公园”。江泽民曾来这里参加劳动。

顺义人回想起水利建设的激情岁月，觉得工地上的砸夯号子更加动听：

“夯夯要砸实呀，哎咳哟呀”；

“修好大水库呀，哎咳哟呀”；

“不怕苦和累呀，哎咳哟呀”；

“为了多打粮呀，哎咳哟呀”；

“人人争奉献呀，哎咳哟呀”……

第五章　托起水长城

1.

这次，我们采访的是谢孝。

修建密云水库时，谢孝担任民工团团长。

“出发!”副县长李惠民向民工队伍高声命令。

谢孝接过顺义民工团的红旗，带着队伍向密云水库工地进发。

3000多人的队伍，头不见尾，尾不见头，浩浩荡荡，犹如一条长龙舞动。

那年，谢孝30岁，正是年富力强的时候。

队伍到了工地，就像羊群一样散开了，按照连队编制，就住工棚。每人吃过几个窝窝头，立即赶到施工现场。

工地上，红旗招展，号子嘹亮。推小车，挑土篮，人山人海；拖拉机来往穿梭，昼夜不停。

那时，谢孝即是团长，又是民工；即是指挥员，又是战斗员。

转眼两个月过去，有人捎信来说家里有事，让他赶紧回去一趟。

“什么事?”谢孝问。

“急事!”那人答。

谢孝就去请假。

“你是团长，你走了群龙无首。这样吧，你下工后赶回去，明早一上工就赶回来。”副县长李惠民批示。

“什么事?”回到家，谢孝问妻子。

“我好像有点发烧，你摸摸。”妻子说。

谢孝就摸妻子的额头。

“不是头，是身上。”妻子用眼睛说话。

谢孝把眉头一皱：“你知道我累不?”

妻子上前抱住谢孝……

于是，谢孝黑天到家，起早摸黑又来到工地。

像谢孝这样，修建密云水库，顺义先后去了多少人，有详细资料可查。

1958年密云水库开工初期，顺义日出民工4087人，到1958年11月增至12700人。

1964年4月17日，8400名顺义民工参加水库调节池工程施工。

1965年5月，顺义县政府组织民工600多人，参加密云水库石骆驼、走马庄副坝防渗工程。

1967年2月，顺义县政府组织民工1000多名，参加白河发电站改装蓄能机组建设。

1976年，顺义县政府组织3000名民工，参加第三溢洪道石方开挖。1976年7月唐山大地震，波及密云水库，白河大坝上游砂砾石保护层滑坡，为此，第三溢洪道暂停施工，全部民工奉调抢筑金沟围堰。完工后，立即参加白河主坝抢修，1977年10月竣工……

密云水库坐落在潮河、白河中游偏下，系拦蓄白河、潮河之水而成，库区跨越两河，是华北地区第二大水库。

水库最高水位水面面积达到188平方公里，水面近14万亩，水深40～60米，分白河、潮河、内湖三个库区，最大库容量为43.75亿立方米，相当于67个十三陵水库或150个昆明湖。

从空中鸟瞰密云水库，形似等边三角状，绿色的角分别向三个方向延伸。

理论数字这样描述：

当洪水位158.5米时，相应水面面积183.6平方公里、库容41.9亿立方米；当正常蓄水位157.5米时，相应水面面积179.33平方公里、库容40.08亿立方米；当汛限水位147.0米时，相应水面面积137.54平方公里，库容为23.38亿立方米；当死水位126.0米，水面面积46.154平方公里，库容4.37亿立方米。

密云水库对于顺义的重要意义，一则防洪，减少泛滥成灾的潮白河对顺义的侵害；二则灌溉，潮白河水从此按照人类所需，灌溉顺义的农田。

京密引水渠成为供应顺义水源的“血脉”。

京密引水渠是向首都输水的大型渠道。上接调节池，渠长110公里，流经5个县，终点在北京市的玉渊潭，承担京郊200万亩农田灌溉和京城供水任务。

京密引水渠分两期建成。一期工程自调节池至昌平县西崔村，于1960年至1961年3月修建；二期工程自西崔村至玉渊潭，1965年9月至1966午4月修建。

京密引水渠原设计流量 40 立方米每秒，经过衬砌，引水流量扩大到 70 立方米每秒。其中密云段长 12 公里，占用耕地 1259.1 亩，建有节制闸、分水闸、跌水、桥梁等建筑物 23 座。

1966 年 10 月至 11 月，京密引水渠衬砌工程开工。顺义县出动 3500 名民工承担由沙河倒虹吸至怀柔水库段的渠道衬砌工程。完成后，又留下部分民工继续完成 2.9 公里的渠道开挖和修筑滨河路的任务。共完成土石方 20.35 万立方米，于 1967 年 3 月 20 日完成。

顺义人民为修建密云水库做出了巨大贡献！

2.

马淑荣是远近闻名的“女汉子”。

1958 年，马淑荣和大伙一起去“夯坝”。

夯坝用的是一种圆柱形石头，叫“碌石”，或叫“石滚子”，也叫“碌碡”“碾子”，约半米长，两个平面的正中间有凹进去的小槽，把铁框架塞入槽后可以把它固定在框上，平时用马或者驴拉着骨碌在地上转着碾压豆子、麦子之类的东西，也用来压地，把地压平整，夯地的时候立起来用平面把地砸平整、匀实。

夯石很重，几个有力气的男人才能抬起来。

一群汉子，脸上大汗淋漓，臂膀肌肉暴起。夯坝的时候，几十盘巨大而沉重夯石被举起，又重重砸在坝上。

那种人力夯坝，代替了机器。那紫红色的肌肉，凝聚了无穷的力量，也是意志和信念的象征。

那么多的人，那么重的夯石，光靠蛮力抬肯定是散乱而无力的，于是一首首夯歌此起彼伏。

无论是在朦胧的月光下，还是在璀璨璨的阳光中，或迎寒风，或战酷暑，都能看到人们跟着夯歌的节奏一下一下匀称而有力的夯打。夯打的声音，震得地动山摇。

李亚男是漂亮妇女，一对乌黑的大辫子，一双乌溜溜的大眼睛，一腔好听耐听的金嗓子。她站在砸夯的男人边上，喊号子。

“同志们，高抬起呀！”

“嗨呦，嗨呦！”

“高抬又高撂呀！”

“嗨呦，嗨呦！”

李亚男的歌声落地，抬夯的男人随之和着歌声“嗨呦，嗨呦”地叫着号子，把夯石抬起来砸下去。

“一夯挨一夯啊！”

“嗨呦，嗨呦！”

“夯夯要平整呀！”

“嗨呦，嗨呦！”……

嘹亮而动听的歌声和着一群壮汉的吭唷吭唷的喊号声，然后是几十盘夯石随着号子整齐划一的落地声。

大坝就这样一点点的被夯实，筑起来。

马淑荣很羡慕李亚男，那夯歌嘹亮而悠扬，歌的内容千变万化。

李亚男看到哪个人精神不太足，就会指着那个人唱道：

“你今天不精神呀！”

“嗨呦，嗨呦！”

“受了媳妇的气啊！”

“嗨呦，嗨呦！”

“打起精神头呀！”

“嗨呦，嗨呦！”

“别砸着脚趾头呀”……

男人们哈哈一笑的之后“嗨呦，嗨呦”地更加投入而有力的继续工作，沉闷的空气也就随之被调动了起来。

马淑荣发现，不管夯歌唱的是什么，砸夯的主题都是不变的。

李亚男面带微笑、精神气十足的唱夯歌，就是进军的号角，就是万军中的指挥员，指挥一群生龙活虎的战士。夯歌，把所有人的力量和精神都凝聚在了一起。几十盘夯石，一盘夯石四个人，就这么在夯歌声中有力的、整齐划一的把大坝夯得结结实实。

歌声和汗水，就那么巧夺天工、浑然天成地结合在了一起。

那时候，马淑荣还是个女孩儿，虽说是去“夯坝”，却不会做砸夯的事儿。

马淑荣的任务是站在大坝的蹲台上，把土一锹接一锹地传递给上面的人。

大坝越来越高，一人不能把坝底的挖出来的土，直接扔到大坝上，于是就有了一层层的“蹲台”。人们站在“蹲台”上面，接力般把下面的土一锹锹地扔到坝上。然后再由那些男人一夯一夯地砸实。偌大的大坝，就是这样由漫山遍野的人，拿出蚂蚁啃骨头的精神来完成的。

那时候，人们相信人定胜天，人们相信集体的力量大无比。他们在几乎没有任何机械设备的情况下，建设了密云水库，又挖出一条条引水渠到顺义，在顺义地面上挖出纵横交错的水网。这些水网浇灌了粮田，让顺义人能种上了麦子，改变了他们靠天吃饭的历史。

“窝头车、刺碾子、小推车推沙石料……”这就是那个时代挖河的真实写照。

如今，机械化作业也早已取代了人工劳动，人工“夯坝”已经成了历史，但密云水库还在。马淑荣、李亚男、谢孝、李惠民等数千万顺义人，用他们的意志、他们的力量、他们的精神，在滚滚向前的历史长河中留下了痕迹。

如今，年近七旬的马淑荣老人，每每想起那个激情燃烧的岁月，脸上总是露出一种快乐、一种无比自豪的成就感。

我们采访时，她说：“如果回到过去，我还会去‘夯坝’。”

3.

顺义区东北部木林镇境内，有一座中型水库，那就是唐指山水库。

采访组来到这里，见到齐腰高的茅草，密密麻麻。那草，却遮掩不住50多年仍屹立在水库岸边的纪念碑。风霜雨雪，尽管为这座纪念碑披上了岁月的沧桑，但是碑文依稀可见。

正面：

移山造海，改变自然，变水害为水利是劳动人民久已的向往。我区农民在共产党的正确领导下，掀起了建设社会主义水利运动高潮。依靠自己的双手，用六十五天的功夫建成了这座方圆一千三百亩地，蓄水四百万立方米的中型水库，解决了我区整个河东的防洪与灌溉。为了纪念这所宏伟的史无前例的人工造海，故立此碑以资纪念。

背面：

唐指山水库工程自一九五八年三月十七日开工，经过六十五天的苦干、苦钻完成了大坝、溢洪道、出水口基本工程。北起甲山，南至唐指山西山头，全长一千三百五十公尺，坝高为十四公尺，坝顶宽为四公尺。溢洪道出水口皆为控制流量。水库全部工程共填土方三十八万一千七百四十七立方米，石方一万二千八百立方米，共用六十万个工日。

北京市顺义区唐指山指挥部

沧桑的文字，再现20世纪50年代修建唐指山水库时的一幕一幕。

当时工地上红旗招展，简直就是一个红色的海洋，民工们在极其恶劣的环境下劳动，没有人叫苦连天，而且边劳动边唱着歌曲，工地上的流行歌曲的歌词是：

兴修水利大开展，全国人民总动员，反保守，反浪费，鼓起干劲搞得欢，我们要做促进派，嘿！最响亮的口号就是干！干！！干！！！

工地四周的山坡上都写着大幅标语。

北面的山坡上是：鼓足干劲，力争上游，多快好省地建设社会主义。

南边山坡上是：要在十五年内赶上英国、水是生命的源泉、水利是农业的命脉。

整个工地，歌声四起，到处洋溢着乐观主义的气氛。如：微风细雨当好天；汽（电）灯底下当白天；一天工作顶两天；苦干、实干、加巧干等。

民工们吃的窝头咸菜等，而且有定量，劳动工具是土篮和小推车，肩担手推是工地的劳动特色。

在这种艰苦的条件下，只用了两个多月就完成了大堤和溢洪道出水口工程……

唐指山水库是顺义区中型水利建设工程之一，能防洪水淹水涝和冲刷土地灾害，将水害变水利为人民造福。

施工伊始，顺义县政府成立了由县委副书记王心田任指挥、农村工作部部长吴国柱、县交通科科长伊月竹任副指挥的水库建设指挥部。下设办公室、工程股、财务股、秘书股、保卫股，共34人组成。

工程由北京市水力发电学校设计，县水利科工程师绳伦如为施工技术负责人。施工单位有北小营、李遂、杜各庄三乡民工，于1958年3月17日破土动工，日出民工由300人陆续增加到6929人。4月13日以后，指挥部根据工程量调22个乡民工10390人、大车1125辆进行大会战。

这种“万人大会战”，在当时、在全国，普遍都有。

1958年6月，唐指山水库工程在喧天的锣鼓声中举行了竣工仪式。

设计时，唐指山水库出水口修建水利发电站，发电量为1600瓦，能解决河东各乡照明。库内蓄水量为500万立方米，占地1300百亩。水库上游由潮河引水20立方米，水库下游开填中干、东一干、东二干三条干渠，灌溉35万亩土地。

干渠跌水建小型发电站20处，彻底解决农业社用电，达到电气化。

这项工程主要以民办为主，国家投资为辅。国家仅投资55000元。这个数字，谁能想象它能建起一座中型水库？现在，类似的水库投资，动辄就是亿元。

靠什么？靠广大民工的积极性和创造性呀！

水库修建工程中，涌现出模范人物251名。西乌鸡村优秀的女共青团员皮宗秀为修水库疲劳过度伤坏了一只眼睛；龙山村冯万通为修水库献出了生命；东华山村周岐负了重伤。

全体民工那种忘我的劳动精神，永久活在人民的心目中。

我们赶到皮宗秀家采访，她正在家等着。

79岁的皮宗秀回忆当年的情景，依然热血澎湃。

1958年初春，大地刚刚复苏，木林人民公社辖村西乌鸡大队党支部开会，动员党、团员带头去工地修唐指山水库。

“写我一个!”共青团员皮宗秀眨着一双亮晶晶的大眼睛，当场报了名。

皮宗秀回到家里，把情况跟母亲一说，母亲立即阻拦：“不让去”。

皮宗秀有一个哥哥，两个弟弟，女孩就她一个，母亲舍不得她去受苦受累。

皮宗秀眨着眼睛说：“别人能干，我也能干!”

母亲坚决不肯。

第二天，皮宗秀找了被褥，偷偷跑到了工地上。

工地上，到处是热火朝天的景象，动听的悠扬的夯谣：

一个人领唱道：

“一夯接一夯呀——”

大家齐声呼应：“哎咳呦呀!”

皮宗秀立即加入施工队伍，和姐妹们一起唱道：

“夯夯要砸实呀，哎咳哟呀”；

“修好大水库呀，哎咳哟呀”；

“不怕苦和累呀，哎咳哟呀”；

“为了多打粮呀，哎咳哟呀”；

“人人争奉献呀，哎咳哟呀”……

那时，工地上的打夯队，夯歌此起彼伏，形成了一道独特的风景。

皮宗秀所在的西乌鸡八姐妹打夯组，她们不怕苦和累，夯实的土层，堪称质量第一，成为工地上的佼佼者，闻名遐迩。

八姐妹住在木林村，每天往返十余里，顶星星来顶星星走，真是披星戴月，夜以继日。

一天，皮宗秀感冒了，身体虚弱，在早上上工之前，老书记皮宗尧看到眼里，疼在心上，于是向她道，“宗秀啊，不然你就甭去了，在家好好休息吧!”

“不，我能去，我顶得住!”皮宗秀眨着大眼说。

“能行吗，别逞强。”老支书劝说。

“没事儿，我行，这点小病还叫病？我还是去吧!”皮宗秀说话时，明亮的大眼睛一起闪烁，很好看。

就这样，皮宗秀带着病情，拖着虚弱的病体又坚持劳动了一天。晚上收工回来，天色已然黢黑，伸手不见五指，就在去食堂打粥的路上，她晕倒了，粥碗打碎了，一块碗茬儿牢牢地扎在一只左眼上。

殷红的鲜血顿时流了下来。

老书记皮宗尧知道后，马上派一辆大车，把皮宗秀拉到顺义医院，因伤势严重又风驰电掣般转到北京同仁医院。

“那只眼睛保不住了。”医生说。

皮书记在一旁，祈求医生：“你们一定要保住她的眼睛!”

医生叹了口气。

皮书记说：“她还年轻，还没有嫁人呢!”

医生摇了摇头。

医生和皮书记悄悄地来到病床前，把情况如实告诉了皮宗秀。

他们以为皮宗秀会大哭一场。

只见皮宗秀沉默了很久，终于说：“我同意!”

40天以后出院，皮宗秀的左眼残废换了假眼。

1959年，皮宗秀被评为全国劳动模范，参加北京召开的群英会，得到了中央领导的接见。我们曾看过挂在墙上的合影照片，有很多第一代党和国家领导人的身影。

正是有无数皮宗秀这样的优秀儿女，唐指山水库如期建成，如期发挥效益。

唐指山水库既防洪又蓄水，是调节潮河灌区灌溉用水的主要设施。灌溉水源来自密云水库，经潮河总干入库，年引水灌溉近百万亩次，可灌溉农田 36 万亩。同时供给平谷、三河县部分土地灌溉用水。汛期，水库拦洪可解除贾山、孝德等村的洪涝灾害。

2012 年，唐指山水库环境修复列入顺义区 2012 年便民工程项目。工程对大坝及大坝东南侧山脚下道路进行硬化；对库底局部进行减渗处理；对库区局部进行景观绿化；对现状浆砌石破损处进行护坡修补，危桥拆建。

这次修复既保证水库防洪安全，又为水库旅游开发奠定基础，增强水库旅游价值与功能。

这一时期，顺义还建设了汉石桥水库、南彩水库、龙湾屯水库、茶棚水库等，如一颗颗明珠，闪烁在顺义大地，保安澜，送甘霖。

我们采访皮宗秀后，我悄悄抽出 100 元钱，在院子里塞给她。

已经不记得是哪年了，皮宗秀跟随在外施工的丈夫生活，把户籍关系也迁到了外地。她的户口迁得出，迁不回了。

没有户口，她就享受不到北京市的优惠政策，享受不到政府的照顾，就享受不到一个北京市民应该享受的一切，如医疗、最低生活保障，等等。

而且，丈夫在外地的退休金较低，却在消费较高的北京生活。

她也曾经找过有关部门，但是都没有给解决，现在看来她已经找不动了。不仅仅是心有余而力不足，而且心灰意冷了。

老人真的老了，不知道什么时候生命就停止了跳动。

是什么原因，让我们的英雄流血又流泪?

中华民族之所以是一个伟大的民族，因为她有无数的脊梁支撑着。任何一个英雄都是坚强的支柱，不可或缺。无论时代怎样变化，我们都不要忘记英雄们，我们都要敬仰英雄们，我们都要照顾好英雄们。

因为一个不敬仰英雄的民族，是没有希望的民族。

我默默走出那个小院，连回头挥手告别的心情都没有。我不想说那两个字“再见”。因为它太沉重了。

4.

采访组沿着潮白河两岸行走，发现不远就有一座橡胶坝。一座橡胶坝就是一个蛟龙，横跨潮白河上，将一泓清水阶梯式蓄积起来，形成开阔的水面，绿波荡漾。这些水面与两岸的绿树、鲜花、公园、小路相呼应，呈现出令游人流连忘返的意境。

说到橡胶坝，老程也是滔滔不绝：

潮白河自北向南，分别是牛栏山橡胶坝、河南村橡胶坝、柳各庄橡胶坝、苏庄橡胶坝、沮沟橡胶坝，还有向阳闸、河南村橡胶帆闸。

在箭杆河上，横卧着牌楼橡胶坝、赵庄橡胶坝。

金鸡河有柏树庄橡胶坝、大三渠橡胶坝、李家洼子橡胶坝。

小中河有兰家营橡胶坝、马卷橡胶坝、首闸橡胶坝、头二营橡胶坝、李桥橡胶坝。

方氏渠有河津营橡胶坝、后渠河橡胶坝、羊房橡胶坝、南王路橡胶坝等。

顺义水务局原副局长赵士礼，头戴藏青色鸭舌帽，身穿藏青色风衣，接受采访时却两眼奕奕有神，神采飞扬。他的故事，与这些橡胶坝有关。

我国的退休年龄是 60 岁，因为修建橡胶坝，赵士礼直到 67 岁，因为右腿骨折才退下来。

赵士礼的两条腿可谓历尽磨难，顺义的山山水水，几乎是用它来丈量的；他 1958 年 21 岁时参加水利工作，46 年的时间也是这两条腿走出来的。

1992 年，顺义修建第一座橡胶坝——河南村橡胶坝。

河南村橡胶坝坝长 300 米，是当时全国最长的橡胶坝。

橡胶坝建成，使人们能看到干涸的潮白河再现往日水波荡漾的美景，而人们看不到橡胶坝蓄水为饥渴的顺义补充地下水，赵士礼有说不出的喜悦。

1995年，建设苏庄橡胶坝。

苏庄橡胶坝建设别具特色，在两个中墩上分别竖了两条龙。每到夜色降临，霓虹灯绽放，在璀璨的灯光下，那两条龙真活灵活现。

紧跟着，赵士礼组织修建了柳各庄橡胶坝、沮沟橡胶坝、牛栏山橡胶坝。

如果称他为“坝头”，则名副其实。

2003年，“非典”暴发。

正在组织橡胶坝施工的赵士礼，接到紧急通知，马上到指定地点测量体温。赵士礼一边急匆匆往体温测量点赶，脑子里尽是橡胶坝的事，不料被一个什么东西绊了一跤，弄了一个大轱辘。他急忙翻起身再往前赶路，发现右脚骨隐隐疼痛，越走越痛，走不下去了。

他被送到医院检查，发现右脚骨折了。

顺义区上的领导来看他：“老赵呀，组织上本来想等你把牛栏山橡胶坝建成，就让你休息，没想你自己提前歇了。”

赵士礼激动地说：“你有事来接我，没事我待着。”

在场的人都笑了，这是一种蕴含敬意的笑。

2004年，67岁的赵士礼从干了一辈的水利工作岗位退了下来。

赵士礼依依不舍水利工作，依依不舍那些亲手或亲自组织建成的水利工程。当时，顺义修建了五座橡胶坝，再加上1983年落成的向阳闸，结合着引潮入城，给华能电厂、东郊热电厂送水，潮白河形成六个梯级蓄水的格局。

潮白河蓄水面积达到20平方公里，3万亩水面，相当于8个昆明湖那么大。

那时，赵士礼就想，如果能够把南北7座闸坝照一张相片，每座橡胶坝都蓄满了水，一定是碧波荡漾，一定是充满灵气和生机，一定是令人心旷神怡。

这美好的愿景，终于实现了！

以前，由于地下水严重下降，潮白河两岸两万多亩林地，树干畸形，树叶枯焦，奄奄一息，一派萧条。一座座橡胶坝建成，形成了一座座小水库，水流逐渐渗入大树的根系，一颗颗树木顿时生机勃勃，郁郁葱葱。

橡胶坝给顺义潮白河两岸带来了好风水。

梧桐树引来金凤凰，政府投资来了，社会投资来了，漂亮的培训中心、老干部疗养院、居民楼等相继建成，再加上2008年奥运会期间修建的水上运动场所、奥林匹克公园等，顺义潮白河两岸春有绿，夏有花，秋有果，冬有雪，美景如画。

曾经的“坝头”经常到潮白河岸边走走，他的心情与众人更有不同。

毕竟，那一座座橡胶坝里，深深刻进了他的记忆。

他和张守旺、马传凤等人总结的河南村橡胶坝施工管理经验，发表在《北京水利文集》，这不仅仅是一种记忆，也是留给顺义后人及其他地方建设管理橡胶坝的“珍宝”。

按照潮白河总体规划，修建的每座建筑物都要成为一个景点的要求，精心设计，精心施工，河南村橡胶坝就是其中一例。

1992年3月，大地刚刚复苏，潮白河河南村橡胶坝建设拉开序幕。

闸桥是1992年北京市大型水利重点工程，必须保证河道在汛期正常行洪的条件下，安排施工计划，6月15日前完成主体工程。

时间紧、任务重、标准高、难度大，尤其是建设资金不足，一个个困难摆在建设者面前。

有条件要上，没有条件创造条件也要上。

顺义成立了县水利局长任指挥、2名副局长任副指挥的工程指挥部，抽调50名骨干组建了工程测量、质检、计划、财务、后勤等9个科室，安排以水利工程公司为主的5个施工队，共600名职工完成这一施工任务。

指挥部按照全面质量管理的要求，制定了严格的岗位责任制，切实加强领导，及时解决施工中出现的各种问题，确保工程顺利进行。

加班加点，昼夜施工。

工地上，白天红旗招展，晚上灯火通明。

各职能部门围绕施工进度计划，完成各分管工程及其物资保障任务，确保工期，确保工程质量。

春寒料峭，却热火朝天。

要始终保持施工现场“干场”作业，必须解决排水问题。

施工现场是在原砂坝下游，上游长期蓄水，河底为粉细砂，透水性强，这里地下水位高成了施工的最大难题。

赵士礼当即决定，采取打井抽水等办法，降低地下水位。

这招果然奏效。

然而，才下眉头又上心头。

排水问题刚刚解决，用电问题又成了“拦路虎”。河南村闸桥工程任务大、耗电多，保证24小时供电，是施工的又一关键。

工程指挥部紧急报装了变压器，架设高低压线路，安装了移动式发电机。

然而，按期完成任务的关键，还在于提高机械化施工能力。

河南村闸桥要在较短时间内，完成大量土方挖填和混凝土浇筑任务，全靠人力手推车是根本不可能的。抢进度，保质量，关键在于提高机械化施工水平。

于是，他们又购置了翻斗车等应急机械设备，租用了一部分机械，组成了一支机械化施工队伍，基本实现机械化作业，大大提高了施工效率。

赵士礼职务是副局长，更确切说是工程师，他把施工现场安排地井然有序。

施工场地做到了三通一平，就是水、电、路通，场地整平压实，整个工程设立搅拌站、钢筋模板加工厂，对各种材料采取分点存放，就近使用。

例如，把混凝土生料加工与熟料运输浇筑安排在最短的距离内，减少了交叉作业，在昼夜施工中做到了安全高效。

赵士礼和很多水利工程建设者一样，牢记“百年大计，质量第一”的原则，始终把质量放在首位，决不将就凑合。

他们对所有建筑材料都要进行检测，不合格的不准使用；建立各道工序验收制度，对每道工序实行分步验收，凡上道工序未经验收，下道工序不准施工；坚持三级验收制度，不符合质量标准的坚决返工……

河南村闸桥枢纽工程从1992年3月初动工，到9月底全部完成，只用了半年的时间，比原计划两年工程提前一年半交付使用，被北京市水利技术委员会评价为精心组织科学施工高标准、高质量、高速度、低成本的优质工程。

这不能不说是奇迹！

1993年，顺义县水利局承建潮白河河南村橡胶坝项目获1993年“顺义县科技进步一等奖”。

赵士礼参与完成的北京市橡胶坝技术研究与推广获北京市水利局授予的星火科技一等奖。

当然，奖励并不重要，重要的是顺义在潮白河上筑起了安澜的长城。除了橡胶坝，还有那闸桥，既是防洪的屏障，又是一道道靓丽风景。

5.

我们把马德斌请到仁和水务所会议室，聆听他与水的故事。

马德斌在牛栏山公社干水利员11年，见到史家口村东的河道上过往行人没有桥，每年春季村民用木杆搭一个简易桥，一到夏季麦秋以后立即拆除以防在雨季被河水冲泡，村民过河的难度太大了。

马德斌看在眼里记在心间。

已经走上顺义区水利局局长岗位的马德斌，深感这个“水官”责任重大。

“没有解决百姓过河的问题，就是我们的失职呀！”马德斌在水利工作会上说。

1992年冬季，顺义县水利局筹措了60万元的资金，准备在河上架一座桥，供村民车辆通行，以解决多年来的出行不便。

不料，在建桥过程中，发生了一件让人啼笑皆非的事情，即流传至今的“桥梁跳井”故事。

正值寒冷的冬季，大雪纷飞，北风呼啸，给修筑桥梁测量，制水泥构件及运输都带来了不良的影响。

施工队员冒严寒，斗酷暑，终于完成桥墩浇筑和桥梁制造。

那年，张春生正在县水利局水利工程队上班，参加了史家口桥的桥梁吊装工程。正当桥梁往桥墩上安装时，悬在空中桥梁，和两个桥墩的距离一样，桥梁怎么也搭不到桥墩上。

所有人都抬起头，伸长了脖子，呆呆地望着空中的桥梁。

原来，设计两个桥墩之间的距离是 15 米，铸造的桥梁应该是 15 米外加 1 米的肩，这样桥梁才能搭在桥墩上。但是，铸造的桥梁也是 15 米，没有外加 1 米的肩，所以桥梁在空中升升降降，就是搭不上去。

所有的人都傻了！

“跳井啦，跳井啦！”有人急忙报告局长马德斌。

马德斌大吃一惊，认识到问题十分严重，不仅仅是安装不上的问题，还面临下一步的工作不能按照计划实施，不能如期完成建桥任务。

马局长立即找来有关人员参加“诸葛亮会”。

不用分析，桥梁不能搭上，就是桥梁本身不达标的原因；而为什么不达标，会场上议论、埋怨的声音不断。

主管工程的副局长赵士礼说：“现在先不追究桥梁制造不达标的问题，而是要想办法尽快补救，铸造一架新的桥梁，才能继续按计划施工。”

天寒地冻，水泥遇水就结冰，重新制作大梁确实要有很多困难。

马德斌坚决地说：“有天大的困难，我们也要立即重新制作一架桥梁！”

会场由局会议室，搬到工地上。

这时，大雪夹着寒风，飕进人民的棉裤棉袄。

顺义水利局领导班子决定，立即行动，土法上马，再重新做一架桥梁。

这种土办法完全是急中生智。

张春生等人搭起临时工棚，生上土暖气，提高棚内温度，进行蒸汽养护，一连坚持七天七夜，终于制造出合格的桥梁。

这样，按照春节前完成的计划实现了。

春节到了，大家欢欢喜喜放鞭炮、吃饺子。

想起“跳井”的事，马德斌和赵士礼不由得笑了。

马德斌说：“老赵呀，年过了，节也过了，咱要处理那事呀！”

原来，桥梁不达标，是因为负责测量的几名刚刚毕业的中专生丈量的错误。

赵士礼说：“孩子太小，要给处分他们得背一辈子黑锅呀。在大会上点名批评一下就得了！”

马德斌说：“我是心疼造桥梁的资金呀，这几万元来得多么不易，你是知道的。”

赵士礼说：“这水泥疙瘩，不生锈，不腐烂，下次还能用。”

第二年春天，他们又将原来制造的桥梁运到南彩镇修建箭杆河桥上。

“跳井”这一坏事变成了好事，土法上马成了技术创新，积累了大量的数据，摸索出一套在低温天气制作水泥构件的经验，为以后水利工程的实施奠定了基础。

有人说：“顺义的历史，好像是用‘桥’连接起来的。”

采访组在一个个大桥上奔驰，并重温建桥的历史。

顺义县城东侧、顺平公路潮白河上的俸伯大桥，是连接县域内潮白河东西部的重要通道，也是连接北京至平谷的重要纽带。

1992年修建的河南村闸桥，是潮白河综合开发利用总体规划的重要组成部分。大桥通车后，缓解了顺义县城交通拥挤状况，方便了人民生产、生活，还改善了环境。

北京市潮白河开发利用总体规划的一项重点工程柳各庄闸桥，工程分拱形橡胶坝、船闸、公路桥三个部分，构成集拦河、蓄水、游船航行为一体的综合枢纽建筑工程。

另一项重点工程苏庄闸桥，成为顺义县东南部乡镇和平谷县及河北三河市进京的重要通道。

沮沟人行桥成为潮白河的观景凉台。

彩虹桥，顾名思义形状像彩虹，成为潮白河上的一道别致的风景。

牛栏山引水桥是一座市级永久式大型钢筋混凝土引水、交通两用桥。

向阳闸桥沟通了附近乡村公路，结束了顺义县渡口的历史。

温榆河桥成为连接县城和顺义西南部边境的纽带。

南彩闸桥沟通了顺平公路，促进了运输事业的发展。

小中河桥是顺义县西部南北交通和北京至怀柔、密云、承德的重要通道。

牤牛河桥是顺义县北部和北京至怀柔、密云、承德的重要通道。

草桥是连接顺义县城和北部地区交通的重要通道。

还有豆各庄闸桥，等等。

河道、排水沟渠、水库、坑塘所架设的桥梁，为人民的生产、生活提供了通行的便利条件，也为当地民众减轻了很大的经济或劳动量的负担。

这些水利设施使用几十年，有的年久失修，有的桥面狭窄，有的损坏严重，存在着极大的安全隐患。

顺义水利部门着眼于为民办实事，排忧解难，在政府及有关部门的大力支持下，多方筹措资金，进行危桥改造工程。

然而，那座闻名的苏庄洋桥已经没有必要改造。它虽然被 1939 年的大洪水冲垮，但是那残垣断壁，那破碎的砖石，灵气还在，至今默默注视着顺义的安澜。

顺义，你安澜了吗？

2012 年 7 月 21 日，北京地区遭遇特大暴雨，被称为“7・21”暴雨，再次与顺义开了个“玩笑”。田地被淹，城市积水，机场告急，泥石滚动，群众生命再受侵扰。

顺义，你还没有安澜呀！

“7・21”暴雨后，北京展开新一轮治河治污阶段性工作，顺义先后完成了方氏渠、蔡家河、小中河、金鸡河、箭杆河、西牤牛河、白浪河、月牙河的治理。

其实，治水没有止境！

的确，顺义通过一代代人前赴后继，不懈治水，用汗水和智慧建成了诸多的水库，建成的诸多大堤，建成的诸多大坝，建成的诸多桥梁，成为顺义江河安澜的守护神。

6.

洪涝灾害，就像一个个魔鬼，在顺义大地上肆虐，英勇、顽强、智慧的顺义人民，一代又一代接力治水，在潮白河上建起了一座座雄伟的水长城，护佑着顺义人民的安澜。

苏庄，对顺义人来说并不陌生。历史上，这里曾建水文站，测量潮白河的过水流量。苏庄水位站，见证了古今潮白河洪水泛滥的情景。潮白河苏庄段，地理情况复杂，又是洪涝多发区。

清光绪三十年前，也就是 1904 年前，苏庄以下不是潮白河干流，原叫箭杆河。

1904 年，潮白河发生特大洪水，洪水冲破李遂大堤，夺箭杆河道南下，经通县、香河、武清至宝坻。

洪水所过之处，农田、房舍、牲畜被卷入其中。

沿线三四百个村子被淹没，数十万人背井离乡、无家可归，一路乞讨……

洪水过后，潮白河改道。

前顺直水利委员会集资在李遂决口处修建了一些堵复工程，用来减轻香河、宝坻水患，重使潮白河水入北运河故道。

然而，由于潮白河李遂决口对北运河航运影响太大，危及了国内外统治阶级的利益，当时军阀政府应对外国使团的要求，拨银 34 万两，于民国 3 年（1914 年）、民国 5 年（1916 年），在苏庄东北修建拦河木滚水坝一道。

1915 年、1917 年，拦河木滚水坝被大水全部冲毁。

1922 年春至 1926 年秋，由北洋军阀政府顺直水利委员会拨款，建造第一座钢筋混凝土桥，叫“洋桥”。

“洋桥”因由外国人设计而得名，所用建筑材料除沙石外全部来自国外，至今的残垣断壁或散落的砖块上，还写有清晰的字母符号。

美籍工程师罗斯和顾斯设计，京东河道督办处和顺直水利委员会主持，招募顺义和邻县各地民工施工，建成这两座闸桥。

这两座现代化闸桥合一结构形的闸桥，是顺义县第一座永久性桥梁，也是北京地区建筑闸桥的创始。

两座闸桥统称“洋桥”，相距约 6 米，一座东西横跨潮白河上，称泄水闸桥；一座南北架设在引河（小北运河）进口处，称进水闸桥。

《顺义县志》记载：“泄水闸（桥），共三十控（孔），孔长七米，共长二百一十米。桥面宽六米，闸高由沙底至桥顶二十八英尺。进水闸（桥）居泄水闸（桥）之西北二丈，共十控（孔），每孔长七米，共长七十米，宽与泄水闸（桥）相同，闸高由沙底至桥顶二十七英尺”，“两桥闸桥垛（墩台）都下做井三眼，深三十英尺，内用洋灰石子垒到平地，作为基础”。

闸桥的建成，除在拦洪泄水上起了较大作用外，还接连了北京经杨各庄至平谷的公路。

《顺义县志》写到：“每值开闸放水，飞花溅浪，波涛汹吼，声闻数十里。”后来“洋桥破浪”，成为顺义名胜之一。

民国时，诗人杨桂山站在“洋桥”之上，诗兴大发，吟诗一首：

长桥横卧碧溪头，操纵能教石不流。
引水有方通渤海，空槽无际作沙洲。
潮平六百龙蟠闸，浪卷千层鲤跃舟。
得意乘风飞去也，天光云影共悠悠。

可惜的是，这座壮观的水闸工程只运用了 14 个年头。

1939 年 6 月，潮白河暴发大洪水，最大洪峰流量 12000 多立方米每秒，苏庄闸承受不住，30 孔大闸竟冲毁 21 孔，而通往北运河的 10 孔闸门则全部被堵死，水势异常汹涌，水流完全入箭杆河，而潮白河故道彻底作废，夺箭杆河南下局面无法挽回。

日益严重的灾害，使通县、顺义、香河、宝坻各县深受潮白河水之苦。

新中国成立后的1950年，顺义人民增辟了潮白新河，并疏浚了东引河。从此，潮白河洪水处少量由牛牧屯分入北运河外，绝大部分由潮白新河下泄至八台港分洪入黄庄洼与里自沽洼滞蓄，其中少量洪水可经导流引河，七里海及东引河于北塘入海。

1995年，在“以抗旱蓄水为中心，排蓄结合，建管并重”的治水方针指引下，顺义县政府按照北京市潮白河开发利用总体规划，苏庄—九王庄路段于2月10日破土动工，开始建设苏庄闸桥工程，以及河道整治，修建右子堤，经过八个多月的奋斗，于11月竣工。

当时的报道：工程共投入劳动力4.22万个，机械6400多个台班，动土方200万立方米，完成了苏庄橡胶坝、苏庄公路桥等施工任务。

苏庄闸桥工程是北京市潮白河开发利用总体规划的一项重点工程，位于苏庄、崇国庄两村北侧，由橡胶坝和公路桥两部分组成。苏庄橡胶坝是全国首座拱形橡胶坝。

闸桥建成后，结束了顺义县在此地挡砂坝拦河蓄水的历史，提高了河道行洪能力，在闸上游形成宽阔的水面，还补充了地下水，改善两岸生态环境。

闸桥建成后，还使中断56年之久的两岸交通重新得到恢复，成为顺义县东南部乡镇和平谷县及河北三河市进京的重要通道，为发展经济、建设旅游景点，开发李遂地热资源创造良好条件。

如今，顺义人民在潮白河苏庄公路桥段东侧建起了“苏庄劳动公园”。悠然漫步在劳动公园，向北可仰望车流穿梭的苏庄公路桥，向西能尽览碧波荡漾的潮白河，向东即走上潮白河左岸大堤，向南就是1939年大水冲毁的原苏庄闸桥遗址。

1995年11月6日，中共中央总书记江泽民一行来到治河工地视察，并参加劳动。

江泽民热情洋溢地说：“杨柳岸，晓风残月，顺义有个特点就是杨柳树特别多，将来你们把潮白河建好以后，还要变成一个旅游胜地。”

为纪念江总书记和人民一起劳动，让人们在劳动之余有个休闲的好去处，顺义在闸桥旁建一座公园以示纪念，名为劳动公园。

公园北侧，杨柳依依，草坪染绿。

就在江总书记劳动的位置，他们建一座六角凉亭，取名为“杨柳亭”。两层翘檐，檐下有彩绘描花，上檐有门窗，下檐圆柱支撑，亭子坐落在高高的水泥基台上，西侧紧邻河岸，坐在凉亭内，望着微风将水面吹起层层波纹，野鸭在波纹上一起一伏的游荡，很是一种美的享受。

杨柳间，草丛上，一圈白羊悠闲地吃草，牧羊的老汉正在摆弄手机，是发微信，还是看新闻，或是欣赏视频，不得而知。

公园南侧，松柏吐翠，曲径通幽，一条小路直通“洋桥”遗址。“洋桥”只留下东岸边的边墙和西岸边的引河进水闸，其他荡然无存。岸边遗留下的砖瓦石块，仍在向人们诉说着昔日的不幸。

同时，它也告诉人们，洪水无情，灾难无义，只有世世代代科学治水，人类才有劳动之余安然休息的场所和时间。

然而，洪魔渐渐远去，旱魔日日逼近。老天降雨减少，潮白河断流，地下水水位下降，再次考验顺义人的智慧。

顺义，你怎样才能走出旱魔笼罩的阴影？

逍遥自在的潮白河，“流”出了许许多多辛酸的故事。密云水库的建成锁住了“龙头”，洪水泛滥基本得到控制，但潮白河两岸依然是杂草丛生，一片荒芜；潮白河断流，地下水水位下降，人们连饮水都很困难……

胡锦涛等党和国家领导人曾来这里植树，播种绿色。

顺义人更是“顺势而为”“顺水而为”，让潮白河“宜弯则弯、宜宽则宽，有水则清、无水则绿，人水和谐”，谱写建设滨水、生态、宜居新城的顺水篇。

有诗为证：

昔战天地今战堤，

敢把潮白当小溪。

龙王试问哪路神，

顺义儿女写传奇。

第六章 “顺” 潮 白

1.

采访组在赵全营镇西小营村见到了刘振祥。

刘振祥是这个村的农民。

他50多岁，高高的个子，额头爬上了几道皱纹，走路依旧大步铿锵，略弯的脊背宽厚坚挺，说话的声音洪亮且带着回音。

刘振祥是密云水库的移民。

1997年，他搬迁到顺义，已在顺义生活了近20年。

他是在密云水库泡大的，这里没有地方游泳，他感到浑身痒痒，跟爬了蚂蚁一样难受，跟被绳子捆了一样拘束。他在这里发现，大多的池塘也干涸了。

刘振祥想，密云水库是潮白河的水，而潮河和白河都发源于河北。密云水库水多水少，并不取决于北京，北京的雨下得很大，密云水库依然水少。只有河北降雨，密云水库才能有水。

“不怕北京连阴天，就怕河北一溜烟。”刘振祥想起那句顺口溜。

河北无水北京干！这是刘振祥的一个结论。

到了顺义，刘振祥有时候回忆以前的日子，毕竟他在那里生活了30来年。

那时，村里人为解决生计，在水库水少的年份就利用露出水的土地种庄稼，坐着船到地里收粮食。大水一来，不管是刚刚下种，还是庄稼刚刚吐穗，或者眼看谷穗沉甸甸就要收获了，全都竹篮打水一场空，被水淹掉；水库水多的年份，大队组织成年劳动力在水库里捕鱼，人们从水库里捕到像年画里画的一米多长的大鱼，欢蹦乱跳。

他甜甜的记忆，水库在夏天时像个巨大的冷风空调，给村里送去清风，十分宜人；冬季湖面结起厚达几米的冰层，任人们在上面嬉戏玩耍或行走。水库周边村庄的河道流水潺潺、田头地边水塘密布、田里稻浪翻滚……

那都是过去的事情。

刘振祥纳闷，潮白河的那些水都去哪了？

他在这里干起出租车司机的行当，心里装着的却不是油价的涨跌、交“份钱”的多少，而是要完成寻找华北尤其是北京地区特别是顺义干旱的原因和解决的办法。

多年，他形成了自己特殊的“拉活”习惯：不管路程多远、交通道路状况多差，天气或早或晚，只要有助于考察北京周边的水资源，钱给的少他也乐意跑。去有山有水的远郊区县、有考察价值的地方，他宁肯放空车也要选择走不同的路线回来，为的是沿途多搜集一些水源分布情况。

有时候，逢出车途中遇到下雨，别的司机都急急忙忙到城里多拉客，而他加大油门赶到河道、水塘边，冒雨观察雨水流量和水流走势。多少次，他连“份钱”都挣不够，不但不能给老婆交工资，他反倒还要从老婆养猪、种地的微薄收入中，抽出一点来贴补亏空。

他如果有疑问，就到水务、环保等部门询问，这些部门的人都倾其所知，耐心告诉他。一次，刘振祥想找一张从1949年至2007年北京市区县降雨曲线表，好多的部门都找不到，后来得知中国环境与可持续发展资料研究中心的艾娃博士，正在研究《北京　城市发展和水利》课题，可能会有这张表。

他得到这个消息，也就不拉客人了，立即驱车10余公里，赶到中国环境与可持续发展资料研究中心。

保安不让进大门，他就把出租车停在门口。

保安给艾娃博士打电话。

从楼上走下一个金发碧眼的老太太。

艾娃是德国人，毕业于柏林自由大学，在中国环境与可持续发展资料研究中心念博士。2006年，她的博士论文题目叫《北京　城市发展和水利》。艾娃博士不知道刘振祥是个农民，是个出租车司机，她听刘振祥说是来找那张表的，就断定刘振祥是研究北京的水呢，热情让座，还问刘振祥喝茶还是喝咖啡。

艾娃一边找资料，一边说：“我完成这篇论文前后用了4年多时间，其间我的导师多次催促。有一次导师半开玩笑地对我说，‘你要是再不尽快完成你的研究，北京就要没水了！’”

艾娃的话使刘振祥很震惊。

艾娃的研究是一种令人警醒的事实：

北京属于资源性重度缺水的特大城市，人均水资源占有量不足300立方米（2014年前后的数字是人均100立方米，有的专家说不足100立方米），远远低于1000立方米的国际公认安全线，是全国的1/8，世界的1/32。

多年来，北京年平均降水量约为600毫米，年度分布差异巨大，丰水年降水量可以高达1400毫米，少水年份降水量只有300～400毫米。新中国成立以来，北京年降水量总体呈下降趋势。有限的年度降水，月度分布并不均匀，7月至8月降水量往往占全年降水量的70%。

艾娃制作的图表上显示，从1980年至2000年的20年间，北京地下水水位下降了接近8米，而从2000年至2001年的一年间，地下水位则下降了1米多。

据同时公布的一份北京地质规划称，随着地下水开采量的增加，北京市平原区地面沉降面积已达1800平方公里，形成了东郊大郊亭、朝阳来广营、昌平沙河至东三旗、顺义平各庄、大兴庞各庄等多个地面沉降中心区，中心区最大累积沉降量已近800毫米。

震惊之后，刘振祥更坚定了信心。

他坚持十余年，几乎跑遍了北京周边山区大大小小的水库和河道。他发现北京的水源来自北部山区中的几十条中小河流，几乎每条河上游都建有大小不一的水库，而这些河流80%都已干涸。已修建了众多大小水库，但是30%已干涸，其余库存量都在5成以下。原来平原上星罗棋布的水塘、沼泽、湿地也消失无几，剩下的池塘也是枯干的。

根据自己历经数十余年行程上万公里的调查研究，刘振祥得出了“雨水丢失是干旱的根本原因”的结论，并提出“找回20年来流失的雨水才是华北干旱的解决之道”的“水囤积”论。他的一份2.8万字的《华北地区乃至中国干旱原因及解决办法》，摆上北京市政府一位副市长的办公桌。

这位领导立即做出批示。

北京市水务局的领导约见了他。

刘振祥把出租车往院里一搁，再也不顾拉活了，就跟入了魔似的，跟水务局的人聊“水囤积”论。他们说刘振祥的想法与北京市政府的思路比较合拍。北京市平原地区旧有池塘已经被填掉了80%。北京市政府也想恢复，正在统筹协调资金等问题……

而与他同步，甚至要比他早得多，一场史无前例、规模浩大的潮白河治理正在进行。因为潮白河没水了，因为潮白河荒芜了，因为潮白河被滥采滥挖了，无论老天下不下雨，无论上游来不来水，顺义人想看到母亲河往日水丰草美的景致。

2.

潮白河治理要追溯到很早以前。

1951 年 4 月 4 日，水利部部长傅作义一行，视察北京以东地区的潮白河水利工程。

当时治理潮白河，还是为减除潮白河水患威胁。河北省将潮白河水系的整理作为那年五大水利工程之一，水利部所属华北水利工程局经 1949 年冬的查勘、测量和设计，制定了一个以宣泄 3000 立方米每秒为目标的潮白河下游整理工程计划，经政务院批准实施。

当时，潮白河下游整理计划的主要内容，是开挖新的河道，使 3000 立方米每秒中 1600 立方米每秒的流量自香河以东经宝坻以南由北塘口入海。

此外，那年的工程中还有在潮白河上游顺义县苏庄修筑防护工程，目的在防止河岸坍塌与改道；培修箭杆河堤防，使能宣泄 3000 立方米每秒；修筑牛牧屯（香河县北，在箭杆河岸）引河口，使潮白河水由此分泄 700 立方米每秒入北运河；修复北运河上土门楼（香河县西南）泄水闸，使北运河在此分流。

从 1958 年起，顺义区委和政府就组织青少年在潮白河两岸植树造林，涵养水源，绿化家乡。

1959 年 11 月 1 日，共青团中央第一书记的胡耀邦率团中央机关干部来到潮白河工地，和顺义的青少年一起植树造林，建设“共青林场”。

那一天，风很大，胡耀邦等不顾沙尘，参加了共青林场的命名大会。

他满怀激情地鼓励全国青少年响应毛主席的号召，植树造林，绿化祖国。他为林场题写了“共青林场”的牌匾。

从此，在顺义掀起了植树造林的高潮。

顺义招收北京的青年做林场职工，加强林场的经营管理，逐渐形成规模。在“文化大革命”中，造反派砸了“共青林场”的牌匾，把林场破坏得惨不忍睹……

1982年4月，胡耀邦担任了党和国家领导人，百忙中又到共青林场参加劳动，重新为林场题写了牌匾。

经过几十年的建设，原来的共青林场和长青林场于1992年2月合并，发展成一个以林为主，多种经营的双青林场。

胡耀邦等亲手种植的树林，如今已经开辟成绿色度假村，成了京郊一个有名的旅游景点。

潮白河治理曾留下党和国家领导人视察的记录：

1995年4月1日，江泽民、李鹏、乔石、李瑞环、朱镕基、刘华清、胡锦涛等中央领导曾到顺义潮白河畔参加全民义务植树活动。

11月，江泽民等中央领导再次来到顺义，视察潮白河工地。

江泽民等领导来到苏庄闸桥上，面对顺义县治理潮白河工地。工程工地上彩旗飘舞人欢腾，挖掘机挥舞着巨臂，运土车穿梭往来。而在上游，新建的橡胶坝蓄起碧波粼粼的水面，涟漪荡漾。

江泽民仔细听取顺义县水利局局长马德斌关于顺义县几年来治理潮白河的情况汇报。

马德斌站在潮白河治理平面图前，指着图上标明4月1日江泽民植树的地点说："植树地点距现在站的位置仅有6公里。"

马德斌悉数历史上潮白河的灾害情况。

江泽民问："为什么是害河呢？"

马德斌当时列举了1939年潮白河给顺义人民带来极大灾害，几十人被洪水吞没，几万人无家可归，几十万亩庄稼被淹，当时在顺义县境内唯一的"洋桥"被冲毁。

马德斌调转话题，汇报潮白河治理情况。

江泽民问："现在主要是机械化施工了吧？"

马德斌回答："是。我们全县这期工程共动机械1000多台，民工1万余人，从10月25日开工，计划11月10日大干半个月完成任务。"

马德斌说："'九五'期间潮白河再修建两座橡胶坝，在顺义县30多公里河道上形成五个梯级蓄水，汛期保证安全行洪，平时蓄水碧波荡漾，永远为人民造福。”

江泽民说：“好，可以开发旅游嘛!”

江泽民称赞顺义景色是“杨柳岸，晓风残月”，他希望顺义把潮白河建设成一个旅游胜地……

1995年10月16日，水利部部长钮茂生、北京市水利局局长彦昌远到顺义县潮白河治理工地视察……

时间渐行渐远，治理潮白河的目的日渐清晰。

逍遥自在的潮白河，“流”出了许许多多辛酸的故事。新中国成立前，潮白河曾几度泛滥。1939年山洪暴发，东起杨镇，西至十里铺，40余华里水天一色，吞没了20万亩粮田，浸泡了30多个村庄……

1960年9月，密云水库的建成终于锁住了“龙头”，洪水泛滥基本得到控制，但潮白河两岸依然是杂草丛生，一片荒芜；潮白河断流，地下水水位下降，人们连饮水都很困难。

水从哪里来?

为了使潮白河为人民造福，几年阳春三月，北京市政府吹响了综合开发利用潮白河的进军号，在河两岸筑堤修路，纵贯南北的滨河公路成为维系密云、怀柔、顺义、通县的纽带。

同时，两岸的防洪、防涝条件得到改善。在顺义境内，修建了奥林匹克水上运动场、滨河公园和水上公园……

社会、经济、生态、旅游等各项事业的发展，呼唤潮白河两岸有吃的地方，有喝的地方，再有玩的地方。

在顺义大地，又出现了十万民工战潮白的盛景。

3.

昔战天地今战堤，
敢把潮白当小溪。
龙王试问哪路神，
顺义儿女写传奇。

这是顺义县长吴桂云写的一首诗，抒发了顺义人民改天换地、打好打胜潮白河开发利用工程这一仗的凌云壮志。

历史，记住了这一天。

1991年3月20日，潮白河开发利用工程在京东顺义县打响。

昔日沉寂的潮白河两岸掀起了热浪，河滩上彩旗迎风招展，机声轰鸣作响。

10万民工，头顶蓝天，脚踏荒滩，战斗在38公里的长线上。

然而，摆在他们面前的，是一个个艰难险阻。

焦若愚市长在苏庄闸桥修建工地说："一定要把潮白河建成北京郊区最大的郊野公园，建成北京的莱茵河。"

这"一定"二字，预示着水利建设的诸多艰辛。

孙政才区长说："一定要借助筹办奥运会的机会，树立起顺义新形象，改变顺义潮白河面貌，给世界留下一个美好的形象，给顺义人民留下一份奥运文化遗产。"

又是"一定"！决心背后必是艰难。

1990年之后，北京市潮白河治理指挥部召开各区县会议，部署潮白河治理任务。顺义水利局局长马德斌、副局长赵士礼、潮白河管理段的副段长张守旺参会。

会后，顺义开始做段治理潮白河方案。

潮白河满是泥沙，上边盖着厚厚的荒草，两岸没有人行道，竟是高低不平的岸坡，密密麻麻的树丛，有的地方根本就进不去人，这可难住了设计人员。

治理潮白河，必须得先探测、制图、分任务，然后才能施工。

赵士礼对张守旺说："这事你来办。"

张守旺还没说话，赵士礼说："有难度，别怕，我跟你们一起搞。"

于是，赵士礼、张守旺立即行动，从南端沮沟沿河岸向北走到顺义县交界处的北端。一路上，他们推着自行车前行，32里长的河道共走了两天。一路走一路看，一路记下坡岗、坑塘、路障。有的地方全是泥坑，鞋子都陷下去；有的地方沙荒，无路难行。

夜晚，设计室则灯火通明，设计人员常常是通宵达旦。

终于，一份治理方案摆在案头：

潮白河分一期、二期整治。两岸新筑路堤 64 公里，主河道疏挖 9.53 公里，河道清淤 3369 米，修建穿堤建筑物 107 座，完成北京市水源八厂保护区及大河主流险段河岸护砌 13.1 公里……

施工的炮声响起，工地上出现十万火急。

十万多棵树木待伐；百余户房屋需立即拆迁。

火烧眉毛，背水一战。

时间紧迫，任务繁重，难度很大。

牛栏山镇工程段在白河和怀河的交界处，需在怀河截流筑堤，使怀河水改道汇入白河；尹家府乡工程段不到 2000 米的地段就有 500 米的坟墓、200 米的水坑和近千米的树木、果园；后沙峪乡工程段地势低洼，需在水中作业。

最难的是，潮白河河道都是砂石，开挖时砂石塌陷不止。前边挖开，后边又被填实，有的地方还没挖开，又被填实。人力、机械都显得无能为力，这成了阻碍工程进展的重要屏障。

此屏障不除，工程何时完成是个未知数，需要耗费多少人力财力也是个未知数。

这道难题又摆在水利人面前。

从参加工作就与水打交道的赵士礼，识水性，懂沙规，在河滩上转了几圈，提出“射流沉板法”，就是开挖前先将板子射入需要开挖的地方，这样开挖时板子就挡住了流沙，阻止砂石塌陷。

这个办法果然灵验，难题迎刃而解。

施工中，人多力量大，群众的智慧是无穷的。

正处林区的俸伯乡工程段，地面杂草丛生，地下树根盘根错节，民工用耙子搂，用镰刀砍，用铁锹挖……

10 多公里的李遂镇工程段，因为工程路线长，质量检查很困难，于是镇党委书记、总经理、镇长就分段包干，各负责一段……

2050 米的赵全营乡工程段，有 600 米沼泽地，200 多米稻田，20

至30厘米下就是水层，机械难以作业。他们准备了2000多块竹拍子，出动了3000余名民工，打起了“小推车战”……

三月下旬，天气骤然变化，风雨弥漫工地，人人挥汗如雨。

成千上万名机关干部、团员青年、中小学生，也纷纷涌向工地，参加劳动，慰问演出，捐送礼品……

“青年突击队”“女子三八连”“老黄忠队”，红旗招展，歌声响亮……

顺义县委书记张金铎等常委投入到工程的第一线……

光膀的、赤脚的，肩扛的、手推的，弯腰的、挺胸的，人来人往；铲土机、拖拉机、小推车，车流穿梭。好一个集中兵力打歼灭战的战斗。

日夜奋战，奋力拼搏，仅用10余天的时间就取得阶段性胜利。

2003年至2006年，顺义在潮白河口处建设一处和谐广场，设有音乐喷泉和大型景观石尊，荷花池；在俸伯桥至彩虹桥段，设置休闲广场，跌水广场，河岸设有码头、仿木花阶、亲水台阶。缓坡种植花草树木。

2013年9月30日，历经3年建设，顺义新城滨河森林公园开园。在北京郊区森林公园建设中，所占面积最大、水域最广。森林公园历史悠久，功能齐全，并拥有健康绿道37公里，是距城区最近的休闲、绿色公园。

通过实施整治，潮白河顺义城区河段形成亲水、生态、人文、宜居的美丽环境要求，园路、码头、栈桥、步行桥、亲水平台、人工岛，一应俱全；水景、堤景、桥景、灯景、林景、路景，景景生辉。

我们采访了李国新。

李国新，1999年大旱之后的2000年，担任顺义水利局局长一职，2008年奥运会之后的2009年走上新的岗位。特殊时期，也是重要时期，与国家水利政策同步，他的思维方式和领导方式走上现代水利的轨道。

李国新说：“这一阶段的治河，体现在一个‘顺’字上。”

他解释：潮白河缺水的现状，奥运会人文、科技、绿色的理念，都驱使生态治河成为当时顺义水利工作的重要一环。以前，潮白河上防洪筑堤，裁弯取直，而在当时成为宜弯则弯、宜直则直，在堤坝上建设美观元素，诸如种花种草等，使每座大堤都成为一道亮丽的风景。

我理解，“顺”就是尊重规律，顺势而为。

蓦然回首，顺义潮白河治理历程清晰可见：

2000年，水丰草美的潮白河变脸了，顺义的母亲河已经干涸，欲泣而无泪。

20世纪八九十年代，修建密云水库以后，上游的水被拦截，潮白河无有水源，当地干旱少雨，地下水往下降，潮白河成了被断奶的孩子。

老天爷也不作为，河涸本来就让人揪心，偏偏遇上贪财的人也捣乱，做起潮白河底挖砂子卖砂的美梦。一年一年不下雨，一年一年地挖沙，河道坑坑洼洼，满目疮痍。

春天走在河岸旁的小道，大风来了，能见度不足一米，对面看不见人。潮白河没水，成了牛羊的牧场地，成了行人一条条弯弯的道路。

第29届奥运会在中国举办，顺义争办水上项目成功，这是一个千载难逢的整治潮白河难得的机遇。

顺义人用几年的时间，在潮白河畔创出了“顺”的奇迹。

这时，顺义的治河理念与现代水利完美结合。

治理河道宜弯则弯，生态自然，在河堤的两端延长堤筑造人工丘陵，植草种树，美化环境。

在河道北侧岸边利用清理河道的沙泥土筑成人工岛，起个名字叫“日月岛”，为潮白河增一景。

潮白河两岸在靠近城区的地段修建甬道，河岸修筑近水平台和艺术造型护栏，景色宜人。

顺义还引进国外新技术，在大堤上铺一层棕榈垫为的是蓄水，这些材料由马来西亚进口，不惜资金代价，营造出美丽的景色。

遥想治河当初，缺少资金投入，犹如无米下锅。

“有人出人，有钱出钱，有物出物!”顺义县委、县政府通过县内各种媒体、各种会议向全县人民发出号召。

当时实施“水利工”政策，民工不挣一分钱。各乡镇分配的水利工程土方量，按人口和耕地面积各占五成，即俗称的“人五地五”。

这是顺义的一大亮点，也是我国水利建设的一个缩影!

正是这种社会主义制度的优越性，正是全国人民的无私和大爱，正是各地自力更生、艰苦奋斗的伟大精神，铸就了中华大地上一座座水利丰碑……

遥想治河10万民工中，传出一个个神话。

彭振元，沙岭乡村民，他听到治理潮白河的号召，一次次热血沸腾，参加过修密云、怀柔水库建设的激情往事历历在目。这次不是他个人出征，而是带着儿子彭东儒、孙子彭国胜、彭国安和孙媳妇参加了战斗。潮白河上，出现了一家三代人战潮白的场景。

这就是水利人——为水利事业，献了青春献终身，献了自己献子孙!

“用我们的房子吧，我们都在企业上班，不能直接治河，也要为家乡做点事!”这是牛栏山镇史家口村的史怀江、史晨阳，一对刚度完蜜月的夫妻感人肺腑的话语。开发利用潮白河工程打响后，牛栏山镇想在沿河方便的地方设置指挥部，以便于组织施工。小两口听说后，主动腾出了新的洞房。

这就是识大体，顾大局的普普通通的中国人!

张继文，李遂镇后营村的老人，已经79岁了。“我要干活，治河!”他主动找到村干部说。村干部一笑，考虑他年岁大了，没有同意。老人急了:“我是喝潮白河的水长大的，这水祸害了多少人，我见过。现在要收拾它，我必须卖膀子力气!我死也不想再看到儿孙们受害了!”

老人来到工地，坐在或走在岸边，看年轻人干活，不时喊上几声“好”。

这就是河的儿子!

郭华锋，北小营乡个体老中医，身背红十字药箱，沿河奔走，义务出诊。有时送上几粒药片，有时量血压听心跳，有时包扎红伤……

那年，他 83 岁……

这就是……

然而，顺义人民齐心协力治好了潮白河，降雨还是偏少，上游还是无水。

水从哪里来？

4.

“水囤积”论是刘振祥十几年水边行走，见证了华北地区尤其是北京地区水资源减少，旱情严峻，池塘消失以后，提出的恢复旧有池塘或新建池塘，使池塘的水蒸发后形成雨云，雨云降雨解决干旱问题的一种自然循环理论。通过人为的干预，修复旧有的池塘或新建池塘，使已经遭到破坏的大自然循环系统得到恢复。

刘振祥认为：留住了雨水，地下水才会充足，整个大地上的水才能正常循环，人们才会过上风调雨顺、国泰民安的日子。

在刘振祥心里，所有的水都是雨水，不论是地下储水层的水，还是河里、井里的水，最初都是从天上掉下来的。

刘振祥以大量的事实来证明“水囤积”论产生的原因：

在 20 世纪 70 年代前，北京的地下水与地上水都很丰富，在村庄的低洼处一般都有几个大池塘，里面常年蓄有水，水草茂盛，蛙声不断。在可耕种的土地旁边，也有大大小小的池塘，遇有降雨，池塘就能蓄水保水。后来人们填掉池塘，把每块土地都修得平平直直的，就跟玻璃一样平展光滑，想留点雨水也留不住。

一条条自然河道有深浅，有坑塘、弯道和水生植物，就能蓄住水，相当于一座移动的水库。20 世纪 90 年代初，人们为了防汛把河道截弯取直疏通，有的还砌上水泥砖或水泥，其实是美观不实用，使雨水成了过客，不能滋润土地，补充不了地下水。

过度开采矿产，破坏了山林植被。当下大雨时，水携裹泥土，冲进江河白白流走；下小雨时，由于山上没有植被，水很快就被蒸发掉。山川与河流失去了本身自然的状态和功能。

城市作为人口的高密度聚居的区域和经济文化的强活动区域，需要消耗大量的淡水资源。引水工程大量挤占农业用水，使本已非常紧张的农业灌溉用水供需矛盾加剧；城市、农村地下水超采现象普遍，地面沉降问题日益严重，等等。

刘振祥的“水囤积”理论提出从高山、水库、河流、大地几方面入手，解决干旱缺水的问题：

封山育林，涵养水源，保护好山上各种植被及山阴面所存的雨水和雪水。没有阳光，雪水慢慢融化和蒸发，慢慢渗入地下或变成河流，滋养万物。

水库大坝河流恢复自然水流模式。建设水库、电站要留足生态流量，以恢复河流、沟渠的自然流动和生态功能，也给现有的池塘必要的补充。

欲将取之必先予之，要抓紧抢救北京周边的池塘、沼泽、湿地，恢复利用广大农村原有池塘，更多地截留住雨水，补充地下水，逐渐改变干旱少雨的状况。

充分利用公路沿线的沟渠、排水沟，形成网状水系，降雨时排水沟有效地将雨水输送到池塘，既能供太阳蒸发和浅表层地下水的补充，富余的水还可以用于绿化造林和城市除尘降温洒水……

2007年5月22日，干渴的潮白河畔终于迎来持续数十个小时的降雨。刘振祥歇了一天车，想趁着雨水与妻子一起完成了因干旱推迟的春播。可是，紧接着刮来一场四五级大风和沙尘，瞬间就卷走了雨后的湿润和河渠里的积水。

河道依然干涸如旧，土地依然干旱炙人。焦渴土地和留不住的雨水，像一块大石头压在心头，使他心难平、睡不着、吃不香。

这时，在我国举办奥运会的消息从悉尼传来。绿色奥运的环保理念刺激了刘振祥的神经，他把“水囤积”理论作为“环保金点子”，献给了主办方。很幸运，他成为2008年北京奥运会火炬手之一——一位农民火炬手。

其实，刘振祥的“水囤积”理论也只是他个人的一个梦想，是对水的一种渴望。在我国，这种理论早已经成为实践，比如大量建设水库蓄水，比如实施集雨工程集水，比如我们的“母亲水窖”工程等等。当然，顺义解决潮白河的来水问题，其关键一招在此。

5.

潮白河数里碧波荡漾，两岸风景如画。一般游客可能不知道这水是从哪里来的，但是顺义人一定知道。

温榆河由昌平县境内的南沙河、北沙河和东沙河汇聚而成，流经昌平、顺义、朝阳，过通县北关闸后接入北运河。全长64公里，境内流域面积54平方公里，其中顺义区河长17公里。

温榆河历史上不仅是历代王朝的漕运要道，而且由于其水质洁净、清澈，还是皇家宫廷、园林、湖泊的御用之水。随着社会变革，城市建设和工农业生产飞速发展，随之而来出现部分污水排入河道。经过治理，已逐步减轻对河道污染的程度，并开始充分利用现有的水资源，引温济潮，造福于民。

引温济潮，也经历了一个曲折的过程。

作为流域水资源配置工程之一，顺义新城温榆河水资源利用工程，俗称“引温济潮”工程，曾被列入北京市“十一五”期间规划。2003年，正式提出实施引温济潮工程，但是由于温榆河水质较差，而潮白河是城市水源河道，考虑到引水对潮白河地下水质的影响，工程一直没有实施。

温榆河水量相对充沛，每年都有大量雨洪水出境，是唯一可以利用水源。

北京市水务局、北京市发改委提出温榆河上游水质还清工作计划，提出源头控制和污水治理工程等污染物总量控制措施、河流生态修复措施，经过努力温榆河上游流域污水治理力度逐年加大，水质有明显改善。还清温榆河水，使水质具备开发利用水资源的条件。

顺义区是北京城市总体规划确定的重点新城，潮白河是重要水源地，也是2008年奥运会水上运动中心所在地。从温榆河向潮白河（向阳闸—河南村河段）输水，对改善奥运会场馆周边水环境，充分利用温榆河水资源。

同时，解决顺义新城区域水环境用水问题，十分必要。该项目的实施，对推动北京市水资源的优化配置、联合调度，全面改善水环境质量和生态环境建设具有重要意义。

顺义新城位于潮白河西侧，是北京市东部重点发展中心，北京市专项体育运动比赛训练中心和旅游度假基地。但是潮白河水资源紧缺、2008 年奥运会等活动的举办，急需调水以改善环境。

因此，尽快实施顺义新城温榆河水资源利用工程十分必要。

2004 年，顺义区水务局温榆河管理段与优山美地房地产开发公司合作，在温榆河白辛庄段堤外侧建设了优山美地绿色公园。

2005 年，按照温榆河绿色生态走廊建设目标，在确保河道安全行洪和满足河道各项管理要求的前提下，北京市北运河管理处、顺义区水务局温榆河管理段、北京丽来房地产开发公司三方达成协议，共同对温榆河左岸孙河桥至首都机场高速公路桥全长 3 公里的河段进行综合治理。

温榆河顺义段通过综合整治后，不仅提高了行洪能力，而且在河岸增加了湖光、绿草、花树，成为人民休闲、娱乐的绿色公园。

顺义区水务局会议室，座无虚席，局务扩大会议正在召开。

李国新局长讲话："2008 年奥运会就要召开，顺义是水上竞赛项目场所之一，市里区里都十分关注、十分重视。实施引温济潮工程，是解决潮白河缺水问题的有效措施，也是潮白河治理的大好机遇。我们水务人，职责所在，义不容辞!"

散会，与会人员起身出门，就像出征的样子。

之后，顺义新城温榆河水资源利用工程紧锣密鼓。

2006 年 4 月 6 日，顺义区政府组织区有关部门对《顺义新城（奥运水环境）温榆河水资源利用工程规划方案》进行了论证，基本同意工程总体布局和设计方案。

4 月 28 日，顺义水务局邀请北京市发改委、市规委、市环保局、城市规划院等单位对规划方案进行了评审。

5月23日，北京市水务局组织专家对规划方案进行了评审。

5月30日，北京市水务局给予批复意见，原则同意建设“顺义新城（奥运水环境）温榆河水资源利用工程”，并指示抓紧开展前期工作，按照基本建设程序规定报有关部门审批。

9月7日，北京市政府召集市水务局、市发改委、市环保局、市规划委、市国土局及顺义区政府等单位参加会议，专题研究顺义新城温榆河水资源利用工程，参会单位均表示支持工程的实施。

9月18日，北京市规划委员会组织有关部门，对顺义新城温榆河水资源利用工程规划方案进行了评审。

9月21日，在顺义区规划分局进行了输水路由的规划协调会……

潮白河是北京市重要水源地，必须确保引水水质达到地表水Ⅲ类标准，这是北京市政府的硬性要求。

于是，顺义委托北京市市政工程设计研究总院，编写了《顺义新城温榆河水资源利用工程（水处理设施）——曝气生物滤池方案》；委托北京市水利科学研究所，编写了《顺义新城温榆河水资源利用工程（水处理设施）——微絮凝＋臭氧＋生物接触氧化方案》。

2006年9月24日，北京市水务局组织有关专家对顺义新城温榆河水资源利用工程项目建议书进行了评审，最终确定了工程实施方案。

这套工艺，其根本目的，还是解决水质问题。

根据对入潮白河水水质的要求，本系统采用加药絮凝＋膜生物反应器（MBR）净化技术，日处理能力10万立方米，处理后的水质达到地表水Ⅲ类标准系统主要设备包括：格栅、提升泵、膜生物反应器（MBR）、鼓风机、臭氧反应发生器等；水质标准即对现状温榆河水进行净化处理，出水水质主要指标达到地表水Ⅲ类，达到地下水回灌水质标准。

“这也是我们盼望已久的时刻。”李国新说。

2007年3月，引温济潮工程动工。

引温济潮工程从温榆河鲁疃闸上游引水，沿十三排干、京密路、顺于路、小中河至海洪闸下游，经顺义城北减河至潮白河。建设内容包括取水口工程、水质改善工程、泵站及管线工程等。

经过7个月的紧张施工，2007年10月建成引温济潮工程通水，每年有3800万立方米的水进入潮白河。潮白河向阳闸—河南村橡胶坝一段的河道。再现往日碧波荡漾；两岸花草树木焕然一新，生机勃勃。

一花独放不是春，百花齐放春满园。尝到调水甜头的顺义人，多么希望整个潮白河美景再现呀！

扩大调水规模，提高水质标准，其重任再次落到水务人的肩头。

李守义，刚刚从赵全营镇党委书记岗位走来，还没有完全熟悉专业性很强的水利工作。

当务之急，他是要坐下来，好好研读顺义的水情、顺义的治水史；走出去，调研顺义水务现状，谋划顺义水务发展规划。

可是，2009年7月1日，温榆河水资源利用二期工程正式启动。

引温济潮是“十一五”时期北京市水资源保护与利用规划安排的重点水资源配置项目；是北京市第一个跨流域调水的试验示范性项目，实现温榆河、潮白河之间水资源的优化配置、联合调度；是“循环水务”和“污水资源化”的重要体现，开启了一个全新的“治水”和“水资源管理”新理念，对顺义区及潮白河流域的社会、经济和生态带来巨大的改善和提升。

新任局长深感肩上的担子很重。

请示汇报、调兵遣将、组织协调，一系列工作相继展开。

2011年10月，引温济潮二期工程进行调试运行；2012年6月，正式投入运行。

之后，作为引温济潮工程的运行管理单位，顺义新城生态调水管理中心就位，其运行管理步入常态化。

顺义，向建设北京重点新城和打造临空经济功能区，实现顺义新城“滨水、活力、生态、宜居、国际”的目标，迈出了坚实的一步。

水利是国民经济的命脉，是社会发展的重要支撑，是生态美好不可或缺的元素。水在顺义的发展中，作用日渐彰显。顺义水务人谋划一个怎样的思路，采取什么样的措施，至关重要。

对我来说时，重要的是回家一趟，回单位一趟，办理必须要办的事情。

“那位领导”让小姚开车送我。

“我不用他带路了。”小姚说。

“他”就是她老公。

“我也不告诉老爸了。”小姚又说。

由于密云水库蓄水不足，北京市政府提出了“压工弃农保生活”的供水方针。长期靠密云水库指标水灌溉的顺义区，只能转而开发地下水资源。然而，地下水也是多乎哉不多也。

缺水，让顺义人绞尽脑汁；缺水，让顺义人别无选择。

节约用水，势在必行；节约用水，刻不容缓。

顺义走出去，引进来，大胆探索，强力实施喷灌技术。1994年，在顺义65万亩灌溉土地上，到处是喷灌设备。滴水如油，滋润干涸的土地，滋润成长的秧苗，滋润丰收的希望。他们成功了！

1997年，一位部级领导题词：“中国粮田喷灌第一县——北京顺义县”，把“中国第一”的桂冠戴在他们头上。

第七章　中　国　第　一

1.

欲说潮白河是一条腰带，刘振祥走到哪里，那腰带就跟到那里，毋宁说潮白河是一条绳子，把刘振祥牵到了顺义。

在顺义，他一边在水边行走，考察缺水情况，一边见证顺义水利的发展。

他喜欢讲顺义水利事业的辉煌成就。作为一名顺义人，他为此自豪，为此骄傲。

历史上的顺义，就有渔阳太守张堪狐奴山下“开稻田八千顷，教民种植，使民殷富”的美名。

新中国成立后，顺义人接力式兴修水利，夺取农业粮食的大丰收，被誉为“北京的乌克兰”“京郊的大粮仓”。

20世纪70年代后期顺义获得“中国粮田喷灌第一县”的赞誉。

2008年又成功举办奥运会水上项目比赛。

引温入潮跨流域调水，唱出潮白河畔民生欢歌。

顺义拥有京郊最大的潮白河森林公园。

首都国际机场坐落在顺义……

那曾有的辉煌，是刘振祥等所有顺义人的骄傲。

1995年11月，江泽民视察潮白河水利工程时感慨：“我听了你们县委赵书记的汇报，感觉你们有一个很大的进展，就是种粮食用的人并不是很多。靠什么？靠机械化，靠你们这个喷灌。”

1997年11月1日，水利部原副部长李伯宁为顺义题写“中国粮田喷灌第一县——北京顺义县”。

1997年11月4日，全国节水工作会议在河北省三河市召开，会议期间顺义县副县长石光明做典型发言，并组织与会代表来顺义县参观节水示范基地：沿河乡、南彩镇、南法信乡……

其实，任何事情的成功，都是被逼出来的，顺义喷灌节水也不例外。

1979年至1982年，顺义县第一次水资源普查和水利区划工作完成，顺义县域产可用水资源供需平衡结果，按照国家统一评价标准，评价为严重缺水县。

这里容我解释一下：严重缺水县，就是按照评价标准，可用水资源不能满足需水超过20%以上的县。

从1979年秋季开始，北京地区新一轮长时期少雨干旱已经到来，干旱持续。

20世纪80年代，密云水库已停止向河北省、天津市供水，同时期北京市也已实施弃农、压工、保生活的供水方针。

1982年，北京市第八水源地在位于顺义段的潮白河滩地群井傍河取水，造成区域性的地下水位下降和潮白河水断流。

一个“停”字，断了顺义之水的来路；一个“供”让顺义釜底抽薪。就像一匹马，既要让它跑，又不让它吃草，顺义处在尴尬境地。

气候、水源、区位等不利因素，危机顺义的粮食安全和饮水安全。保证顺义县现代农业和经济社会顺利发展，走节约、高效用水之路势在必行，别无选择。

其实，高效用水的目的之一就是节水。

1982年，北京市焦若愚市长一上任，就为北京水源发愁。

1981年至1982年，顺义因为在潮白河筑沙坝截流，所以使潮白河绿水复生。想到其他河流都干了，就是顺义县潮白河有水，焦若愚专程来到顺义考察，之后邀请顺义县水利局副局长徐福到市长办公室去，市长要进一步调研水的问题。

徐福与顺义县水利局孟宪臣、北京市水利局的侯振鹏局长一起来到市长办公室。

焦若愚说：“你这个老水利，对北京水资源有什么想法啊?”

徐福建议：

修张鹏水库供北京用水；

把永定河、温榆河两流域的水通过渠道灌溉用上；

潮白河水还有点，可以调入北京。

这三条建议都被采纳，其三项工程称之为北京在水利上的“三把火”。

但是，徐福这些老水利们，在喷灌问题上遇到了两种观点。

一种观点：

1982顺义县“水资源普查及水利区划报告”给了明确的答复：全县属于可用水资源严重缺水区。

1978年顺义地下水可用量为29971.3万立方米，地表水可用量为4238.3万立方米。经预测，1985年顺义县用水量为47864.97万立方米，缺水 13655.37 万立方米，占需水的 28.53%。

另一种观点：

像顺义年降雨量达 600 毫米的地区，算总账不缺水，没有必要搞粮田喷灌建设。

而实际情况是顺义每年遇旱无水，给农业带来的不获之苦，给经济社会、生态安全带来的威胁之苦。春旱，种子不发芽，土地上没有绿色；秋旱，果实瘪瘪的，村民的粮仓没有粮食，就是顺义缺水的最真实的写照。

残酷的现实横在面前，人口增多，经济发展，直接导致用水量增加，密云水库不再向顺义供应生产水，水量明显减少；顺义每年通过第八水厂给北京市区输送大量地下水，相对减少了自己"碗"里的水。

交流、碰撞与实践验证，水利工作者对水源供需矛盾的评价有了共识，中国不但少雨的北方缺水，就连多雨的南方也缺水。

大家达成共识，搞粮田喷灌高效节水工程建设确有必要。

但是，一些问题接踵而来。

技术问题、资金问题，等等。

顺义搞粮田喷灌的起步阶段是在 1979 年至 1984 年，当时正处在中国粮田喷灌事业走下坡路，鲜有大面积粮田喷灌成功的典型，所以有的领导和水利界同行对顺义搞粮田喷灌持异议或反对的态度。

期间，水利部部长钱正英检查顺义的粮田喷灌，说："全国粮田喷灌我看得多了，都是失败的……"

她的话还没说完，包括徐福在内在场的人都愣住了。

2.

我刚到顺义时，"那位领导"就遗憾地告诉我，那位曾列为被采访对象、为"中国粮田喷灌第一县"做出突出贡献的徐福副局长"走"了。"中国粮田喷灌第一县"是顺义的亮点之一，徐福副局长是其中的"主人公"，没有采访到他确实是一种遗憾。

很多遗憾往往都是在事后，没想到这个遗憾却在开始。关于徐福副局长的事迹，只能从旁人的介绍和材料中得到了。

徐福一听钱正英的话，也感到这是一件吃螃蟹的事。第 N 个吃螃蟹的人，都失败了，再迎头去做，是鸡蛋碰石头，还是石头砸鸡蛋？

其实，对于其他地方粮田喷灌失败的事，徐福早有研究。首先是这个地方是否真正缺水，如果真正缺水，才会有坚决搞粮田喷灌的真心；再是人们的观念需要更新，靠天收不能旱涝保收，科技才能使粮食稳步增长，但是要解决技术问题；还有喷灌要花钱，而且比较贵，资金是最大的瓶颈。

钱正英的话，是压力，更是希望。她继续说："我希望在你们这里看到成功的粮田喷灌。"她的话，给徐福等顺义水务人柳暗花明的转折，给他们"打气"。

中国喷灌技术开发公司第一任董事长水电部张彬副部长和徐福的谈话："粮食作物喷灌节水，增产、增收这项事业在国外搞得很好，在我们国家为什么就搞不好？钱正英部长安排组建中国喷灌技术开发公司就是为了把中国粮田喷灌搞上去，你们顺义县开了个好头。"

徐福听罢，坚定了信心。

徐福知道，最终取得广泛的赞同和支持，还是要靠诚恳的态度和实事求是的高效节水试验成果，要靠可以接受的投资水平，要靠农民群众愿意建设、愿意使用的模式化技术设施系统等等。

徐福明白，要搞大规模粮田喷灌化建设，必须有强大的技术支撑。既然顺义有必要搞粮田喷灌化，既然群众愿意搞搞粮田喷灌化，技术方面的事情自然有水利工作者来做。

于是，徐福牵头，顺义迅速行动起来：

技术人员参加北京市水利局举办的喷灌技术培训班进行培训学习。

开展知识技术交流和传帮带活动。

乡镇水利员，村级水管员和机泵手接受技术培训。

引进高学历的科技人才，组建勘测、规划、设计、采购、供应、经营、管理人才队伍。

聘请在京有名望的专家教授，组建顺义县水利局专家顾问团，解决遇到的技术难题和对出现的重大问题提出决策……

然而，巧妇难为无米之炊，是全国水利建设的软肋。解决了技术问题，资金问题横在面前。

顺义区水利局在规划时核算，要建设60万～70万亩粮田喷灌，当时以投资250元每亩计，总投资额概预算为1.5亿～1.75亿元。

一个县，亿元的投入，在当时是个天大的数字。

这么大的投资额，集中在1987年至1992年的5年时间里，无论是总投资的筹集，还是年度投资强度的实现，都是大难题。

这个难题是怎么破解的呢？

顺义水利局召开班子扩大会议，会场显得异常沉闷。

徐福说："首先是要倾力做好粮田喷灌事业这个主体，争取方方面面的广泛支持，其次是学会利用国家投资政策，打通各方融资渠道，争取尽可能多的资金来源。"

徐福列举了几个渠道：

大胆使用水利部、财政部联合设立的喷灌贴息贷款；

争取北京市计委节能建设资金补助；

争取北京市京密引水农田灌溉节水技术改造项目的补助资金；

争取在中低产田改造、土地整理、基本农田建设项目中的喷灌建设资金补助；

顺义县财政也设立喷灌贴息贷款，扩充和加大喷灌建设投资来源；

村级除按比例筹集现金投入，还要负责还本和施工劳务资金的投入……

通过上述多渠道建设资金来源的落实，破解了建设资金难的问题。

在当时，顺义如此多渠道、多方式解决资金问题，在全国也是先例。

观念、技术、资金问题具备了搞粮田喷灌化的条件，但是在顺义搞粮田喷灌化，确实是"摸着石头过河"，这条"河"能不能过去，有希望，有信心，但是还要用实践来检验，实践是检验对错的唯一标准。

3.

1978年，十一届三中全会制定了实事求是，解放思想，改革开放的纲领，提出了坚持走中国特色社会主义道路的方针和建设社会主义市场经济的战略，迎来了民富国强的建设大潮。

在农村，“以粮为纲，一业为主”的方针将转变为“一业为主，多种经营”的方针，促使农村劳力获得解放，大量地流向城市，走进工厂，奔向市场，农村经济得到迅速发展。

一时间，农田精耕细作，修渠平地，灌溉等农事活动出现劳力紧张的局面。这就要求农田灌溉配套模式进行改造，否则会因灌溉技术的落后，制约农业的增产增收。

顺义县大力发展粮田喷灌，顺应了经济社会发展的形势——“中国粮田喷灌第一县”生逢其时。

首先，从制定一条喷灌化路线图开始。水利局的技术人员日夜兼程，描绘了一幅美丽家乡的喷灌图：

从1979年开始，利用4年的时间，先后在全县不同地形、不同土质、不同作物，对全移动、全固定、半固定管道喷灌系统进行了比较试验，喷灌面积达2032亩。

从1983年开始，利用5年的时间在全县推广，喷灌面积达到12万亩。

从1988年开始用3年时间在全县大力发展喷灌。到1990年全县使用喷灌设备2032套，喷灌面积达到50万亩。粮田实现了喷灌化。

20世纪80年代中期，顺义带着喷灌建设规划，参加了在浙江省召开的喷灌规划交流会，在会议上受到了表扬。

1982年，顺义县完成水资源普查和水利化区划的成果报告，第一部粮田喷灌规划被写入其中。

而将规划变为现实，依然是个艰难的过程。

徐福说：“有了喷灌规划，就要按照规划实行，再不能搞‘规划规划，墙上一挂’那劳民伤财的一套了。”

顺义在建设期内所有建设单元（地块）都安排在规划区内，在建设期内安排的喷灌作物都是粮食作物（含油料作物）。这样就集中了时间、精力、财力和物力，加速了粮田喷灌化的进程。

徐福说："我们必须实施试验（试点）——小面积示范——大面积推广三阶段，积极而稳妥推进粮田喷灌过程！"

顺义实现喷灌化建设的过程中，上级主管部门和地区领导给予大力支持，要求要短时间大片地搞，要出成果、成气候、有气魄。但深知如果建设任务安排太集中，会给乡镇筹资和群众工作增加很大的难度。因为就顺义县来讲，各乡村的财力和群众对喷灌认知度是不一样的。

的确，顺义不能在一个短时期内对一个地区实行一刀切，只能灵活地进行安排。通过工作，哪里的条件成熟了，才能安排建设。实行"星火燎原"的策略。积小片成大片，最后连片覆盖全县。

他们重视技术投入，坚持技术培训，建立了一支近千人的能够承担勘测、规划、设计、施工和运行指导等项任务，精通采购，供应和维修的技术队伍，严格管理制度，确保较高的设备完好率，有力地推动了喷灌技术的推广和巩固。

徐福说："这样做的目的，就是保证建设一片，成功一片。"

这一点是通过对建设单元（地块）工程质量标准的严格要求，在质量上保证做到不跑冒滴漏，喷洒均匀；对喷灌机操作人员培训到会使用、会运行、会拆装更换系统零配件、会维修保养、会掌控喷水量和喷水时间而达到的，真正做到了建设一处、成功一处、使用一处、发挥一处效益。

为了粮田喷灌工程的顺利实施，顺义县专门成立了华霖公司，主要经营喷灌设备，搞培训，对设备进行维修。1994 年，刘振河调任华霖公司经理，华霖公司的业务不仅满足了顺义喷灌的需要，还辐射东北、西北等地。

顺义喷灌风生水起。

钱正英部长来了；

接任钱正英的钮茂生部长来了；

水利部在顺义设节水灌溉示范基地，中灌公司经理陈雷干脆住在顺义，指导顺义的喷灌建设……

成功了！顺义的喷灌事业成功了！

顺义从1979年起，用了13年的时间，建设喷灌工程。在试验阶段，取得了宝贵的试验资料和科研成果；示范阶段，通过小面积的生产实践对试验阶段所取得的宝贵资料和科研成果进行再一次印证和可行性的考量，为下一阶段大面积的推广做好了准备；大面积推广阶段，取得了70万亩左右粮田喷灌化的成果，行成了强大的生产力，产生了巨大的经济、社会、生态、环境效益。

这些效益包括增产粮食，由亩产1000斤增长到1600斤，增幅50%；减少地下水提取量25.2亿立方米，减缓了地下水位下降速度；于是，也保证了北京市水源八厂从顺义的正常抽水，有力地支援了北京工业，人民生活的用水，产生了巨大的经济、社会效益。

顺义粮田喷灌事业的成功，助推全国粮田喷灌事业的发展，也为国际灌溉事业积累了经验：

与水利部联合建设示范基地，接待国内外来人的参观；

为山东淄博地区提供了喷灌节水增产经验，助推了该地区的节水灌溉事业的发展；

1989年水利部、财政部在北京联合召开的喷灌贴息贷款会议期间，顺义县为大会提供了粮田喷灌参观现场；

1991年4月在北京召开的国际灌排委员会第四十二届执行理事会议上，顺义提供了粮田喷灌参观现场；

1994年黑龙江省西部几个地区遭受严重干旱，顺义送去了喷灌节水增产经验，助推了黑龙江省粮田喷灌事业的再度兴起……

1997年水利部在河北省三河县召开全国节水会议，顺义县为其提供了参观现场。

……

作为主管这项事业的副局长徐福，终于松了一口气。

实践是检验真理的唯一标准，顺义通过30多年的粮田喷灌实践检验，也同样可以得出这样的结论：

一直以来对喷灌事业发展过程中的试验、示范、推广过程中的分析、总结报告是实事求是，有一说一，没有假话的，是站得住脚的。在对粮田喷灌事业的看法上，在中国行不行得通，过去是有争论的，当然不是任何环境、任何条件都行得通，但是在顺义通过工作和努力搞成了，站住脚了。

徐福后半生的事业，竟然和顺义喷灌紧密联系在一起。

20世纪80年代，他推广半固定式喷灌技术。

1985年，他被选派赴奥地利鲍尔公司学习喷灌技术。

1989年，他荣获北京市科学技术进步一等奖。

1989年5月，被评为北京市“节水先进个人”。

1989年，他获得“全国水利系统劳动模范”荣誉。

1990年3月，他的《大面积粮田喷灌节水技术的推广应用》获得北京市科学技术进步一等奖。

1994年4月，他获得北京市农业技术推广一等奖。他在节水灌溉技术的推广与设备研究方面获得丰硕成果，研究的“浮托卧式潜水电机泵提水装置”获得专利。

1995年6月，他撰写的“谈拦蓄雨洪，涵养水源”一文在《中国水利》上发表。

1995年10月，他撰写的“灌水方法与灌区技术改造”一文，在《喷灌技术》刊发表……

2014年，76岁的徐福老人去世，悼词高度概括他的水利人生……

2009年，顺义粮田喷灌事业三十年，徐福参加了顺义区水务局和鑫大禹华霖公司举行的专家顾问团成员友情会，在友情会上水务局领导对专家们在实现顺义粮田喷灌化过程中作出的贡献再次作出高度的评价和诚挚的感谢，衷心地祝愿老专家们健康长寿，安享晚年。

专家们在会议上畅叙了过去惬意的合作、完成的事业和深厚的友谊，发现一晃大家都老了，但是顺义水利人对所从事的事业还是放心不下，还在关心和关切着今后的发展，还在回顾着往事，认真地做着经验和教训的总结，总结着自己为人民的事业做得够还是不够，有什么欠缺的地方没有，还能够做些什么补救。

徐福欣然作诗一首：

京城顺义气候干，
水源紧缺已连年，
援京调水皆全力，
农业还要夺高产。
科学路线作指南，
节水意识确立先，
按照规划搞建设，
组织实施要把关。
建设一处成一处，
粮田喷灌连成片，
人才科技做保障，
增产增收是关键。
建设粮喷第一县，
困难重重把路拦，
智团财团来支撑，
十四余载遍田园。
粮喷事业三十年，
实践结果经检验，
我辈做的我辈看，
直到今天才坦然。

“我辈做的我辈看，直到今天才坦然。”徐福的感慨，代表了老人们的心声。

老人们谦虚地说，顺义的粮田喷灌节水模式也不是很完美的，它具有时代特点，是有高效适用期的。时代在发展，过了高效适用期应当由后人以更先进更有效的节水模式来替代已经变成传统的模式。比如，现在他们在节水上抓水资源精细化管理，实施水资源最严格的管理制度和精准节水灌溉，等等。

但是，顺义粮田喷灌到底是怎么做的呢？

4.

小姚开始单独送我，接我。

我问："你说过，不告诉你老爸来送我，为什么?"

她说："我开车进京，他不放心。我不告诉他，他就不担心了。"

"那，怎么不带'警察'了?"

"我认路了。他，也事儿多!"

……

中国是农业大国，粮食是老百姓的"天"。

农业离不开水，节水要从农业开始。

农业是顺义用水大户，节约农业用水是解决水资源紧缺的有效办法之一。发展喷灌、滴灌和渠道防止渗漏是节约农业用水的最好办法。20世纪80年代后，顺义已成为北京地区推行节水型农业的先进地区。1979年至1986年，顺义分别在水源不足的贫水区，并有一定资金自筹能力和领导重视的社队，开展了喷滴灌试验与示范工作。

滴灌——

1979年至1990年，顺义共引进滴灌设备3套，在木林公社陈各庄、蒋各庄、茶棚等三个大队开展滴灌试验工作。滴灌对象均为果林，滴灌系统采用固定式。

陈各庄大队有果园面积百亩，因地处沙坡地，以往采用畦灌，水土流失严重，上游露树根，下游埋树干，影响果树正常生长，而且费水严重，1980年使用滴灌后，不仅解决了水土流失，既省水，又提高了而水果产量。

喷灌——

1979年至1981年，顺义共引进多套固定式喷灌设备，在小东庄、前王会、后王会、山里辛庄、张镇等大队进行试验。喷灌对象为经济作物和大田作物。

前王会大队有幼树果园内套种黄豆、花生、芝麻、大葱、瓜五种作物，实施喷灌前每亩用水100立方米，使用喷灌后每亩只用水20立方米。喷灌试验区取得了节水、节电、增产、省开支的经济效益。

1983年，顺义从太原喷灌设备公司引进多套移动式铝合金喷灌设备，在丘陵地区张镇公社、浅山区与沙土区木林公社、黏土地区张喜庄公社和天竺公社，开展喷灌与畦灌对比。灌溉作物均选小麦、玉米。喷灌用水每亩只需37.5立方米，而畦灌用水每亩要用水150立方米。从小麦产量比、喷灌比畦灌增产21%。

1984年，顺义在部分社队开始发展移动式喷灌。同时继续在3个试验点进行考察，有后王会大队固定式喷灌与畦灌对比试验，张镇大队移动式喷灌、固定式喷灌与麻林山大队井灌对比试验，羊坊大队移动式喷灌与畦喷对比试验。

经测算，小麦使用喷灌比用井灌增产37%、节水50%。当年，还引进半固定式喷灌系统，在张喜庄公社东马各庄大队进行试验。经过试验考察，与移动式喷灌系统相比，除有共同优点外，还有安装方便、劳动强度低的特点。

1985年至1986年，顺义在一定面积内对半固定式喷灌系统进行了试验。

喷、滴灌的推广——

通过实际应用，对喷灌效益及喷灌形式进行实验比较后，确定了以半固定式喷灌系统为发展目标。从1987年开始，半固定式喷灌在全县得到大面积推广。

推广喷灌，首先得到水利部、北京市、顺义县等各级领导的大力支持。县委、县政府多次在农业干部会上，宣传喷灌的优点，号召各级干部认清水源紧缺形势，加快对使用喷灌的认识。

水利部领导钱正英、杨振怀、张彬、李伯宁，北京市领导李锡铭、王宪、黄超等都来顺义视察过喷灌。

顺义县委书记张金铎、县长吴桂云、主管农业的副县长刘骥，亲自抓喷灌工作，从人力、物力、财力诸方面都给以大力支持，并亲自进行普及和推广。

各基层领导也给予大力帮助和支持，市、县各年都安排一定数量补助资金和周转金，县农业银行积极提供喷灌贷款。

此外，水利部、北京市计委还提供了贴息贷款，帮助发展喷灌。

顺义县水利局为推进喷灌建设，从勘测、规划、设计、施工到设备运行，提供一条龙服务，确保建一处、成一处、发挥效益一处。

1987年至1990年，全县共发展喷灌1843套，发展喷灌面积44万亩，共投入资金5814万元，使经济条件较好的地区，都用上了喷灌。

喷、滴灌的效益——

规模和效益：至1990年年底，全县共有喷灌设备2032套，喷灌面积达到49.6万亩，占总有效灌溉面积的60.2%，南法信、天竺、高丽营、南彩、俸伯、李各庄、赵各庄共七个乡已实现喷灌化，有175个大队由自流灌、井灌完全改用了喷灌。

实行喷灌后，农田平均每亩节水200立方米，与1985年粮食总产相比，1987年增长10%，1990年增长30%。

实行喷罐后，因田间无渠、无埂，不仅能增加播种面积20%以上，而且有利于农业机械化作业。

1990年，机耕面积达到79.23万亩，机收面积达78.29万亩。在夏播时期出现旱情时，喷灌能够及时进行灌溉，改变了以往在雨季旱也不敢浇的常规。如1988年在夏播玉米时遇到旱情，因及时喷出苗水，使全县玉米产量未受影响，亩产达390公斤。

巨大喷灌效益的背后，是顺义水利人的艰辛付出，是一系列令顺义水利人自豪的荣誉：

1988年，顺义县被北京市水利局评为农业节水一等奖。

1988年，在北京市水利局举办的“大禹杯”农业节水竞赛中，顺义县水利局被评为第一名。

1989年，顺义县被北京市评为喷灌技术推广应用一等奖。

1989年，顺义县机电排灌系统节能示范试点获得农业部授予的部级科学技术进步奖三等奖。

1989年，顺义县水利局荣获北京市水利系统“大禹杯”竞赛农业节水优胜单位（第一名）。

1993年，华霖实业公司被水利部喷灌公司评为“推广喷灌先进单位”。

1998年，北京市建设节水示范5万亩，顺义赵全营镇作为核心区就完成了1/10，即5000亩。

当时，坚持山、水、林、田、路、桥、井房统一规划，综合治理，而对于喷灌，也是坚持先实验后推广。实际上，那时的微灌、滴灌、喷灌以及畦播改平播等，已经是后来顺义推行精细化管水的“萌芽”。

5.

在顺义，刘振祥看到水利人为老百姓办实事，大规模推广粮田喷灌技术，取得实实在在的效益。

“这都是干旱惹的祸！”他想。

在考察过程中，他也看到顺义对池塘的保护、利用和建设情况。他的理论叫“水囤积”，政府的叫法是“雨洪集蓄利用工程”，有异曲同工之妙。

他从一份资料看到，2003年至2010年，顺义区共建农村蓄水坑塘108处，总蓄水能力791万立方米，每年可以回补地下水1500万立方米。当然，近年的一些数字他还没有看到。

他不怀疑这些数字的真实性，却认为这些数字太小了。

他的想法是每个村子都要有几处池塘。那时，池子里芦苇茂盛，荷花盛开；岸上绿树成荫，小鸟齐鸣；村民坐在小凳上，摇着蒲扇乘凉。那时一幅春有百花夏有月，秋有凉风冬有雪的美景，那是一个风调雨顺、国泰民安的世界！

他纳闷，既然这么干旱，水利部门为什么还要年年防汛呢？而且，过去叫“防汛”，现在叫“迎汛”，为什么呢？

俗话说，差之毫厘谬之千里，形容开始的时候虽然相差微小，结果造成很大的错误。恰恰相反，顺义只是一字之差，却带来了水务事业的新变化、新发展、新成果。

这“一字之差”其实是两个字。一个是由“防汛”变“迎汛”；再一个是“水利局”改成“水务局”。前者“防”变成了“迎”，后者“利”变成了“务”。

奇怪，防汛自古有之，是人命关天的大事，怎么说不“防”就不“防”了？迎汛是什么意思？有什么内涵？怎样迎汛？

水之利害也，说的是水是“双面剑”，既有利的一面，也有害的一面。水务局的主要职责就是变水害为水利。现在变“利”为“务”是什么意思？

其实，这是全国水利的一项改革，只是有的停滞了一些，有的执着前行。

顺义，是比较成功的。

第八章　一　字　之　差

1.

顺义区仁和水务所，转眼迎来了夏天。

院子里的李子树上，结满了绿绿的果实，跟大蒜的辫子差不多。一早，家雀在枝头叽叽喳喳，到了中午，不知去哪乘凉了。吃罢饭的职工，都回到房间了，院子里只有一地灸人的阳光。

这里的傍晚是最美的，如果遇到云团升起，再与夕阳的柔光交织，被挺拔的杨树林高高举起，那就更美了。光是璀璨的，云是黛青的，树林是透亮的，整个天空是五彩缤纷，让人心里亮堂。

偶尔，有飞机张着翅膀，从远处斜插过来。前边的飞机很坏，有时放个屁，留下一道白烟。后边的飞机就爱嗅那种味道，直接赶上去。一架架飞机，又像被一根绳子串在一起的蚂蚱。

我一般是上午10点、下午3点，离开电脑，出门运动运动。

这也是我最享受的时刻。小菜园里，黄瓜秧蔓爬上了架子，里边偷偷长着一根根顶花带刺的黄瓜。我轻轻钻进黄瓜架下，一般是一次摘五六个，有时怕别人看见，说我贪婪，就全都塞进裤兜里。裤兜塞不下的时候，就别在腰间。回到房间，一通大啃。有时都来不及水洗，真的。

那个脆棒，那个鲜美，那个爽口，那个饱食原生态果子的得意，你懂吗？

之后，开始写稿——

在顺义水利发展史上，有两个一字之差，一个是水利的“利”和水务的“务”一字之差，另一个是防汛的“防”和迎汛的“迎”一字之差。别看只有一字之差，既有体制的改变，也有观念的更新，最终导致行动和效果不同，甚至决定了顺义的水利未来。

在顺义，李国新这个人很特别。

他的干部履历写道：

2000年8月至2001年11月，任北京市顺义区水利局局长；2001年12月至2004年12月，任北京市顺义区水资源局局长；2005年1月至2009年3月，任北京市顺义区水务局局长。

其实，这都是一个岗位、一个职务。

期间，只有9年的时间。

从李国新履历的变化，可以看到顺义从“水利”到“水务”的一些情况。

2004年12月28日上午，经北京市委、市政府批准，北京顺义、大兴、门头沟、密云、房山五区县的水务局宣布组建成立，这是北京市加强水资源统一管理的重要举措，是实现全市三级水务体制管理的重要一步，是实践“最严格的水资源管理制度”“建设循环水务”的具体体现。

五个区县水务局，将秉承传统水利的优良作风，夯实水务基础，建设精明强干的专业化水务队伍，加强水务管理、增强服务意识，首都水务工作将凭借此次体制改革的巨大引擎添加更大的前进动力。

老程曾告诉我说：“从‘水利局’变为‘水务局’，只是一字之差，却差别很大。”

我翻阅顺义水务体制沿革，这样写道：

新中国成立初期，顺义县农业、水利、林业等项工作均由县政府建设科统一管理。为适应水利建设事业发展的需要，1955 年 4 月，县政府成立了水利科，开始有了县级水利专管机构。1958 年 8 月，水利科与农林局合并成立农林水利局。1963 年 7 月，又单独成立了顺义县水利局。多年来，随着水利事业的发展，机构和人员在不断完善和增加，而水利局一直以兴利除害为主要职责。

2001 年，顺义区水资源局成立。

的确，水资源局的成立，是水利管理的一次理念和行动的飞跃！

原来，随着北京市顺义区水务局成立，中共北京市委、北京市人民政府批准的《北京市顺义区人民政府机构改革方案》和《中共北京市顺义区委、北京市顺义区人民政府关于机构改革的实施意见》对原来的水利局职能做了调整。

具体调整是这样的：

一是划入职能，增加了顺义区节约用水办公室承担的职能，地矿部门承担的矿泉水、地下热水取水，计划用水的管理职能；二是转变的职能，不再直接管理所属企事业的生产经营活动；三是经营性事业单位逐步实行企业化管理。

同时，有三项职责需要转变，分别是加强统筹本区城乡水资源的节约、保护和合理配置，促进水资源的可持续利用。加强水源地管理、再生水利用、污水处理和水资源循环利用等工作，保障供水安全；加强水务行业安全生产工作，强化水务工程质量和安全监督职责；强化在职责权限范围内为中央、市属驻区单位服务的职责。

同时，还取消了由区政府公布取消的行政审批事项。

很多人可能不知道水务局到底是干什么的，包括一些水务工作者。我知道这些文字很枯燥，但是为了解释清楚从“利”到“务”转变的意义，我还是要把水务局的职责写清楚。

水务局的职责包括：

> 进一步明确贯彻落实国家、北京市关于水务工作方面的法律、法规、规章和政策，起草本区关于水务工作方面的规章草案，并组织实施；拟定水务中长期发展规划和年度计划，并组织实施。
>
> 负责统一管理本区水资源（包括地表水、地下水、再生水）、会同有关部门拟订水资源中长期和年度供求计划，并监督实施；组织实施水资源论证制度和取水许可制度，发布水资源公报；指导饮用水水源保护和农民安全饮水工作；负责水文管理工作。
>
> 负责本区供水、排水行业的监督管理；组织实施排水许可制度；监督实施供水、排水行业的技术标准、管理规范。
>
> 负责本区节约用水工作；拟订节约用水有关规章，编制节约用水规划，制定有关标准，并监督实施；指导和推动节水型社会建设工作。
>
> 负责本区河道、水库、湖泊、堤防的管理与保护工作；组织水务工程的建设与运行管理；负责区水源地管理。
>
> 负责本区水土保持工作；指导、协调农村水务基本建设和管理。
>
> 承担北京市顺义区人民政府防汛抗旱指挥部的具体工作，组织、监督、协调、指导全区防汛抗旱工作。
>
> 负责本区水政监察和行政执法工作；依法实施水务方面的

行政许可事项；协调部门、镇、街道办事处之间的水事纠纷。

承担本区水务突发事件的应急管理工作；监督、指导水务行业安全生产工作，承担相应的责任；承担水务工程质量和安全监督职责。

负责本区水务科技示范，指导科技成果的推广应用和水务信息化工作。

参与水务资金的使用管理；配合有关部门提出的有关水务方面的经济调节政策、措施；参与水价管理和改革的有关工作。

承办区政府交办的其他事项，等等。

根据上述职责，顺义区水务局设8个内设机构。依工作需要调整为10个内设机构，分别是办公室、法制科、综合计划科、水资源管理科、工程建设与管理科、供水与排水管理科、北京市顺义区节约用水办公室、财务科、纪检监察科和宣教科。

直属单位包括水库移民扶持中心、北京市顺义区水利工程勘察设计室、北京市顺义区节水事务中心、北京市顺义区水利工程质量监督站、北京市顺义区水政监察大队、北京市顺义新城生态调水中心、北京市顺义区水务局工程处、北京市顺义区水务局大华工业园区管理站、北京市顺义区水务局水利工程构件供应站、北京市顺义区水务局砂石开采管理站、北京市规划设计研究院顺义分院等。

2012年12月31日统计，顺义区水务局有干部职工701人。

2005年2月，李国新首任顺义区水务局局长。

2.

采访李国新，我只是给他设置了三个话题，他却一口气讲了四个小时。一双翘起的“长寿眉”，随之挑动。

李国新在任的2008年前后，因为北京奥运会水上一些项目在顺义举办，顺义成为社会关注的焦点和热点。

2007年7月25日，离奥运会开幕只有14天，国家防总副总指挥、水利部部长陈雷，国家防总秘书长、水利部副部长鄂竟平到顺义检查；2007年10月7日，农业部部长孙政才到顺义调研；2006年8月12日，北京市市长王岐山到顺义调研……

2009年4月，李国新告别他心爱的水利事业，走上新的工作岗位。他回顾9年与水打交道的历程，一些事情历历在目、一些感受涌上心头、一些情怀难以忘却。

李国新在一个岗位上，不只是简单的名字改变，而是迈出水利发展的三大步。

2000年，李国新坐上了水利局长的“金交椅”，而当时处于的变革时代，这把“金交椅”并不稳当。国家、北京市的水利发展大趋势，客观地推动顺义水利体制的改变。

顺义区从1999年就开始干旱，到2002年地下水位迅速的下降，河道已经断流，水资源被污染了，呼唤水利改革。

每个人的童年，大多记忆了水的丰盛和美好。

李国新记得，20世纪六七十年代，以及80年代初期，顺义靠的是密云水库的水来灌溉。那时候，一到灌溉季节，大渠来水了，都是沟满壕平。

那时顺义每年要从水库引水两亿立方米的水。

可是到了80年代末期，密云水库的水保北京城市供水，顺义的灌溉形势发生了变化，形成了干旱。这恰恰是一个严峻的挑战，怎样保护资源?

从80年代末期开始，徐福副局长带领水利职工搞农业灌溉，2005年以后滴灌、喷灌都出现了，从工程水利转向资源水利迈出了第一步。

2005年前后，水污染越来越严重，水资源管理政出多门。这时，水利部推行涉水事务一体化，深圳、上海、北京先行先试。2005年5月，北京市成立了水务局。

水务一体化是一种必然产生的客观需要，它是由自然形态、认识形态到体制形态的转变。这是一个完整的管理系统，一个社会管理系统。

它的转变推动了一个区域水事业的发展，对水资源的保护、水资源的开发利用、水资源的节约都起到非常重要的推动作用。

李国新接过治水的接力棒，恰逢北京申奥成功，同时也面临在潮白河畔建设奥运会水上运动场所的重任。

没有接触过水利工作的李国新不甘做一个门外汉，他虚心学习，开动脑筋，组织研讨，发挥集体的智慧，请教专家，听取群众意见，往返于各类不同人群中，寻找一切可以解决问题的途径。

新的形势，新的要求，注定了他穿新鞋决不能走老路。

李国新的“长寿眉”，在诠释他不羁的性格。

面对从“水利”到“水务”的转变，他敢于创新的那股子闯劲儿，让顺义区的水务工作声色俱现。

望着欲哭无泪的潮白河，他的眼睛潮湿了。

为了给潮白河提供清洁的水源，北京市水务局提出了把温榆河的水引入潮白河的设想，顺义区水务局负责这个设想并使其成为现实。整修一新的潮白河高处植树种草，低处化为湿地，有水处绿的是水，无水处绿的是植被。

李国新带领顺义水务人，让潮白河成了一道靓丽的风景线。

如今，潮白河贯穿顺义全境，水景、堤景、桥景、灯景、林景，景景相依，湿地园、生态园、野生动物园、体育休闲园，园园相连。

9 年，顺义数十万农村居民结束了饮水不安全的历史；9 年，顺义 14 万亩农田节水设施得到了改造；9 年，顺义水利信息化系统建设起来了……

9 年之后，李国新感慨：水是有灵性的。

上善若水，水利万物而不争；而水，却知道怎样回报人类。你偷采了它，他就下降；你不珍惜它，他就让你没得吃；你要是毁它，它就污染了你，让你子孙都没得喝……

其实，李国新说了半天，无论是“利”到“务”的转变，还是生态治河的实践，都遵循了那个字“顺”。铁打的营门流水的兵，李国新告别他热爱的水利事业，开始了新的工作。

3.

世上本来没有路，走的人多了就形成了路。

这句话对顺义水务来说，可谓恰如其分。

2005年6月23日，在顺义区区政府常务会上，原则通过了由区水务局编写的《顺义区水资源综合规划》。

一条顺义水务实质性的路线图清晰起来：

> 合理开发、优化配置、高效利用、有效保护和综合治理水资源，促进该区人口、资源、环境和经济的协调发展，以水资源的可持续利用支持经济社会的可持续发展。
>
> 充分利用科技手段，积极推广使用节水器具，采取切实有效措施，不断提高水资源的利用率。
>
> 积极发展节水工业、农业和服务业，进一步调整优化产业结构，限制耗水产业发展，保证水资源利用率。
>
> 搞好中水利用，保证绿地浇灌等景观用水。加强雨水收集再利用工作，加大雨洪资源利用率。
>
> 合理控制好人口规模。
>
> 建立工业万元产值耗水考核制度……

这时，水源地保护成当务之急。

顺义水务局的资料：

顺义境内市级水源地多年连续超量开采，水源地周边地区地下水位急速下降，市级水源地影响范围已扩大到南彩、北小营、杨镇、木林、赵全营、牛栏山、马坡、龙湾屯等8镇共计186个村，影响面积约480.4平方公里，影响人口25.33万人。

顺义区市级水源地保护区范围，西以京承铁路为界；东以顺密路为界；北以区界为界；南以白马路为界，涉及马坡、木林、牛栏山、北小营4镇31个村。

紧锣密鼓，实施水源地保护区工程。

这些工程包括：

> 市级水源地保护区农村安全饮水工程、都市型农业节水灌溉工程、水源地保护区木林镇大韩庄管网改造工程、市级水源地保护区农村饮用水节水工程、抗旱解困工程、北京市应急水源抗旱水源工程、农村管网改造工程、水源地抗旱及茶棚村管网改造工程等。

顺义区水源地保护区工程自 2005 年开始实施至 2014 年年底，完成 21 个村的自备饮水管网改造；更新机井 607 眼；实施节水灌溉工程面积约 6280 亩。

这些工程的实施，使水源地得到进一步的保护。

老程说："其实，那时的危机，一个接一个。"

比如汉石桥湿地，又出现危机。

汉石桥湿地，水光潋滟，芦苇茂密，树木参天，水鸟呢喃，一片美丽宜人的低洼地。

这是 1958 年为了解决蔡家河下游受潮白河、箭杆河洪水顶托经常发生洪涝灾害问题，在此处修建了汉石桥平原缓洪水库，主要作用是调节蔡家河与箭杆河的洪水实施错峰排泄。

这座水库库容 500 万立方米，蓄水面积 2800 亩。

因库区为平原洼地，蓄水深度较浅，很适宜水生植物自然生长，加之人工栽植，便形成了以芦苇、香蒲等水生植物为主的湿地，也为多种鸟类等动生物在此栖息繁衍提供了环境条件。

茂密的芦苇、动植物的多样性造就了汉石桥湿地独有的景观特色，为涵养水源、调节区域生态环境发挥着重要作用。

然而，1998 年以后，因连年干旱，河道断流，湿地退化，面积缩小，有的湿地植被正在退化，有的已经干涸并被旱生植物取代或被当地百姓开垦耕种了粮食。

从 2003 年开始，顺义区下大力气实施了汉石桥湿地保护与抢救性恢复工程建设。

一系列措施相继落地：

> 2003年，投资450万元完成湿地环路改造；投资100万元打机井8眼，为湿地紧急补水。
>
> 2004年，在湿地内疏挖了防火隔离带，修筑了鸟岛和观鸟台；对鸟岛、观鸟台及湿地周边进行重点绿化，为鸟类栖息创造生存环境，在退化的湿地上，实施抢救性恢复。

通过实施上述工程，汉石桥湿地重现了往日的生机。

潮白河，顺义的母亲河，断流后的河床就像年迈母亲老脸上皱褶，默然诉说着岁月的沧桑。盗采砂石，在河床上留下多处大大小小的砂石坑，狂风怒吼，卷起一阵阵弥漫的沙尘。这时若发大水，危害将远远超过往日。

污染就在身边，危险随时降临！

1991年至1997年，根据北京市潮白河综合开发利用工程总体部署，对潮白河顺义段进行了分期治理。

7年建设，修筑两岸堤路，疏挖整治河道，河岸护砌，衬砌包封堤路，修建河道建筑物，建设了河南村、柳各庄、苏庄橡胶坝及公路桥，沮沟橡胶坝及人行桥等。

这些为改善潮白河生态环境，提高了两岸防洪标准，固定了河床，开滩了造地造林，拦蓄了基流，涵养净化了水资源。

2003年，北京奥运会水上项目比赛场馆、顺义新城、市区水源地均位于潮白河畔，为潮白河治理带来新机遇。

顺义区按照绿色奥运、生态治河、人水和谐为理念，对潮白河牛栏山桥至河南村橡胶坝以及城北减河实施综合整治，同时启动了潮白河滨河森林公园建设。

这次治理凸显了“以河为基、以水为魂、以路为骨、以林为韵”的特色，营造了具有多种多样人文特征的滨水空间，实现了有水则清，无水则绿的目标，沿潮白河形成了一条森林繁茂、环境优美的绿色生态走廊和休闲通道、天然氧吧。

这不仅为举办2008年北京奥运会和顺义新城发展提供了良好的生态环境，而且为人们休闲娱乐提供了较好的场所。

2004年，实施了潮白河二期和减河整治工程。

2009年至2010年，按照潮白河总体规划，进一步改善顺义新城生态环境，打造顺义滨水宜居新城，大幅提升新城品质和价值，为市民提供良好的环境条件，总投资约6亿多元。启动顺义新城滨河森林公园工程建设项目。

新城滨河森林公园北起俸伯桥，南至苏庄橡胶坝，形成了近2万亩的森林公园。公园内，杨柳依依，阡陌纵横，冬有白雪，春有绿叶，夏有鲜花，秋有果实，市民悠闲，有人陶醉。

2001年、2004年、2005年，连续治理温榆河，使河畔的北京首都国际机场、顺义新城空港新区以及空港工业区、天竺房地产开发区等区属重点企业陶醉在水清、流畅、岸绿的环境中。河岸还有湖光、绿草、花树映衬，成为人民休闲、娱乐的绿色公园。

2010年实施了龙道河生态治理建设后，龙道河防洪蓄水能力得到提高，并且达到了“安全、水清、岸绿、景美”的效果，为空港新城、温榆河绿色生态走廊营造了绿色宜居滨水的生态环境。

4.

2008年，世界的目光聚焦顺义，并非只有那精彩的赛事，并非只有那闪光的金牌，还有让人眼前一亮的秀水青山。

顺义的生态治河、三道防线及生态清洁小流域的建设，为绿色奥运的实现提供了保障。

2007年8月28日，顺义区潮白河畔的北京奥林匹克水上公园竣工验收不久，前来参观的市民就络绎不绝。在顺义崛起了漂亮的奥运场馆，市民惊喜不已。然而，他们对公园西侧面貌一新的潮白河，更是连声赞叹。

在离公园南门约300米的向阳闸桥上，聚集了众多的观光游客，他们抬头北望，眼前是一片开阔的水面，河水清澈见底，水面涟漪荡漾，倒映出蓝天白云格外清晰。河道两岸，绿树成荫，鲜花盛开，那河滩上盛开着五颜六色的野花，微风吹过，一阵清新的空气扑面而来。

这是生态治河理念带来的成果。

北京奥林匹克水上公园是本届奥运会的第三大“金牌产区”，有32块金牌在这里产生，其中奥运会皮划艇、赛艇等水上项目在此举行。

没有疑问，这是世界一流的赛事，而一流的奥运比赛，需要一流的奥运场馆，还需要有一流的周边环境与之配套。

潮白河向阳闸库区是这次水上公园紧邻，而那里由于近年北京持续干旱，潮白河连年断流，向阳闸库区缺水少绿，河底砂石裸露，风沙一起，便会造成扬尘污染。干涸荒凉的库区与紧邻的奥运水上公园显得极不协调。如果不进行环境整治，那将是一边风景如画，一边则是荒草连天。

2006年7月，向阳闸库区环境整治工程开工。

这次整治，按照生态治河理念和绿色奥运的要求，把向阳闸库区治理修复的一条生态景观河道。

十几公里长的河道，既不改变河道走向，也不做硬性护砌，采取的是宜弯则弯、宜宽则宽、疏挖平整、防渗蓄水、植物护坡、清理垃圾、中水利用、营造湿地等一系列措施。

按照“风舞水影”的主题设计，库区蓄水后水面面积开阔，清风吹拂，水面微荡。库区绿化则按照“人工湿地、生态走廊”的设计理念，布设出“丛花锦带”“芦荻映蔻”“苇荡迷津”“柳岸芳堤”“青坡绿畅”“草暖花坞”等六大景观区。

整治后的向阳闸库区，一条水清、岸绿、景美的自然河道，与奥运水上赛场相映成辉。

向阳闸西北的一片人工湿地上，大片的芦苇、香蒲迎风摇曳。湿地深处，时而蛙语，时而蝉鸣。

顺义区水务局副局长张春生，拿着话筒向大家介绍：

这片湿地是向阳闸库区环境整治工程的一个组成部分。湿地内的污水主要来自附近的牛栏上酒厂和牛栏山小区，通过表流湿地的生物、生态净化处理，水质得到明显改善后，用于河道景观绿化。

在治污、节约水资源的同时，湿地还起到绿化美化滩地、抑制扬尘的作用。湿地建设时按照水土保持三道防线的思路，在河道周边构筑生态保护防线，防止污水直接入河的一项具体措施。

这是顺义水务工作的又一境界。

5.

2009年4月27日，顺义区水务局会议室，两只大手紧紧握在了一起。

一只手的主人是李国新，他将从此告别9年的水利工作，走向新的工作岗位；另一只手的主人叫李守义，他将挑起顺义区水务局长的重担，开创顺义水务新局面。

新旧交替，前后接力，所有的内涵都在紧握的大手之间。

他们共同紧握的，是一杆无形的接力棒。

这是顺义人世世代代不懈治水的接力棒！

我们采访李守义后，他留给我们的印象是：

一般做过乡镇党委书记的人，大多都是蛮有魄力的。他从乡党委书记到水务局局长，还是满拼的，先后组织实施引温济潮二期调水、潮白河滨河森林公园工程、水资源管理专项治理，包括“四年治河”“三年治污”两个专项行动等项工作，在顺义动静蛮大、效果蛮好。近年他们搞的“规范取用水管理”，是其他地方可以借鉴的。

李守义走上水利工作岗位，好像是被“情”牵来的。

李守义从小见到水利人风里来雨里去，忙忙碌碌，治旱治涝，实实在在办的是老百姓吃饭、喝水、出行、安危的事，他打心眼里敬佩。

在赵全营镇当书记时，他总是把水利工作当成重要的工作，组织当地的群众抗旱、防汛、修渠、灌溉。

他对水的认识太深、太深了。

没有水，不仅仅是潮白河干涸，顺义大地也是一片荒芜。

现在，他也干上了水务这一行，微笑的皱纹间，装载了重重的责任。如何在原来的基础上，开创顺义水务新局面，很好地传递好这一棒，正是他思考的问题。

上任伊始，他白天去调研，晚上啃书本。他和班子成员、工程技术人员一起，精心算好“水账”，满足现代化发展需要。

顺义作为北京总体规划重点建设的新城和供水水源地之一，水资源紧缺成为发展的新课题。顺义区围绕经济社会发展，算好“水账”，统筹城乡、立足自身、深度挖潜、循环利用，增加总量，乃是当前及今后一个时期，顺义水务工作的思路。

过去，顺义区以农业为主，是首都的“米袋子”“菜篮子”，全国粮田喷灌化第一县。现在是北京重点建设的新城、首都国际空港、现代制造业基地、北京中心城区人口疏散地。2009 年全区国内生产总值达到 690 亿元，位列全国“企业百强县”之一。

首先，顺义要围绕统筹发展，精心编制规划。

近年，顺义区采取节水，拦蓄利用地表水，处理污水和利用再生水，提高了用水效率，2009 年万元 GDP 耗水 44.8 立方米，处于远郊区县最好水平。

顺义区在“十二五”期间，重点是调整农业种植结构，压缩农业用水；稳定第二产业、第三产业用水，引导、助推、调整产业结构，发展总部经济和高效低耗水项目，保证城乡居民生活用水，大幅度增加生态环境用水，综合利用地表水和再生水。

到 2015 年，全区年用水量控制在 3.378 亿立方米以内，万元 GDP 耗水减少到 22.3 立方米，年均递减 11%，生活用水压缩到 3480 万立方米以内，人均 40 立方米。在全市率先推进城乡供水一体化，农村供水城市化率提高，饮水水源地水质保持在达标水平。

顺义水务工作现状：顺义虽属于全市水资源相对丰富的区县之一，年可用水资源总量 3 亿立方米，区内建有北京市城区供水水源地，每年取水 1.5 亿立方米，留给顺义区的水资源年人均不足 200 立方米。

发展需要水，建设世界城市、改善生态环境、提高市民生活质量也需要水，只有统筹发展，精心规划，才能使有限的水资源发挥更大作用。

就如何统筹发展，精心规划，使有限的水资源发挥更大作用，顺义水务人围绕高端发展，精细化管水。顺义区围绕高端发展，在全市率先推出了节约用水分类分级精细化管理新模式，制定了《顺义区节约用水分类分级评定标准》。

他们的理由是：节约用水分类分级管理可以明确乡镇级政府和行业管理部门节水管理职责，纳入区政府对基层责任制考核体系。日常管理由乡镇级政府和行业监管部门负责，根据用水单位级别分别不同时段组织节水监督检查。

顺义水务人认为，区水务局对行业监管、乡镇级政府节约用水日常监管情况进行督查；区监察局、区政府督查室对区水务局、行业监管部门履行职责情况进行履职督查。通过分类分级管理，摸清用水单位基础信息，水的投入产出比，服务更加便捷、精细，杜绝浪费现象，提高水的利用率。

顺义区1992年建成了全国粮田喷灌第一县，已累计节水25亿多立方米。近年来，顺义区围绕都市农业发展，改造了原有使用年限长的喷灌设备，应用滴灌、渗灌等高端、高效节水灌溉技术，推广面积达到20万亩，占农田面积的46.5%，年新增节水2000多万立方米。

2013年4.3万亩农业节水灌溉项目正在推进中，“十二五”期间，顺义区还将完成43万亩农田节水灌溉技术改造，完善用水计量、超指标用水收费制度。

在全市率先推进城乡供水一体化。

2005年至2009年，顺义区投资7.25亿元，在改造村级供水设施基础上，推进了集中供水管网进村扩户工作，41个村用上了集中供水厂的自来水。

从2014年开始，顺义区计划投入10亿元，利用五年时间，建设3座集中供水厂，铺设供水管网，在全市率先实现乡村供水城市化。转变村民用水传统观念，推行收费管理、财政补贴，推广阶梯水价、用水定额结余现金补贴，以及节水奖励的成功经验。

顺义水务人信心坚定，因为这些都为顺义水务的进一步发展奠定了基础。

于是，他们决定围绕绿色发展，蓄水和利用再生水。为把宝贵的雨水留在境内，顺义区在河道上建设了25座橡胶坝，镇村疏挖废弃坑塘，机关企事业单位利用庭院建设蓄水工程，这样能够达到总蓄水能力9000万立方米。

顺义区编制规划，恢复区域内过去原有的蓄水坑塘，城区建设明沟排水系统，分区建设大型蓄水坑塘，发挥其调蓄功能，增加蓄水能力。治理境内河道，疏挖农村主干排水沟，利用蓄水设施拦蓄降雨，建设顺义新城生态水系，让水流进城市，流入镇村、小区，满足人们亲水愿望，提高地表水拦蓄能力，回补和涵养地下水资源。

大力推进污水资源化和再生水利用工作，改善生态水环境是实现绿色发展的有效途径。顺义区还将加大硬件设施的投入，统一规划，将全区现有的污水处理厂升级为再生水厂。

制定全区再生水回用规划，探索多元化投资机制，建设再生水回用管线。建立市场体系，吸引社会资金投入污水处理和再生水回用，探讨建立区镇财政支付污水处理费用，政府行政主管部门负责监督管理机制。计划将再生水蓄存在河道中，改善区域环境；利用再生水灌溉农作物，用于园林绿化和城乡环境建设等，减少地下水开采。

于是，顺义继续围绕创新发展，跨流域调水，为改善顺义新城生态水环境，回补地下水资源。

顺义区投资4.26亿元，于2007年实施了引温入潮跨流域调水工程，科学调度，优化配置水资源，当年10月份投入运行后，已累计调水近5000万立方米。二期工程日处理能力将由原来的10万吨提高到20万吨，为顺义新城生态水系、区域坑塘及蓄水设施提供生态用水水源。

实施引温入潮跨流域调水二期工程，正是他上任后的首个较大的水务工程。

同时，围绕节水、拦蓄地表水、处理污水和利用再生水、建设生态水系。不断加强宣传，提高人们节约用水的自觉性。

这就是顺义当时的水务工作思路。他们计划经过五年的努力，初步建立起水源保护、防洪减灾、生态安全体系，逐步实现“供水安全，用水高效，河道清新，水景靓丽，人水和谐”的目标，满足现代化发展对水资源的需要。

如何实现这一目标，关键还要看他们的各项工作如何细化，细化到什么程度。

随着探索的深入，他们的思路进一步清晰。

顺义水务工作的定位是“民生水务、科技水务、生态水务”。水资源作为社会的公共资源、公共资源中的基础资源，水务工作是关系民生、关系社会发展、生态环境建设的大事，用科技手段节约水资源、合理开发利用水资源已经成为全社会的共识。

要做好三个水务工作，重点是通过建管并重的方式逐层推进，做好硬件建设的“硬功夫”，以及分类分级管理的“软功夫”。

首先以地下水涵养、生态环境改善为目标，突出抓好新城滨河森林公园建设工程、温榆河水资源利用二期工程、空港城龙道河生态治理工程三项重点工程。

其次继续推进城乡供水一体化，利用3～5年时间，在全市率先实现农村供水城市化、城乡供水一体化，不仅使顺义区农民喝上高质量的水，同时通过集中供水推进计量收费，促进农民节约用水。

此外，对全区现有产业发展用水实行导向性引导，重点发展低耗水、高产出的产业；对现有用水户实行分类分级管理；抓好农村坑塘集雨及工业用水的二次利用；加大全区污水处理厂的建设力度，推进马坡、牛栏山等6个镇的污水处理厂建设工作，编制全区污水处理规划，提高中水回用率。

总体来讲，顺义区水务工作将坚持用现代理念引领水务、用新城标准指导水务、用一流的院所规划水务、用一流的队伍服务建设水务的工作理念，实现供水安全、用水高效、河道清新、水景靓丽、人水和谐的目标。

在水资源保护和开发利用方面，顺义算好现代化发展的“水账”，既保证经济社会发展的需要，又保证水资源的合理开发利用和生态环境建设，区水务工作立足“安全”，立足“开源”，立足“节流”。

立足“安全”，完善供水设施。

供水安全保障是水资源开发的重点，近年来结合城市建设，区自来水公司建成9座供水厂，供水厂管网总长1046公里，年供水能力2014年供水4900万立方米；从2005年开始，实施农村安全饮水工程，改造了296个村的供水设施；推进集中供水管网进村扩户，北务镇、杨镇、李遂镇等41个村用上了市政自来水。

立足“开源”，增强供给能力。

加大全区污水处理厂建设和处理污水能力、中水回用能力，目前全区建成6座污水处理厂、130座污水处理站，日污水处理能力达到35万吨。2012年共处理污水4183万立方米，回用2150万立方米。“引温入潮”二期工程建成后，日处理能力提高到20万立方米。

立足“节流”，严格用水管理。

严格执行凿井和取水许可，用水大户水资源论证管理措施，组织节水器具安装使用等检查。为80家自备井用水户安装自动抄表系统，关停高耗水企业48家，年节水240万立方米。推广高效节水技术，建设滴灌、微喷等节水灌溉20万亩，年节水2000万立方米；免费为老旧小区更换节水型器具。

新一届班子带领水务职工所做的工作，都是在原来基础上的继续，因为原来很多的工作都可圈可点。

6.

时间回到2005年，全国农村水利现代化建设研讨会在顺义召开。

全国第四次农村水利现代化建设研讨会为什么在顺义召开？为什么与会代表参观了顺义区潮白河生态治河工程、温榆河水务所水务信息化管理等水利现代化建设工程？

其中的奥妙，其实就是一个“好”字。

每到周末，从北京城区通往郊区的各条主要道路上车流如潮，紧张工作了一周的人们，渴望在青山绿水间舒缓疲惫的身心，尽情享受自然之美。顺义，成了“城里人”理想的“世外桃源”。优美的水环境让游人流连忘返，也引来了众多的投资者，现代制造业、休闲旅游业、高档别墅区如雨后春笋般蓬勃发展。

近年，北京市按照统筹城乡水务发展的思路，在城市水源区京郊农村加强水资源的节约、保护和管理，大力推进郊区水利现代化建设，在京郊大地勾画着一幅人水和谐的美景蓝图，同时也为全市经济社会可持续发展提供了重要的水资源保障。

顺义区水务局节水办的工作人员，正在电脑上点开一套名为“取用水管理系统”的软件，北京首都国际机场、燕京啤酒厂、牛栏山酒厂等几十家企业、单位的用水量、水费等信息立现眼前。“这套系统连接着区内70眼自备机井。有了它，工作人员就可以随时监测自备井的用水情况，而查收水费也不必再挨家去跑了”，节水办的小王说。

按照北京市水务局的要求，顺义区水务局全部完成水表安装，并基本达到了每一眼井安装一块水表、编一个井号、建一张档案卡和一个定期统计上报取水量数据的“五个一”管理要求。在此基础上，普遍建立了月统月报制度，由基层水务段所逐村建立用水台账，对辖区内农业用水进行统一管理。

向观念要水、向机制要水、向科技要水！

这在顺义成为一种行动。他们引进国际先进节水理念，实施严格的水资源管理制度，推广先进节水技术，发展设施农业，调整农业种植结构，打造现代都市型节水农业。同时转变传统观念，将再生水作为重要资源用于农业灌溉。

而顺义的水务信息化也带动了水利现代化。

温榆河管理段，用电脑办公已经是家常便饭。

2003年北京实施基层水务改革，温榆河管理段应运而生。他们负责管理温榆河顺义段17公里的河道和天竺、后沙峪两镇的涉水事务。过去，站里用的是破旧的办公房，全站只有一台老电脑。而管理的区域内这些年发生了巨大变化，一些投资商陆续在这里建厂、建别墅，管理对象发生新变化，要求管理手段和方法必须发生变化。

管理段成立后，他们配备了现代化的办公设备，又请来老师讲授现代治水新理念、新技术，讲如何依法行政、文明执法。现在，河道维护工执法要佩戴胸卡，胸卡上都有编号，面对违法者也要用规范的语言。

从那时起，职工坐在办公室里就能了解辖区内的大量水务信息。这套温榆河管理段管理系统，使管理段职工可以随手调出辖区内的地下水、供水、节水、水环境等状况，系统与5部远程抄表井连接，还可实时监测5眼井的水位、用水量等信息。

职工告别了两腿跑路，抄表收费的历史。

渐渐，顺义全面推行了节水分类分级管理。

天竺空港工业区内的空客北京园区，华欧航空培训及支援中心在员工增加400人的基础上，用水量却减少了2.4万立方米，这不是美丽神话，而是确有其事。

华欧航空培训及支援中心，这类标语随处可见："saveonwater（节约用水）""eco-efficiency（生态效益）"。

这个单位占地4万平方米，现有员工500余人，年培训飞行员1000余人。由于培训飞行员的航空模拟训练机冷却用水量大，2000年该中心年用水4.6万立方米。

2009年，这里特别引进了用水量小的新一代环保模拟机，采用电动液压系统节约冷却用水；空调改用节能环保的地源热泵，两项年节水1.4万立方米。

此外，他们还建设了污水处理站，收集园区内生活污水、冷却水、雨洪水，处理后用于冲厕、草坪灌溉，年利用再生水1.5万吨，在增加员工400人的情况下，年用水却减少至2.2万立方米。

他们不仅每天4次巡查，及时发现并制止浪费用水和跑冒滴漏现象，而且把节水纳入企业发展目标。这样，节约用水成为每个员工的习惯，成为每个人的自觉行动。

2008年12月，他们的节水节能工作通过了ISO 14001环境认证，并在2009年通过了复审。

他们还在新建研发大楼，在设备选型时首先采用了节水技术。

院内采用可渗透雨水的硬化路面；大楼内安装生物降解厕所和无水小便池、红外线人体感应开关等；规划新建雨水收集池，回收、存储空调冷凝水和屋顶雨水。

因为推行了节水分类分级管理，顺义的企业不断创造美丽神话，而农村节水与勤俭持家的传统美德结合起来，他们甚至对洗澡用水“斤斤计较”。

以前，或者很久以前，农村人一般都是在家烧水洗澡，随着日子越过越好，家里都安装了太阳能，之后村里又兴起了浴池。

那时，一般家装的是老式太阳能热水器，洗回澡要用半吨水，碰上阴雨天还不能用。去私人开的浴室洗澡，一人一次 4 元钱，洗的时候觉得反正花了钱，水不用白不用，就无节制用水。

当然，以前顺义不缺水，也就没有节水的概念。渐渐，缺水逼近了顺义。

于是，顺义设计农村太阳能公共浴室时考虑到节水功能，对洗浴供水采用感应式装置，只要插上磁卡，用手一触摸，就有温度适中的热水流出。

科技节水设施的使用，正在逐渐改变村民的用水习惯。

除了节水，顺义实施集中供水、计量收费，也是落实水资源“三条红线”的具体措施，更是顺义水务工作的亮点。

刘海丰是顺义的老水利，是《中国水利报》的老通讯员。

他几十年工作在水利一线，从普通一兵“熬”成宣教科科长，见证了顺义水务的发展。

2010 年，他经过充分调研，写出“顺义区北务镇集中供水调查”一文，在“京郊日报”刊发后，不仅引起北京市范围内水务系统的关注，也得到北京市业外人士“点赞”。

无疑，这是顺义水务工作的亮点，也是北京乃至全国水利工作的闪光之处。

刘海丰在文章中称顺义区北务镇是“集中供水第一镇”。这“第一”到底是什么情况呢？

北务镇以种植为主，“北务西瓜”闻名京城。20世纪七八十年代，北务镇各村就有自来水，那时村委会打井、配电、买泵，向各户供水。由于自来水管网设计不合理，运行了30多年，经常因主管道崩裂而停水。就是正常运行，各村为节省水泵运行的电费开支，每天只在中午、晚上供水。夏天用水高峰，住在低处的农户有水，住在高处的人家经常发生断水现象。

断了水的人家，往往望着干枯的水龙头，大眼瞪小眼。

由于间断供水，家家有水缸，用水缸存水。

因用水不收费也没有限制，有的村民常年水龙头不关，用自来水浇菜园、浇树，甚至任其“自流”，流进排水沟，水资源浪费严重。

2005年实施的农村安全饮水工程，虽然为北务镇域内各村重新设计并铺设了自来水管网，提高了供水能力；预留了与集中供水厂的接口，各村设总表，各户安装了IC卡水表，一户一表，分户计量。

但是，供水时间仍然受到限制，水质不稳定。

于是，顺义区选定试点，从水资源较为丰富的北小营东府水源地调水，建设了北务水厂，实现集中供水。北务水厂由区自来水公司建设，按照市政饮用水水质标准和模式运营，24小时不间断。

2008年6月运行后，彻底改变了农村饮用水现状。

集中供水，关键在管理。

顺义区按照月人均3吨水的标准，三年内区财政补贴50%。

北务镇村民用水，三年内对饮用水进行补贴，梯级浮动水价：

每户月人均用水量不足3吨，区财政补贴50%，每吨水水价为1元，三年用水补贴一次性注入IC卡。

月人均超过3吨不超过5吨的，取消补贴，每吨水水价为1.7元。

5吨以上，按每吨2.8元计收。北务镇政府研究出台农民饮用水系统管理办法，对享受补贴的人员范围，购水办法，敬老院用水，中小学、幼儿园、卫生院用水，工商业、餐饮服务以及洗浴、洗车业用水收费标准进行了规范。

而村内总水表前管线和设施维护，也由北务水厂负责。

他们按村总水表计量、收费。各村成立了供水设施维修维护队，农村管水员负责供水设施安全检查，发现IC卡表前接水、恶意损坏用水设备的住户，上报村委会，村委会按照《北京市城市公共供水管理办法》，用经济手段进行处罚。

集中供水带来的是农民用水质量的提升、农民负担的减轻和农民用水意识的提高。

实现集中供水后，由于用水花钱了，原来农户用自来水浇菜园大水漫灌的现象消失了，全镇月人均用水量只有2.5吨，比原来节省了40%，而且村里也节约了供水的开支。

陈辛庄是一个典型的例子：

全村227户、630口人，集中供水前，每年水井维修和电费开支4万多元，还不算机井折旧。集中供水后，月人均3吨内，每年才开支2万元，村委会不再为水井上不上水而操心，也省了钱。

窥一斑而知全豹，从北务镇集中供水，能够看到顺义城乡水务一体化的进程。

顺义区曾对全区农村饮水设施进行了一次全面升级改造。

2005年以来，解决了25个村饮用氟高、氨氮高、盐高和砷高的“四高水”问题，顺义区农村安全饮水工程全面铺开。

期间，全区共更新了饮水井62眼，更新水泵等设备215套，建高标准井房267处，安装水质净化设备46套，消毒设备187套，改造农村供水管网5383.4公里，集中供水管网92.5公里。在农村安全饮水设施改造过程中，各村预留了与集中供水管网对接的接口，建设集中供水厂9座，56个村具备了集中供水条件。

2009年后，顺义区结合新农村基础设施建设，投资3.9亿元，改造75个村供水设施。以北务镇为主，在33个村进行了集中供水试点。集中供水比自建机井供水节水25%，节省建井和配电费用达15万元，年运行费用开支5万元。从杨镇、李遂、赵全营、高丽营四个重点镇和集中供水厂周边村开始，推广北务镇成功经验，逐步推进全区集中供水厂管网进村入户。目前，全区共有166个村用上了高标准市政自来水。

北郎中村是北京市顺义区第一个循环水务村。

北郎中村是潮白河冲积平原中部的一个村庄，他们“留住每一滴水，用好每一滴水”，解决用水紧张制约经济发展的问题。北郎中村在原有自然坑塘的基础上，一方面“开源”，另一方面“节流”。他们沿着流经村内的方氏渠，改建了存储雨水的蓄水池，提高了蓄水能力；修建了雨洪利用工程、景观绿化工程和企业节水工程，节约用水。

2010年夏天，下了几场雨，村里的几个连环蓄水池，个个吃饱喝足了，映出一泓碧绿。池中荷花浮出水面，偶有小鱼儿回游穿梭。

村里的花卉中心建起智能温室外，每隔3米就有一个白色的塑料桶。

这是北郎中村的雨水收集工具，叫做“集雨尊”，用于收集棚顶雨水进行利用。雨水首先经雨漏管进入“去除器”，过滤后的雨水顺塑料管流进“集雨尊”。

2010年较多的雨水，不仅满足了温室区的绿地用水，而且通过地下管道将雨水引入温室，还用于灌溉竹芋，减少了地下水的开采。

北郎中村的妙招就在于此。

他们除了加大节水型生活用水器具和农业节水设施的推广外，从村民生活用水到企业用水，从养殖场用水到全村绿化及鱼塘补水，都已全部实行用表计量。在北郎中村农民用水协会的办公室内，电脑上同样安装了水资源实时监控系统，工作人员只用点击鼠标便可登录，不但可以查询到企业的实时水位、剩余水量等，还可以查询到遥测站阶梯水价和用水量的历史数据。

这套“电子眼”，通过实时监控远传水表监测企业用水量，每年村里企业用水总量可节约30%左右……

从“水利”到“水务”一字之差，使顺义之水发生了新变化，而从“防汛”到“迎汛”，又丰富了顺义之水的内涵。

7.

防汛，水务工作者的神圣使命之一。

多少年来，洪水就是猛兽，疯狂地向人类扑来，吞噬人们的生命，而人们在猛兽面前，大多是“兵来将挡水来土掩”，修水库筑堤坝，围追堵截，然而却越发助长了猛兽的坏脾气，它变本加厉危害人类。

古代，大禹的老爸鲧，治水时就采用土掩法，堤坝越筑越高，结果最终堵不住越来越多的洪水，结果是溃坝冲的一塌糊涂；大禹继承老爸的治水事业，以老爸的教训为戒，实施疏导的办法，将洪水安全送入大海。

进入新世纪，水利人变“防汛”为“迎汛”，治水思路发生了变化，而且充分利用洪水资源，变害为利。

“迎汛”的内容主要包括：未雨绸缪，科学预测，科学安排，及早部署，做到有备无患；充分利用雨洪资源，拦住水，蓄住水，用好水。

这是人类改造自然，利用自然迈出的又一大步！

每年，顺义都要开展汛前应急演练。

2013 年 7 月 17 日，顺义区暴雨灾害综合应急演练在顺义宾馆会议中心开展。

此次演练模拟一次夏季极端天气导致严重内涝，供电、交通、城市运行受到影响的暴雨及其次生灾害处理。顺义区应急办、水务局等 28 家单位参加。各相关部门和属地负责同志进行了现场观摩。

演练开始后，导调组通过视频引入初始灾情预报、预警信息，区防汛抗旱指挥部立即启动预警响应，召开防汛抗旱应急指挥部会商会议。主管副区长听取相关部门关于防汛工作的情况汇报，并部署下一阶段的防汛任务。

随后，预警升级，持续强降雨导致一系列突发事件，城市运行遭受严重威胁和影响。区应急委启动全区应急响应，设立相关工作组，分工负责突发事件协调和具体处置工作。

导调组根据灾情发展分别向综合协调组、防汛工作组、交通安全组等 9 个工作组发出突发事件信息条，市政、水务、消防、电力等单位应急队伍携物资迅速赶赴指定地点开展工作。

顺义区应急办利用移动指挥车、飞行器等技术手段回传现场图像。灾情发展到中后期，总指挥部听取了各工作组处置情况汇报。

通过各部门的团结协作，暴雨及其次生灾害得到有效控制，转入恢复重建阶段。新闻宣传组牵头组织召开新闻发布会，现场记者就灾情善后相关工作进行了模拟提问。

此次演练检验了各部门独立处理突发事件的能力，检验了区总体预案与相关专项预案的可操作性，磨合了各单位组织协调、指挥调度、应急处置等工作，锻炼了应急队伍物资准备和应急技术保障能力。

2012年7月21日，北京遭遇罕见特大暴雨，暴雨威胁城市正常运行和市民生命财产安全，考验着防汛工作。顺义区水务局转变迎汛理念，普及防汛避险知识，提升城市排水效能，变灾害为资源，注重地区生态环境和水利基础设施，才能从根本上提高抵御暴雨灾害的能力。

顺义水务人认为，降雨是大自然恩赐给的水资源，它不仅可以改善百姓生活、居住的生态环境，还能够减少农作物灌溉、节约开支，同时，也增加了地下水资源。面对日益严峻的水资源形势，要转变迎汛理念，变“防”汛为“迎”汛。要把降雨当成好事、大事、喜事，化灾为利，争取最有效、最科学利用好雨洪资源。

转变防汛理念，最终落到行动上，就是迎汛多蓄水，包括河道建闸，坑塘蓄水，城市雨污分流等。防汛是被动的，而迎汛是主动的，如汛前检查，镇级防汛物资的增加，无脚本演练等。

顺义水务人认识到，防汛重于抢险。

20世纪90年代，顺义区疏挖整治河道、排水沟渠，在应对这次大暴雨过程中发挥了积极作用。但从积水点的分布、进水地点和民宅情况来看，全区水网经络不通，有的企业占有排水设施，明渠改暗沟；有的年久失修被堵死，有的排水设施建设未与公共设施连接而成为断头路，是当前亟待解决的问题。

从此要科学规划，统筹治理河道、沟渠，打通水网之间的联系，建设循环水系，缓解排水压力。统筹城乡，提高标准，加大排水设施建设力度，加快分散公共排水压力的滞蓄洪区建设，在解决短时排水压力的情况下，增加可用水资源量，服务经济社会发展。

顺义水务人采取措施，让企业肩负建设蓄水设施的社会责任。

企业生产需要水，创造效益推动了区域经济发展，节水和使用雨洪水是企业应尽的责任。由于企业建设房屋，硬化道路，增加了径流量，加大了对公共排水管网的压力。企业要履行防汛职责，建设蓄水设施，减少雨水外排总量，力争多蓄水，利用拦蓄的雨洪水，是企业节约用水的重要途径，达到回报社会，降低生产运行成本的目的。

顺义水务局还广泛宣传、普及迎汛避险知识，让市民作为灾害的直接面对者，运用避险、自救知识，保护自身生命财产安全。

他们制定年度《迎汛工作意见》。

8.

每年的《意见》，都是以“顺义区人民政府防汛抗旱指挥部”的名义发布的，发到各镇政府，街道办事处，经济功能区管委会，各委、办、局，驻顺义部队，各企事业单位、各防汛分指挥部。

迎汛工作指导思想：

以科学发展观为指导，秉承奥运会和花博会保障经验，坚持提前主动的安全迎汛理念，以人为本，强化措施，充分发挥全社会安全迎汛综合保障能力，确保人民群众生命安全，确保城市运行安全，为全区经济可持续发展提供安全迎汛保障。

迎汛工作目标包括：

迎汛工作要做到两个确保，即以人为本，确保人民群众生命安全；强化措施，确保城市运行安全。

实现“五不标准”，即不死人、不垮坝、不倒闸、不塌房、不断路。

在非极端天气情况下，要做到人员安全避险、重点区域排水通畅、重点道路和交通干线积水及时排除、水利工程运行安全、地下公共建筑及人防工事不倒灌等。

在建工程度汛安全，无事故。

在极端天气情况下，要做到全力抢险，将损失和影响减少到最低程度。内容包括排查隐患，构建防汛抢险应急体系，完善防汛抢险工作预案，全力做好全区排水保障工作，做好抢险物资储备等。

可以说，这种《意见》的制定，凝聚了众多水利工作者的心血和智慧，可是这毕竟是“纸上谈兵”，真正大汛来临，能否经得起时间的检验？能否达到预期的目标？

“7·21”特大暴雨，回答了这些问题。

2012年7月21日，北京首都国际机场上空乌云密布，顿时大雨倾盆，机场面临被淹的危险。

机场方面紧急消息，“中国第一国门”面临被淹的危险。

顺义区防汛指挥部采取有效措施排水，使北京机场的航班正常起降。

其实，这也得益于“有备无患”。

从1956年开始，顺义就修建了一系列的机场排水设施，成为机场安澜的“硬件”，而战胜“7·21”特大洪水，得益于顺义防汛抗旱指挥部按照“迎汛”的要求，做好了首都机场周边顺义区排水应急预案，以确保首都机场周边地区防汛安全，提高对暴雨洪水、防汛突发公共事件应急快速反应和处置能力，减轻灾害损失，全力保证首都机场周边排水畅通，维护人民生命财产安全。

按照安全第一、全力抢险、减少损失的方针，坚持以人为本、预防为主、政府主导、属地管理、专业处置与社会动员相结合的原则，坚持团结协作和局部利益服从全局利益的原则，实行行政首长负责制、统一指挥、分级分部门负责的原则，预案明确了应急指挥体系与职责。

首先成立了首都机场外围排水保障指挥部。首都机场外围排水保障指挥部由指挥、副指挥和成员单位组成，下设办公室。根据情况，成立技术组、后勤保障组、抢险组、宣传组。

首都机场外围排水保障指挥部的主要防汛职责包括：

研究制定首都机场周边地区应对防汛突发公共事件的政策措施和指导意见。

负责指挥首都机场周边地区特别重大、重大防汛突发公共事件的具体应对工作，指导、检查首都机场周边地区开展一般防汛突发公共事件的应对工作。

分析总结首都机场周边地区防汛突发公共事件的应对工作，制定工作规划和年度工作计划。

负责指挥部所属抢险救援队伍的建设和管理等。

……

当然，仅仅有这些预案也是不够的。

9.

迎汛，是水务人的天职。

每当大汛来临，人们纷纷回家避险的时候，水务人却离开家门，到水利工程一线去坚守。

在顺义防汛抗旱指挥部办公室，值班人员少不了水务人。

《中华人民共和国防洪法》规定，一般地区在6月1日正式上汛，9月底结束。

期间，值班人员要做到：

严格遵守汛期值班人员守则，按要求值班。

熟练掌握各类防汛设备的使用方法。

遇各类预警，值班人员要按照要求及时通知带班领导及相关人员。这时，机关全体工作人员按照不同预警级别自行到岗。

其中，蓝色汛情预警（Ⅳ级）属于一般级别的预警。蓝色预警时值班人员全员坚守岗位，密切监视雨情、汛情的发展。

黄色汛情预警（Ⅲ级）属于较重级别的预警。黄色预警时局领导班子成员及其司机，以及各科室负责人到岗。

橙色汛情预警（Ⅱ级）属于严重级别的预警。橙色预警时局领导班子成员、各科室负责人及全体司机，各业务科室人员到岗。

红色汛情预警属于Ⅰ级。红色预警时局机关全体人员到岗。

应对“7·21”强降雨即明显的例子。

2012年“7·21”，预报未来3小时雨量将达暴雨以上，且降雨可能持续；城区主要道路部分地段和低洼地区积水深度可能达30～40厘米以上，部分立交桥下积水深度可能达100厘米以上；潮白河、温榆河等主要河系将发生50年一遇以上洪水，且水位可能继续上涨。

这就属于红色级别的预警。

顺义区水务局做出规定，各值班人员要严格遵守汛期值班人员守则，按要求值班；各所段参照本方案制定本单位工作方案；如遇预警，值班同志要按照要求及时通知带班领导，防办通过短信平台通知机关全体工作人员，接到短信后立即到岗。

顺义区水务局11楼办公室，一切井然有序。

全部人员签到，之后各就各位。

之后，顺义水务局班子成员，按各自分指职责做好区域内巡视；各科科长按各自包镇、街道办事处进行巡视。张春生副局长在防办值守，负责协调、调度所有车辆及人员，处理应急情况。刘学存科长负责城区巡视，韩卓明站长负责方氏渠、沙峪沟、苏峪沟防汛分指挥部辖区的巡视，刘青林主任负责在建工程工地的防汛安全工作。

其中，现场巡视组一共分了13个小组。

刘海丰组长带领宣传组现场采访，联系媒体。

王自东组长带领值班组解答处理问题，接听电话、答复及雨量数据收集。

另外还有安焕松组长带领工作组、刘玉苹组长带领值办公室班组、宋秀文组长带领后勤保障组、杨学军组长带领信息保障组按照各自的分工，做好迎汛的准备。但是，在这些“软”措施的背后，还有“硬”招支撑着。

顺义近年的紧急度汛工程，年年增多；用于迎汛的投资，年年增加。一方面彰显了顺义的经济实力日渐增强，另一方面说明“迎汛”的意识也在逐渐提高。

他们“软硬兼施”，只待汛来。

10.

春雨多，秋雨勤。

2012年“7·21”之后的7月31日凌晨，顺义城区又迎来了新的一场降雨。

雨情就是命令，见雨立即反应，是责任，更是使命。

按照顺义区防汛指挥部的要求，区城市排水设施维修中心开始行动。

数十名员工，分成几个处置小组，有条不紊地开始了新一天的工作。

7月31日的凌晨，雨丝刚开始飘落，排水中心的干部员工见雨如令。

顺义区城市排水设施维修中心的工作人员，再次检查抢险车上的路障、路牌、水泵等排水相关设备是否装备齐全，检查人员是否全部到位。之后，他们奔赴城区主要道路、易积水点（段）、下凹式立交桥进行巡视。

“我们的车辆、设备、人员已经全部到位，正在清理个别雨水箅子上的杂物。”排水中心主任张连海向区防汛抗旱指挥部报告。

他们在作大雨到来前的各种准备，专业术语叫“候雨”。

“这场降雨市里没有预警，区水务局在30日下午下班前10分钟发布了雨情警示。雨情就是命令，我们紧急通知全员待命。”张连海说。

“7·21”强降雨后，张连海只有一个晚上回家休息，其余这8天全部住在单位，全力以赴迎汛待命。

区城市排水设施维修中心管辖范围覆盖整个顺义城区，北至白马路、东至右堤路、南至龙塘路、西至京密路，以及石园东区、石园西区、五里仓小区、建新南区、建新北区、义宾南区、义宾北区、胜利小区、幸福西区无物业管理居民小区的排水设施。

按照迎汛的解释，有备才能无患，有备才能从容。

“7·21”强降雨的影子，还笼罩在人们的记忆中。

7月20日下午，区城市排水设施维修中心收到区政府防汛抗旱指挥部办公室转发的《关于做好应对强降雨天气的通知》，通知成员单位7月21日待命备勤。

7月21日8时，排水中心全员集合完毕，5个处置小组分头把路障、路牌、水泵装车备险。

13时30分，城区开始降雨，防汛人员从该中心出发进行巡视，提前将雨水箅子及井盖打开助排。

随着雨量加大，城区立交桥下和部分路段出现积水，防汛人员立即在积水地段设立警示牌并留专门人员值守，疏导车辆禁止通行，确保行人及车辆安全。

至22日3时，城区多处出现积水。

西门铁桥下积水110厘米左右。

金汉绿港餐饮街积水100厘米左右。

府前西街铁路桥下积水110厘米左右。

西二环积水60厘米左右。

光明北街积水90厘米左右。

燕京桥南侧积水40厘米左右。

烟草公司、义宾北区将军楼、站前街橡胶二厂处、卧龙环岛、仓上小区西门、电影院门口也出现了积水……

个别地点的积水达到迎汛人员的腰部。

迎汛人员打开的雨水箅子及井盖，眼见雨水打着旋儿地流入排水井。

大雨夹着狂风，狂风卷起迎汛人员的雨衣。

雨衣已经起不到遮雨的作用，人们干脆就在雨中淋着。

雨鞋里灌满了水，一走路就浮囊浮囊的；迎汛人员的双腿像绑了沙袋，沉沉的，挪动一步都要使出全身的力气。

这里，既有工作了几十年老员工，也有刚上班没多久的新员工。他们在那个雨夜，都忍耐着、坚守着，直到雨水退去，雨水箅子及井盖都恢复原位。

这样，他们在雨中足足泡了10多个小时。

7月22日，雨过天晴。

排除雨后隐患成为当务之急。

这是“连轴转”的一天。

他们首先启用强排泵，对怡馨家园等处积水严重的区域进行强排。

同时，巡视班在城区巡视雨水箅子及井盖，发现有被雨水顶托的立即动手回位，发现有管道破损、坍陷的，在周边做好警戒，进行了临时应急处置，建立围挡、检查管道避免二次事故发生，并制定具体修复方案。

预防再次降雨造成防汛险情，成为他们的重要工作内容之一。

他们用最短时间对所管辖的排水管网再进行一次隐患检查，清理被雨水冲刷的枝叶和杂物堵塞的雨水箅子，对易积水路段和居民小区的主干道进行必要的冲洗，疏通可能因暴雨冲刷淤积在管道内的淤泥和杂物，畅通排水出路。

雨后，所有的人都倒吸了一口气。

多亏了一系列的迎汛措施，确保了顺义城区的汛期安全。

迎汛，依然是“宁可信其有，不可信其无”，这不是老生常谈，因为有备才能无患。但是，迎汛还有一个重要内容，不仅仅消除水害，还要变害为利。这一点，顺义也做到了，或者说正在做，需要年年做下去。

11.

洪水即是猛兽，也是大旱的甘霖。

雨洪利用是变水害为水利的有效方法之一。

近年，顺义的雨洪利用，走过坚实的路子。

2008年，他们投资1000多万元，实施了17处农村雨洪利用工程，即南彩镇前俸伯村坑塘、李桥镇后桥村坑塘、北务镇北务村坑塘、大孙各庄镇大孙各庄村坑塘、龙湾屯镇张中坞村坑塘、唐洞村月明涧沟、高丽营镇后渠河村坑塘、夏县营村坑塘等。

2009年，实施了11处农村雨洪利用工程，即赵全营镇白庙村、前后桑园村、东绛州营村坑塘、北石槽镇武各庄村坑塘、李桥镇北河村坑塘、高丽营镇南郎中村坑塘等。

2010年，实施了17处坑塘雨洪利用工程，即南彩镇河北村南荷花池、潘家坑；龙湾屯镇龙湾屯村、龙湾屯镇坑塘；高丽营镇张喜庄村坑塘；李桥镇官庄村坑塘；北务镇郭家务村西大寺坑等。

2011年，又实施了11处雨洪利用工程，即木林镇业兴庄村、东沿头村坑塘、北务镇郭家务村、北石槽镇营尔村、杨镇良庄村、大孙各庄镇大石各庄村、龙湾屯镇丁甲庄村等。

2012年，投资近2000万元，实施了14处农村雨洪利用工程，即木林镇王泮庄村、北务镇郭家务村、龙湾屯镇焦庄户村、杨镇田家营村、别庄村、大孙各庄镇薛庄村等。

“向观念要水、向机制要水、向科技要水。扩大总量提高质量，围绕水量抓好节约和集雨、围绕水质抓好治污和循环”，成为这一阶段雨洪利用的指导思想。

这一阶段，农村通过雨洪利用，原来坑塘淤积严重，杂草丛生，边坡凌乱不堪，生活垃圾侵占坑塘的现象不见了，随之出现村容村貌面貌一新。拦截和蓄积的雨洪，回补了地下水，解决了水资源短缺的问题。

北京国际鲜花港建设项目可见一斑。

他们参照我国多年的经验积累和研究成果，从设计之初就体现集约、节约原则，雨水收集工程即是其中一项。他们采取收集智能温室屋面雨水，汇水总面积17万平方米，由地下管沟相连汇集排入人工湖；收集景观展示区雨水，汇水总面积50万平方米。

一个4万多平方米的幻花湖，湖内采用新工艺新材料做了防渗处理，按多年平均595毫米的降雨量计算，每年可收集雨水10万～12万立方米。

集水收集工程节省了用水开支，比使用自来水每立方米雨水能节省3元多钱；满足了绿化用水，园内鲜花盛开，绿树环抱，濒水景观引人注目，成为首都市民休闲、度假的好去处。

东方太阳城社区则采用了“以水养林，以林护水”的生态模式，达到节约用水、水资源循环利用目的。

顺义的“三级水网”联合调度蓄雨洪的办法，铸就雨洪利用的新篇章。

三级水网包括：

> 一级水网为潮白河、温榆河、金鸡河等骨干河道，其上修建橡胶坝等大型拦蓄工程，利用河床和滩地，拦蓄雨洪。
>
> 二级水网为潮白河、温榆河、金鸡河的15条支流，是区管主要河道。这些河道上修建闸坝，一方面可以收集流域范围内的降水，拦蓄雨洪水；另一方面能够沟通一级水网和三级水网，实现雨洪水联合调度。
>
> 三级水网为镇村疏挖后建成的排水沟、坑塘、水库等集雨蓄水工程。其主要作用是拦蓄周边雨洪水，利用雨洪水灌溉农田，回灌地下水。同时在雨量充沛时，通过水网联合调度水资源。

建设三级水网，就是要留住宝贵的水资源，将天上降水、地下水、地表水统筹考虑。

顺义区在三级水网上累计修建拦河闸、橡胶坝、中小型水库、坑塘等集雨蓄水工程179处，蓄水能力达到6733万立方米，年可回补地下水1.4亿立方米。

通过集雨工程，真正做到了“蓄住天上水、回补地下水、涵养生态水”，有效地遏制了周边地区地下水位下降趋势，提高了水资源对经济社会发展的保障能力。

此外，收集的雨水能够直接运用于农业生产、城市绿化、环境卫生等多方面，减少了地下水的开采。特别是在农村地区，可直接利用三级水网上坑塘所蓄的雨洪水灌溉农田，扬程短，减少了水泵的能耗和电费开支。

然而，如何建设三级水网，也是顺义积极探索的问题。

顺义区的“三级水网”是建立在牢固的工程基础之上的。顺义区先后在潮白河上修建了河南村、柳各庄等坝长在300米以上的大型橡胶坝5座，加上坐落在奥运水上运动场馆西侧的向阳闸，共有6座坝、闸，蓄水长度达到36公里。

这些坝上蓄水面积达到1970公顷，年蓄水能力达到4459万立方米，可回补地下水资源1.25亿立方米。在二级水网上，修建了15座小型橡胶坝，蓄水能力达到210万立方米，年可回补地下水484万立方米。

顺义区出台了激励政策，鼓励镇村两级修建集雨蓄水工程。区财政按照每立方米蓄水能力补助一元的标准进行补贴，使各镇村涌现出了一批修建集雨蓄水工程的典型。

顺义区龙湾屯镇双源湖集雨蓄水工程，是镇村先后投资106万元，利用金鸡河上游干河床修建而成。这项工程占地256亩，蓄水能力可达25万立方米。据统计，顺义区共修建镇村集雨蓄水工程128处，其中水面在100亩以上的29处，蓄水能力达到425万立方米。

顺义区还注重建设湿地收集雨水。据统计，汉石桥湿地按照水资源开发利用保护总体规划，建成了核心区面积3000亩、保护区面积1900公顷的荒野型芦苇荡。湿地平原造林2760亩，其中核心区163.5公顷。

这种成功的模式，概括为“工程措施拦蓄，激励机制助推”。

而在农村，经过连续几年的整治，顺义区不仅留住了宝贵的“天上水”，而且村镇及周边地区的环境也得到了改善，为新农村建设提供了水环境保障。

昔日的“臭水沟”变成了今日的“净水塘”，成为村民休闲的场所，受到群众的欢迎。

高丽营镇夏县营村，对村旁过去村民倾倒垃圾的“臭坑塘”进行了整修，形成了蓄水面积64亩、蓄水能力5万立方米的“净水塘”。

村民们在池塘里种上了荷花，对周边进行了绿化，如今这里成了村民休闲垂钓的场所。修建集雨蓄水工程，改善了生态与环境，同时也带来了农民生活方式的改变，原来向坑塘乱扔垃圾的现象减少了，农民的环保意识增强了。

河道的整治，提升了区域的整体形象，带动了经济发展。

整治后的潮白河，改善了奥运水上公园和顺义新城的整体环境，为建设滨水、生态、绿色宜居城市和成功举办奥运水上项目奠定了良好基础。同时，环境的改善还带动了周边休闲旅游产业的发展，推动了区域经济发展。

尽管顺义人一代接一代治水的精神没有变，尽管他们的治水毅力没有变，尽管他们的治水追求没有变，但是其观念在变，方式方法在变，人员也在变。

变，才能进步；变，才能发展。但是，不管怎么变，那“三条红线”不可逾越。

天不下雨，外来无水，境内地下水超采严重，地下水水位逐年下降，给顺义带来一种前所未有的困境。

水危机成为顺义一时最大的危机！

每个水务人的心情都很凝重。水多、水少、水脏、水差，都是水务人的职责。他们担当此任，义不容辞，解决好顺义人的水问题。节水、调水、涵养水，一系列的措施抓紧实施。

在这里，他们绷紧了“三条红线”。

“三条红线”是中央解决水资源危机的措施之一，指的是水资源开发利用控制红线、用水效率控制红线、水功能区限制纳污红线。

“红线”不可逾越；“红线”，贵在一项项落到实处，“绷”出实效。

顺义做到了！

第九章　绷紧“红线”

1.

再来顺义，顺义的水资源问题，我顿时充满困惑。

不看不知道，一看吓一跳。

顺义水资源危机为时已久，日益严重。

我们看到的是潮白河断流，土地干枯龟裂，人们饮水困难……

世上很多事情显得奇怪，顺义为什么没有地表水可用呢？

2003年的《北京市顺义区水资源调查评价》做了很好的回答：

> 2000年以前约20年间，顺义区实际拥有的地表水资源量多年平均仅为1.714亿立方米。2000年之后，除了排污河流，顺义区境内主要河流均已断流，现状条件下的地表径流远远小于天然条件下的来水量，这使顺义区河流自净能力差，水体污染严重，再加上其时空分布的不均匀性，已很难作为有效水源加以利用。所以，这期间顺义区现状地表水可供水量为零。

河枯了，水污了，是多么沉重的事情。

那么，顺义用什么来“解渴”呢？

没有地表水，就大量开采地下水。

2003年的《北京市顺义区水资源调查评价》，提供了一组详实的数字：

> 顺义区1956—2000年的45年，多年平均地下水可开采量3.209亿立方米；1980—2000年的21年，多年平均地下水可开采量为3.026亿立方米。1980年后，北京偏枯年较多，尤其是1999年以来连续干旱，更是大量开采地下水。

我从水利专家那里得知，地下水很难再生，采一些就少一些，顺义从引泉水，到挖浅水井，再到挖深水井，就是典型的例子。人越来越多，水越来越少；楼越盖越高，井越打越深，不知哪一天哪一日，我们的子孙后代，可能没有地下水可采了！

饮鸩可以止渴，没有水喉咙冒烟！

于是，顺义又采取了区外调水的措施，从温榆河向潮白河调用再生水，作为河道景观用水。

2007年，引温济潮一期调水工程成功运行，年引水量3500万立方米；2011年实施二期工程，引温济潮年调水量达到7300万立方米。

2014年，顺义在地下水超采1.27亿立方米的情况下，其他用水可以满足，河湖环境用水缺口为0.95亿立方米。

“那怎么办呢?”我问。

“不得不利用再生水。”老程回答。

“十二五”，顺义全区新建多座再生水厂，顺义区再生水年产出量达到1.07亿立方米。

“不得不利用雨洪资源。”他又说。

2015年，顺义全区雨洪年利用量约100万立方米。

2015年，南水北调的水进京，顺义区减少向市区输送地下水0.5亿立方米。在地下水超采0.74亿立方米，在全社会节约用水，并大力推广使用再生水等措施下，顺义区农业、工业、生活和区外需水可以满足，但是河湖环境用水缺口较大，达0.94亿立方米。

“顺义之水，能否适应未来发展定位及城市发展总体布局?”我问。

老程递给我一份资料，让我自己看。

《北京市城市总体规划（2004—2020年）》对顺义新城的功能定位：

> 东部发展带的重要节点，北京重点发展的新城之一。引导发展现代制造业，以及空港物流、会展、国际交往、体育休闲等功能。

《中共北京市委、北京市人民政府关于区县功能定位及评价指标的指导性意见》对包括顺义在内的城市发展新区的规划：

> 北京发展制造业和现代农业的主要载体，也是北京疏散城市中心区产业和人口的重要区域，是未来北京经济重心所在。主要任务是增强生产制造、物流配送和人口承载功能，成为城市新的增长极。

我从《顺义新城规划（2005年—2020年）》中，看到顺义明确了新城的发展目标。未来发展定位及城市发展总体布局，呼唤顺义之水成为经济社会发展和生态改善的硬支撑。

“顺义缺水，又如何成为硬支撑?”我疑惑。

老程简要介绍了顺义确定的几项原则：

> 尽量减少地下水开采，涵养地下水源；
>
> 地下水优先保证居民生活、区外供水和对水质要求较高的工业用水；
>
> 再生水可用于绿化、市政杂用、工业冷却水以及河湖生态用水。

我认真听了这几条原则，不就是国家实施水资源管理三条红线制度的具体体现吗?

2.

三条红线即：

> 确立水资源开发利用控制红线；
>
> 确立用水效率控制红线；
>
> 确立水功能区限制纳污红线。

水利部门是这样权威解释的：

> 淡水资源短缺是我国的一大基本国情，水利设施薄弱是我国经济社会发展的一项突出制约。我国淡水资源仅占世界总量的6%，比耕地占比还要低3个百分点，人均水资源量仅为世界平均水平的28%，比人均耕地占比还要低12个百分点。
>
> 目前，我国年平均缺水400亿立方米，2/3的城市不同程度缺水，地下水超采面积达19万平方公里，水功能区水质指标达标率仅为42%。

新中国成立以来特别是改革开放以来，我国水资源节约和保护工作不断加强，以水功能区管理为核心的水资源保护制度体系初步形成。但总体上看，目前我国水资源管理仍较为粗放。

这种粗放主要表现为“一低、一高、两重”：

农业灌溉用水效率较低，仍比先进国家低0.2～0.3；万元工业增加值用水量较高，仍明显高于发达国家；河湖水污染和地下水超采仍较严重，一些地区“有河皆污，有水皆脏”，一半以上的城市地下水遭到污染。

随着工业化、城镇化深入发展和全球气候变化影响，我国水资源、水生态、水环境面临更加严峻的形势。为此，2011年中央一号文件明确提出，实行最严格的水资源管理制度，通过建立“三项制度”，确立“三条红线”，着力改变当前水资源过度开发、用水浪费、水污染严重等突出问题，使水资源要素在我国经济布局、产业发展、结构调整中成为重要的约束性、控制性、先导性指标。

我感觉，这好像就是对顺义讲的，因为顺义实施“三条红线”管理势在必行。

的确，确立水资源开发利用控制红线，就是要严格实行用水总量控制。2011年中央一号文件提出，到2020年，全国年总用水量控制在6700亿立方米以内。守住这条红线，关键要推进水资源管理从供水管理向需水管理转变，通过一些严格措施，实现采补平衡。

顺义怎样才能实现采补平衡呢？

什么时候才能实现采补平衡呢？

说来有点苛刻，我总用中央一号文件来衡量顺义。

确立用水效率控制红线，就是要坚决遏制用水浪费。2011年中央一号文件提出，到2020年，万元国内生产总值和万元工业增加值用水量明显降低，农田灌溉水有效利用系数提高到0.8以上。

为守住这条红线，一号文件提出要尽快制定区域、行业和用水产品的用水效率指标体系，把节水工作贯穿于经济社会发展和群众生产生活全过程。文件要求强化节水监督管理，严格控制高耗水项目建设，落实建设项目节水设施与主体工程同时设计、同时施工、同时投产制度。

为提高用水效率，文件要求抓紧制定节水强制性标准，尽快淘汰不符合节水标准的用水工艺、设备和产品，加快推进节水技术改造，普及农业高效节水技术，全面加强企业节水管理。

这一点，应该说顺义先行先试，被逼出了经验，在全国也是可圈可点的。

而在确立水功能区限制纳污红线，严控排污总量方面。2011 年中央一号文件提出，到 2020 年，主要江河湖泊水功能区水质明显改善，城镇供水水源地水质全面达标。

具体目标要求：

> 从严核定水域纳污容量，严格控制入河湖排污总量；
>
> 建立水功能区水质达标评价体系，强化水功能区达标监督管理，特别要加强水源地保护和监测，切实保障饮用水安全；
>
> 各级政府要把限制排污总量作为水污染防治和污染减排工作的重要依据，对排污量已超出水功能区限制排污总量的地区，限制审批新增取水和入河排污口。

按照要求，在河道治污方面，顺义区荣获北京市人民政府颁发的“2008 年度农村水务建设乡村水环境先进奖”；被北京市人民政府评为“2009 年度乡村水环境先进奖”……

诸多荣誉，能够说明顺义将“三条红线”落实到了实处吗？

3.

天不下雨，外来无水，境内地下水超采严重，地下水水位逐年下降，给顺义带来一种前所未有的困境。

水危机成为顺义一时最大的危机！

我采访的顺义区水务人，充分认识到了这一点。

时间回到几年前，顺义区水务局会议室，会议不是热烈召开，而是充满凝重，似乎这里的空气也不流动了。

顺义区水务局局长李国新主持会议，每个人的心情都很凝重。水多、水少、水脏、水差，都是水务人的责任。他们责任担当，义不容辞，解决好顺义人的水问题。一个个科室，根据职能定位，分别拿出工作方案。节水、调水、涵养水，一系列的措施抓紧实施。

水多，要迎汛；水少，要节水；水脏，要治污；水差，要提质，一切都要“顺”着自然规律，让水满足人类的需要。

保护生态，营造水景观，建设绿色国际港，成为顺义人的神圣使命；生态养水，成为顺义破解水资源困境的办法之一。

这时的北京市汉石桥湿地，随着干旱一天天严重，唯一大型芦苇沼泽原生湿地有可能从北京地面上消失。

汉石桥湿地位于北京市顺义区杨镇和李遂镇交界处，方圆 1.5 万亩的面积，仅仅在核心区，就有芦苇荡面积 3000 公顷。汉石桥湿地自然保护区是北京市唯一现存的大型芦苇沼泽原生湿地，属内陆湿地生态系统类型，是多种珍稀水禽的栖息地。

湿地面积在缩小，珍稀水禽在减少，绿树鲜花在枯萎……

人和湿地的距离，一点点拉长……

湿地，地球之肾；汉石桥湿地，顺义人的心灵港湾！

每个人的心都很纠结，包括我听到这个消息的时候。

然而，峰回路转。

北京市顺义区政府大楼内，显得格外热烈。区委、区政府决定，按照北京市的规划，投资 2000 余万元，修复汉石桥湿地。

关键时刻，修复汉石桥湿地的总体规划通过北京市批复。

2003 年 8 月，北京市汉石桥湿地自然保护区修复工程启动。

在两年的时间里，这里人来熙往，车辆穿梭，一次次掀起施工高潮。

两年，修筑了管护路、景观桥；种植了优质芦苇、水生植物和绿化植物，绿化面积达120余亩，湿地又绿了，鸟类又回来了，游人渐渐多起来。

首都师范大学“汉石桥湿地生物多样性课题研究组”连续观测和研究，这样记录：

> 野生植物210多种，野生鸟类近150种。于是，他们确定了汉石桥湿地是北京现存最大的芦苇湿地，是北京市候鸟迁徙的重要停歇地和夏候鸟繁殖地之一，也是北京市生物多样性指数最高的自然区域之一。

2005年8月28日，北京市汉石桥湿地自然保护区举行揭牌仪式。

保护区内人行道两旁，竖起的一排牌子上，绿底黄字，写着鸟的名字、特点等，还画了各式样、各颜色的鸟。驻足仔细观看，也不乏长知识的。

我和老程、小姚、小孙一边采访，一边饱览秀水风光，尽情呼吸湿润、清新的空气。

老程说：“汉石桥湿地自然保护区的建立，不仅是顺义水务事业发展的一件大事，也是北京水务事业和环保事业发展过程中的一件大事，它标志着汉石桥湿地的管理和建设将步入一个崭新的发展阶段。”

的确是这样——

顺义区启动湿地周边地区污水处理和中水利用工程及湿地的水源涵养、兴建污水处理厂、绿化美化、青少年教育功能的开发、保护区的拓展等，以汉石桥湿地保护区工程建设为重点，坚持积极保护、科学恢复、合理利用、持续发展的原则，努力从整体上维护湿地的生态系统功能，通过加强保护区管理，以及污染控制等措施，促其良性循环，充分发挥生态功能和社会效益，实现湿地资源的可持续利用。

春天，绿水如蓝，树木吐翠；

夏天，鲜花盛开，小鸟啾鸣；

秋天，果实累累，红叶绽放；

冬天，白雪皑皑，雾凇倒挂。

一年四季，汉石桥湿地风景各异，吸引八方来客。

四季，将顺义生态之美串在一起。

碧波荡漾、林水相依，成为潮白河一道亮丽的风景。

2007年，顺义区先期实施了顺义新城温榆河水资源利用工程，处理温榆河水达到地表水Ⅲ类后，输入城北减河、潮白河，在河南村橡胶坝上游河道形成了宽阔水面，潮白河顺义城区段河道里碧波荡漾，成为北京东北郊的一条绿色观光带。

实施的二期工程后，不但确保河南村橡胶坝上游蓄水区常年有水，还满足潮白河河南村橡胶坝下游河道蓄水需要，顺义新城“绿色水带”绵延而去。

2013年9月30日，北京市最大滨河森林公园全部建成并开园迎接市民游览。

这样，不仅改善了顺义新城和潮白河的生态环境，提升城市品位，也为新城水系提供水源。

通过引温入潮跨流域调水等多项重点工程为河道补水，让向阳闸以下段河道有水。一个“融会自然风光与现代气息、彰显生态活力和城市特色”的万亩滨河森林公园将完美呈现在广大市民面前，为“滨水、生态、活力、国际、宜居”的顺义新城营造良好条件，同时为城乡居民休闲度假提供理想场所。

而奥运水上项目场馆工程，无疑是顺义的美景之一。

2008年北京奥运会，水上一些项目在此举办，成为人们精彩的记忆；32块金牌留下运动员的光荣，也凝聚了顺义人的自豪。

绿色奥运、科技奥运、人文奥运，在此掷地有声。

我在潮白河边看到，奥运主看台、静水艇库、动水艇库、激流回旋赛道，一个个别致的建筑，融入潮白河美景之中。

往前走，是罗马湖景区工程，形成一处不规则“心”形人工湖，成为健康水环境，宜人滨水区。

这里，不得不让我感叹：成湖与湖岸生态防护工程彼此相映，水质净化与循环工程相辅相成，水生态修复工程与滨水绿地景观工程各成特色。

老程说：“罗马湖景区的建设，使罗马东湖水源得到净化，户内水体亦不断循序净化，改善了湖体的水质，达到‘水清、岸绿、景美’的城市水系，提升了城市品质和品位，为实现滨水、生态、国际、活力、宜居的新城规划目标，发挥了积极的示范和推动作用。”

我们走上罗马湖景区，湖水清澈华丽，岸上垂柳生风，环境幽雅，风景迷人。

像汉石桥湿地、滨河森林公园、奥运水上项目场馆这样，还有七分干景观工程、榆林村湿地公园工程、珠宝屯人工湖工程等，扮靓了景观，涵养了水源。

这也正是顺义人“顺”着水的习性和规律，科学与创新之作。

但是，天不下雨，外来无水，境内地下水超采严重，地下水水位逐年下降，仅靠这一项措施，显然是不够的。

4.

涝也“顺”之，旱也“顺”之。

被逼无奈，顺义又拿出一把“杀手锏”，就是集雨蓄水。

水利行业叫“集雨工程”，就是下雨时把雨水收集起来，以备干旱时节使用。

2006 年 7 月 27 日，北京市市长王岐山对《昨日市情》专刊第 138 期，刊登《顺义区多措并举汇集雨水资源实现再利用》一文做出“要向各区县进行宣传推广”的批示，对顺义集雨蓄水给予了充分肯定。

2006 年 8 月，雨后的顺义乡村社区，河道、沟渠、坑塘，流水潺潺、处处成景。

两个月前，这里还是干涸的河床，岸边的树也蔫着，庄稼也无精打采，没有生气。几场雨下来，河道、池塘蓄上了水，水面上星星点点的波光闪烁，岸上的绿树郁郁葱葱，度假的城里人络绎前来。

顺义区还在潮白河上新建了橡胶坝、钢筋混凝土拦，形成了梯级蓄水的格局。

雨后，涓涓细流不断从田地沟渠缓缓向坑塘中流淌。

近年，顺义区采取区级财政补助，镇村两级投资的方式，疏挖镇村级坑塘，修建人工湖等集雨蓄水工程。这些集雨蓄水工程所蓄的水，用于农田灌溉，减轻了农耗，节约了地下水，美化了村镇周边的生活环境，带动了地区经济发展。

在顺义的一些社区，也是小桥流水、绿草茵茵。

李国新介绍：

一下雨，社区的每个“细胞”都在尽力地吸收水分。屋面雨水经浅水沟迅速汇流至人工湖，路面铺设的透水砖渗透雨水，经低洼绿地也汇流至人工湖，一场大雨，可以收集近万立方米雨水。

顺义区从新建单位用水审批为切入点，按标准验收，把工程建设与蓄水设施建设结合起来，增加了蓄水能力。在东方太阳城、北京汇源饮料集团公司、春晖园度假村等单位和社区建成一批雨水利用工程。

集雨蓄水工程所蓄的水主要用于绿化美化、卫生和环境用水，节省了地下水资源。

2011 年，顺义的集雨蓄水工程已经取得明显成效：

首先，保护了地下水资源。在回补了地下水方面，顺义区三级水网近 200 处集雨蓄水工程，年回补地下水 1.4 亿立方米，蓄水能力达 9000 万立方米。集蓄的雨水直接用于农业生产、城市绿化、环境卫生等方面。

其次，改善了生态环境。潮白河、减河、龙道河等主要河流集雨蓄水后，周边植被逐渐恢复，形成景观，改善了新城整体环境。

顺义在建设集雨蓄水设施时，结合镇村环境建设，变废为宝，把垃圾坑或臭水池建成蓄水坑塘，调节雨洪，集雨蓄水，且坑塘内部及周边进行了绿化美化，形成新的休闲场所。

再者，节省经济开支。近年顺义年均蓄水 5000 万立方米左右，净化处理后可用于生产生活，按照水资源费 1.26 元每立方米测算，每年可节约人民币 6000 余万元。农村地区节支增效更明显，集雨直接灌溉农田，仅北务镇珠宝屯村，每年节省近 20 万元。

这种经验叫做：“蓄住天降水、回补地下水、涵养生态水。”2011年《昨日市情》特刊155期这样总结：

缺水，已经是不争的实施，顺义实施“三要水”，推进集雨蓄水。

他们向机制要水。实施补贴引导机制，区政府每年安排1000余万元补贴雨洪利用工程；实施评比奖励机制，面向行政企事业单位，区政府将集雨蓄水及其设施建设纳入绩效考核体系，年初下达任务，年中督查指导，年终考核评比，确保集雨蓄水及其设施建设扎实推进。

他们向观念要水。实施生态治河，增加蓄水，按照“宜弯则弯、宜宽则宽”的治河理念，完成潮白河河南村橡胶坝上游河道治理；新城滨河森林公园完成了行洪区外的蓄水坑塘整修；拓宽空港新城龙道河的河底，增强了蓄水能力；变防汛为迎汛，在保障行洪安全的前提下，适当提高水库、闸坝蓄水水位，使更多雨洪留在区域内。

他们向科技要水。采用世界先进膜生物反应器新技术，实施引温入潮跨流域调水工程，将温榆河水处理成地表水三类标准的再生水调入潮白河；燕京啤酒集团、首钢轧辊有限公司实行污水处理再利用；20万亩设施农业大力推广滴灌、微喷、小管出流等高效节水技术。

于是，他们建工程设施，保障集雨蓄水。包括建闸坝拦水。近年，顺义区在潮白河上修建了河南村、柳各庄、苏庄等大型拦水闸、坝，在区管中小河道上修建拦水闸、坝；包括建坑塘蓄水。利用镇村低洼地、坑塘、排水沟，建成蓄水设施，集蓄雨洪；包括建设施集水。全区学校、居民小区和行政企事业单位庭院铺设透水砖、安装集雨桶、建设蓄水池；包括建湿地留水。最突出的例子就是汉石桥水库恢复性建设。

于是，他们建循环水网，做活集雨蓄水。统筹天降水、地下水和地表水，形成“一二三级水网”，拦蓄雨洪水，建设循环水务网络。一级水网为骨干水网，由潮白河、温榆河、金鸡河等中小河道组成，在一级水网上修建大型蓄水工程，利用河床和滩地拦蓄雨洪是该区集雨蓄水的主要来源。二级水网为一级水网的支流，涵盖区管主要河道，主要汇集流域内降水。一方面，该区在二级水网上修建闸坝拦蓄雨洪；另一方面，利用二级水网连通一级和三级水网，联合调度集蓄的雨洪。三级水网为镇村疏挖后建成的排水沟、坑塘等集雨蓄水工程，主要用于拦蓄周边雨洪水，灌溉农田，回补地下水。

顺义在集雨蓄水方面，显然下了大力气。“十二五”期间，实施城区雨洪利用工程100项，坑塘雨洪利用工程197处，使全区蓄水能力达到1亿立方米。1亿立方米能占到顺义整个需水量的1/4左右，那肯定是会解决大问题。

他们尽管制定雨水收集利用设施建设标准及管理办法，做到蓄水设施与重点新城、新社区、新工程项目同步规划建设；尽管不断扩大蓄水设施规模，提升蓄水能力；尽管加快联通潮白河与温榆河、潮白河与蓟运河通道，基本实现了最大限度雨洪水联调互补。

然而，天不下雨，外来无水，境内地下水超采严重，地下水水位逐年下降，仅靠集雨蓄水也是不够的。

5.

“不要让地球上的最后一滴水，成为人类的眼泪！”这句话成为全人类的决心。

也是严厉的警告！

我在顺义了解到，他们的行动是绝不浪费一滴水，包括异常珍贵的污水。

2013年10月，顺义区出台《顺义区污水治理行动方案》。

顺义区水务局李守义局长解释：

顺义区水资源逐年减少，已经不能满足日益增长的人口需要，不能支撑高速发展的经济社会需要，不能适应建设生态文明的需要。污水处理和再生水利用，已经成为顺义新城生态文明建设的极其重要的资源。

2013年，我们依据《北京市人民政府关于印发北京市加快污水处理和再生水利用设施建设三年行动方案（2013—2015年）的通知》，结合我区实际，制定本方案。

我从密密麻麻的文字中，看到这个方案坚持水资源的战略性、基础性、公益性地位，充分发挥水的资源、生态、环境功能，加快污水处理和再生水利用设施建设，构建“设施到位、全面覆盖、技术先进、循环利用”的设施体系和“特许经营、多元投入、社会参与、行业监管”的运营体系，为实现“打造临空经济区，建设世界空港城”的奋斗目标提供良好生态保障。

《方案》确定了工作目标，既有近期目标，也有远期目标。

近期目标：2013年至2015年，新增日污水处理能力11万立方米、日再生水生产能力19万立方米。建设污水管线177.6公里，再生水管线136.3公里。

远期目标：2016年至2020年，全区新增日污水处理能力33.35万立方米、再生水生产能力33.35万立方米，建设污水管线192.4公里、再生水管线404.6公里。

到2020年，全区新、改、扩建污水处理厂22座，日污水处理能力达到70.1万立方米，城区污水处理率达到98.7%，镇村污水处理率达到60%。建设污水管线370公里，再生水回用管线540.9公里，年利用再生水1亿立方米。

届时，全区入河排污口、河道出界断面水质达标率、污泥无害化率100%，顺义中心城区和新城马坡组团、牛栏山组团、天竺地区、后沙峪地区、李桥地区、四个重点镇再生水利用设施全覆盖，重点经济功能区和重点企业污水零排放，环境用水、市政杂用全部使用再生水，实现生态水环境的明显好转。

目标确定后，他们立即行动。

2015 年前后，再生水厂建设、配套管线建设、污泥无害化处理设施建设、污水处理在线监测系统建设、远期治污规划及再生水厂选址、再生水利用等项目相继建设。

《方案》确定的硬指标：

到 2020 年，全区年使用再生水 1 亿立方米。

这 1 亿立方米，又占顺义需水量的 1/4 左右。

实现这个目标谈何容易？

再生水的利用，不仅是顺义水务工作的一项创新，也是全国水利工作的闪光点：

顺义的创新，首先在于观念的更新。自古以来，水利工作主要是兴利除害，现在要实现雨洪利用、变废为宝，因此必须实现传统水利向现代水的观念转变和更新。

再者就是治水措施的更新。现代水利更需要科学施治，需要技术支撑。

还有一点也至关重要，那就是资金投入方式的更新。单纯依靠国家投入的时代已经过期，市场经济条件下，必须做好水利投融资管理，不仅仅是解决资金投入不足的问题，还要引起全社会支持水务，参与水务建设，“群龙”治水。

顺义的具体做法是：按照“企业建厂、政府配网”的要求，采取了建设—经营—移交（BOT）模式运作，从而加快了污水治理。

我们在牛栏山再生水厂，了解到市场化融资情况：

牛栏山再生水厂完成了 BOT 招标，区污水处理厂升级改造及扩建方案已编制完成。顺义还计划组建排水公司，拓展融资渠道，加大监管力度。顺义区在全市率先摸清了区内河道污水现状。

2014 年 3 月，顺义区政府常务会审议通过全区 205 处河道排污口治理实施方案，截至 2014 年年底，5 个镇完成立项批复。

顺义又如制定镇治污工程政策。比如：各镇中心区、二三产业基地及新农村已建的污水处理厂（站）和再生水利用设施，由各镇聘请专业公司负责运营，费用由区、镇两级承担，区财政根据核心镇、重点发展镇、生态发展镇的类别，分别按50%、60%、70%的比例给予补贴。34条农村排污沟由各镇按属地原则负责治理。

他们还制定河道排污口治理政策。就是统一编制区管河道的入河排污口治理方案，需建设小型污水处理厂（站）等设施，占地由各镇负责提供，建设、拆迁、运营费用由区、镇两级承担，区财政根据核心镇、重点发展镇、生态发展镇的类别，分别按50%、60%、70%的比例给予补贴，剩余资金由各镇承担。

根据排污口的治理原则和分类治理措施，对全区205处河道排污口按照“修建临时措施、新建污水处理站、加装在线监测、环保执法”等四种综合处理措施进行治理。

再有就是制定管理办法。污水处理厂（站）运营，河道排污口治理资金补助管理办法由区水务局会同区发展改革委、区财政局、区环保局研究制定，各镇政府要保证配套资金足额到位。

这样，解决了“巧妇难为无米之炊”的问题，但是成为一个“巧妇”不仅仅是有“米”的问题。

从技术层面，他们走出了一条成功之路。

首先，适度超前建设再生水厂。

统筹推进全区再生水厂、配套管网建设、再生水利用、河道排污口整治四项工作，确保建设一座再生水厂，实现一个区域的污水全收集、全处理、全利用，最终达到该区域生态环境明显好转。

同步推进企业治污与再生水利用。

由属地负责辖区内现有企业的治污工作，已建污水处理设施的要做到达标排放，未建污水处理设施的要按照要求限期补建。

新入驻的企业要按照环境影响评价批复要求，配套建设污水处理设施，污水处理设施应与主体工程同时设计、同时施工、同时投入使用，从源头上削减污水产生量。

新入驻的企业要按照用水总量控制要求，将雨水收集和再生水利用量纳入各单位用水考核指标。重点经济功能区及重点企业要充分利用再生水，力争实现污水零排放。

始终坚持采用先进技术工艺。规模再生水厂可采取占地面积小、出水水质高的膜生物反应器（MBR）等先进工艺为主，其他工艺为辅。小型污水处理厂（站）可采用地埋式一体化污水处理工艺。出水水质不得低于地表水四类标准。

他们对于超标严重的河流和断面要采取生物法治理、污水截流等临时措施，尽快改善断面水质。农村地区采取建设人工湿地和村级污水处理站等方式，提高其生活污水处理能力。

始终推行专业化运营管理模式。积极推进与有实力、有规模的企业合作，引导区内企业广泛参与，逐步建立管理规范、技术先进、监管到位的运营体系。加快推进全区二三产业基地污水处理厂、企事业单位自建污水处理设施及新农村污水处理站等专业化运营模式。

近年，顺义坚持严格执法，加强考核监管，也是必不可少的环节。《中华人民共和国环境保护法》《中华人民共和国水污染防治法》等相关法律法规，真正成了这里的“尚方宝剑”，顺义频频亮剑：

建立部门联动机制。区环保、水务部门落实水功能区限制纳污红线，建立跨属地水体断面生态补偿机制，确定化学需氧量和氨氮排放量等总量控制指标，制定消减计划和年度总量控制实施方案，并将其落实到排污单位和污水处理设施运营单位。

规范排水许可审批。公共管网未覆盖区，新、改、扩建项目未按要求建设配套污水处理设施，建设项目不得投入使用，区水务局不予核定用水指标，供水单位不得供水。在公共排水管网覆盖区，单位和个人要求接入公共排水管网，在履行排水许可手续，取得排水许可证后，到公共管网运营单位办理接入手续。

推进污水减量化。推进规范取用水管理和计量收费，实现排污减量化。按照工业优先、环境为主、兼顾灌溉的原则，合理分配再生水资源，纳入各镇、经济功能区用水总量控制指标。

严格落实缴费制度。对于用水单位和个人，依法、全面、足额征收排污费和污水处理费。同时，对于污水排放超标企业以及向雨水收集口、雨水管道排放或倾倒污水、污物和垃圾等废弃物的违法行为，加大处罚力度。

强化排污监督和考核。区政府将与各镇政府、街道办事处和经济功能区管委会签订了目标责任书，将年度任务落实情况纳入政府绩效管理考核内容，实施督查考核。强化社会监督，对工作不力、推诿扯皮的单位和人员实行问责。同时，发挥新闻舆论的监督作用，宣传先进典型和经验，营造全社会关心、支持、参与污水治理的良好氛围。

一系列措施的实施，污水利用取得明显成效。

顺义治污经验，也可圈可点。

时间，悄悄来到 2014 年。

北京城严重的雾霾天气，挡不住顺义水务人前进的脚步；春节过后依然寒冷的气候，没有影响顺义水务建设者高昂的热情。

初春的顺义大地，春意盎然。

马坡再生水厂建设工地，远离居民区的偌大工地上，厂房的地基均已浇筑完成，凝固的混凝土上还被厚厚的保温材料盖着。大批工人陆续进场，建设高峰期即将到来……

到 2013 年年底，顺义区已经建成大小污水处理厂（站）253 个，污水处理能力达到 42.5 万立方米每日，其中温榆河跨流域处理污水能力达到 20 万立方米每日。

顺义区作为“首都文明区”“全国绿化模范城市”，经济社会持续发展的巨大成就受到各方人士赞誉，这与全区污水治理成果密切相关，与顺义水务人的不懈努力密切相关。

顺义水务人铿锵地说：“顺义水务的根本宗旨，就是服务首都，着眼未来。”

的确，顺义是北京东北部发展带及“建设绿色国际港，打造航空中心核心区”的重要区域。顺义水务人一直秉承全心全意服务首都的宗旨，以全力治水为己任，建设美好、靓丽的水环境。

他们率先制定了三年治污的近期目标。

鉴于水环境的治理是一项长期的任务，他们又自我加压，不断创新，又制定了远期目标。

这几年，顺义除了完成北京市交付的“规定动作”外，还施展了本区的三项“自选动作”：

> 采用技术手段，力争年内完成全区入河排污口的治理，达标排放。
>
> 全区的污水处理厂安装在线监测设备，行业主管部门全程监管。
>
> 建管并重，加大力度规范起来，出台多个污水处理管理措施，譬如《农村地区污水处理设施管理规定》，委托专业运行、区镇村三级负担运行费用，所有权和管理权分离，并且以顺义区空港工业C区和杨镇工业区为试点，抓好工业园区排水许可规范工作。

顺义治污更有一个与众不同的独特高招即严格规范取用水。

这一工作他们已经抓了4年了，1100多家二三产业自备井取水单位办理了取水许可证，纳入管理的用水户从1300家增加到3000多家，一句话，就是严格规范取用水在2014年实现了全覆盖。

这既切实履行了2011年中央一号文件提出的“实行最严格的水资源管理制度”的精神，节约了本区大量的水资源，同时也进一步减少了污水的产生量，为首都北京提供了水保障。

“实行最严格的水资源管理制度，首先应该从具体事情抓起，制定符合实际的标准，具有切实可行的操作性。我们实施治污行动、严格规范取用水等，都是落实最严格水资源管理制度的实践，既积累经验，又见到实效。通过科学、合理、有效的管理，使水资源更好地为顺义区经济社会发展服务，为生态文明建设服务，使顺义的山更青、水更秀、景更美。”这是顺义的水经。

几年下来，生态养水、集雨蓄水、利用污水，从一定意义上缓解了顺义的水危机。但是，即使是彻底消除了水危机，如果不及时、坚决采取这些措施，依然会“竹篮打水一场空”。

6.

水少了，就要“顺”着水的规律，节水。

节水，是一项革命性措施。

节水，对“全国喷灌第一县”的顺义来说，是永远的革命。

自水利部副部长李伯宁命名顺义为“全国喷灌第一县”，已经走过了18年的历程。斗转星移，时光交替，人员变更，这里不变的是缺水，始终坚持的是节水。节水，犹如美妙的音乐，在顺义大地，在潮白河畔，在时光的隧道里，经久不息，源源吟唱。

2012年3月，大地复苏，春暖花开，顺义区水务局的“致全区市民的一封公开信”，张贴在街道墙壁，进入千家万户：

广大市民朋友们：

水是生命之源、生产之要、生态之基。人类繁衍，经济发展，社会进步，水是基础，是支撑，是必备条件。

随着全区经济社会持续发展，用水量增加，加之1999年以来连续降雨量少，回补不足，地下水位持续下降。水库干涸，河道断流，湿地萎缩，生态环境脆弱。我们不仅用尽了祖先的积蓄，还在消耗着子孙后代的资源，污染着赖以生存的环境。若干年后，当您的子孙们追问，爷爷、奶奶，爸爸、妈妈，我们的水呢？您将无言以对。解决问题的办法是节水护水，出路就在我们脚下，在您的工作、生活之中。

节水、护水其实并不难，举手之劳，人人都可以做到。只要您能随手拧紧水龙头，少浪费一点；您用洗菜、淘米的水浇花，多节约一点；用洗衣服的水擦地板、冲厕，循环利用一点；您将暖水瓶剩下的水积累起来，洗澡时旁边放上脸盆，多收集一点；小区内安装蓄水桶、建设坑塘，将雨水集蓄利用一点；企业履行社会责任，处理污水多一点，标准高一点。全区上下共参与，千百万人齐动手，节约的水汇集起来就是一条河流、一座水库……

为了持续发展，无愧于子孙后代，让我们积极行动起来，从我做起，从现在做起，节水护水惜水爱水。不久的将来，我们将生活在人水和谐的美好家园！

这封信篇幅不长，说明顺义的缺水现状；

这封信娓娓道来，告诉人们珍惜水，爱护水；

这封信言辞恳切，触动顺义人干渴的神经；

这封信语重心长，道出破解缺水问题的真谛……

这封信，就像投掷到水面上的一片石头，顿时掀起水上涟漪。

然而，这远远是不够的。

2013 年 3 月 22 日，农历二月十一，也是 22 届世界水日。

这一天，全国的水利部门，都要开展宣传活动。

这一天，是顺义杨镇的大集，十里八村的村民熙熙攘攘前来赶场。顺义区水务局联合杨镇政府工作人员赶来“凑热闹”，宣传节水。

当天，世界水日的主题是“节约保护水资源，大力建设生态文明”。赶集活动现场，工作人员发放了《北京市节约用水办法宣传手册》，印有节水标志和口号的环保购物袋、签字笔等，现场讲解顺义水情、水法规知识和节水小窍门等。

当天，顺义区水务局各水务所段与辖区内各镇联合在顺义减河公园、天竺镇楼台村广场和仁和广场分别开展了节水宣传活动，现场发放节水宣传材料，利用小区电子显示屏循环发布节水宣传信息，悬挂宣传条幅。

“这样的宣传活动，有效果吗？”我问。

老程说：“节水宣传活动不仅提高了市民的节水意识，同时也给市民带来了节水知识，以点带面，提高了全区各单位和全民节水、护水的自觉性。”

在顺义，除了节水宣传赶集活动，利用世界水日、中国水周开展节水宣传，已经是惯例，形式多种多样。

比如节水宣传进学校。在“节水从娃娃抓起——赵全营幼儿园节水宣传活动”中，水务所工作人员给小朋友讲解了节约用水的重要性并采取互动问答形式教他们一些生活中节水小窍门，深受小朋友的喜爱。

比如节水宣传活动进社区。顺义区水务局联合胜利街道办事处举办水务大讲堂，为120名社区居委会主任、居民代表讲解了市、区水资源紧缺现状、普及依法取用水知识和节水等内容，宣读了“节约用水倡议书”，发放“致全区居民的一封信”及宣传材料。

2013年3月26日，“节水护水大讲堂”开讲，年度第一堂课走进了光明街道裕龙六区居委会。这是顺义开展“节水护水大讲堂”的第三个年头。

三年前的2011年，顺义“节水护水大讲堂”开讲，顺义区水务局局长开始第一讲。

“由于近几年严重超采地下水源，全区地面沉降0.789米。地下水平均埋深从1980年的6米，下降到2011年年底的35.66米，近5年来加速下降趋势明显，年均下降1.65米。顺义已经出现严重的水危机，只有节水大家才能都喝上水，才能保障经济社会发展，才能恢复美好的生态环境……”

自2011年“节水护水大讲堂”深入基层，聘请上级领导深入讲，局长率先讲，党组班子成员带头讲，科室负责人专题讲，为社区居委会，中小学生、各镇政府机关工作人员，村党支部和村委会、农村管水员、用水单位负责人，驻顺武警十支队部队官兵讲课。

“节水护水大讲堂”重点宣讲了中央、北京市和顺义区对水务改革发展的部署，区域水资源紧缺形势，现行水法规和对取用水、节水行为的规定及处罚措施等。每年讲课20余场次，听课人数近万人。

通过“节水护水大讲堂”，市民加强了对2011年中央一号文件及北京市委9号、顺义区委46号文件的了解，提升了落实文件精神的自觉性，明确了顺义水资源家底、全区用水户、今后经济社会发展对水资源需求等方面情况。用水单位积极行动起来，配合做好取用水管理规范化工作。

宣传，使市民的节水和水环境保护意识有所增强，农村居民的用水计量收费意识也有所增强，计量收费率由过去的50%提高到70%。全区用水效率大幅度提高。

2012年万元GDP水耗为32.1立方米，同比减少6%。

在光明街道裕龙六区居委会举办的“节水护水大讲堂”，悬挂“水少了不行、水多了不行、水脏了不行”的大红横幅，这也是这次讲堂的主要内容，宣传水法、北京市节约用水办法和节水知识，受到了居民的欢迎。

与此同时，石园街道、龙湾屯镇的“节水护水大讲堂”也陆续开讲，将该区“世界水日”“中国水周”宣传活动推向了高潮。

“节水护水大讲堂”是顺义区“做文明有礼的北京人，节水护水我先行”主题宣传实践活动项目，获得北京市“做文明有礼的北京人，节水护水我先行”主题宣传实践活动项目最佳活动。

结合2013年“中国水周”的主题“节约保护水资源，大力建设生态文明”，顺义区水务局专门制定了讲课内容，以大讲堂的形式，将水务知识送进千家万户。

“节水护水大讲堂”的作用着实不小，不仅增强了市民水忧患意识、防洪安全和爱水护水意识、保护水环境意识，还让市民掌握科学的用水方法，共创建节水型企业、节水型学校和节水型机关、节水型社区。

“节水护水大讲堂”以点带面，提高全区各单位和全民节水、护水的自觉性，营造人人节水、家家爱水、全民护水的良好氛围。

2014年5月，顺义区水务局由局机关组织25人的水务宣讲队进社区、进企业、进村镇、进学校宣讲爱水、节水、惜水、护水和防汛避险知识。目前已宣讲80余场，受众近万人。

顺义区水务局还与《顺义时讯》联合举办了“节约用水我参与我奉献我快乐”有奖征文，个体经营者付英君参加这次活动之后，深刻体会到首都节水是件不容忽视的大事，心里萌生了一份使命感。她通过网络QQ群平台，将自己的节水行动传给全国广大零售商户，让更多的人提高节水意识。

付英君在她的小店门前搞了一次节水宣传，邀请了一些演员表演宣传节水的文艺节目，吸引了数百名观看的路人，借此她发放了节水的毛巾、围裙、知识读本和致全民的一封公开信。那天，店前排起长龙，最小的3岁、最年长的70多岁。她丈夫歇了一天公休用相机记录下这令人鼓舞的一幕……

有人问付英君：“效果怎么样?”

付英君说：“节水从我做起。如果十个人中有一个人去做，十三亿人就有1.3亿人节水啦!”

现场掌声响起来。

那次成功后，她干得更起劲了，接着又举办了一次宣传活动，邀请了区摄影协会、作家协会、楹联协会及城管大队、医院、武警十支队等多家单位的领导参加，并请他们在各自的单位广为宣传。这次活动很成功，她丈夫还专门请假亲自下厨为大家准备了丰盛的午餐，一面总结活动成果，一面讨论如何做好节水……

付英君的小店成了节水的窗口。在平时，她利用接触人多，在店铺的墙壁上都贴上节水宣传标牌，不少人还照着她发的节水材料去做。

每位来买东西的人，都会有一份节水宣传材料，孩子们还会得到一支“节约用水”的笔。

有一次，一个小伙子来买东西，她笑着递上一份节水材料，小伙子没看就扔了。他立即捡起来放好。第二次小伙子又来了，她依然笑盈盈递上去，小伙子不好意思了，拿起来认真看了看带走了。后来小伙子再买东西，进门就说：“谢谢您！我们家、我女朋友家、我姥姥家全安了节水龙头了。省水又省钱。”

付英君把节水文化与小店经营结合起来，有对联为证：

上联：小店不大　弘扬顺义绿港文化；

下联：北漂一族　宣传节水第一人家。

7.

秋天的仁和，风凉了。

院子的李子已经熟了，金黄金黄的，偶尔有熟透的落到地上。我不知道他们有没有规定，反正没有一个人摘果子吃。我，先是捡地上的果子，捡完后又摘树上的，好像没人管我。

只有一些大鸟和我争抢。

渐渐，树上的果子没了，树叶也一点点变黄。不久落叶缤纷，一地金黄。

我有时早起，打扫树叶，一幅黎明即起洒扫清除的享受。

我在仁和，见证顺义水务人一直在探讨水资源如何管理问题，如何找到实施最严格水资源管理的突破口，如何落实“三条红线”制度。

“以前，水务执法权在城管，处罚权在城管，显得有些薄弱，而这个执法权落到了水务上，水务又该如何加强?”李守义说。

的确，节水重在一个“管”字。

我在采访中发现，和全国很多地区一样，顺义区一方面是严重缺水，而另一方面有的企业白白用水，有的人吃水不花钱。

首都北京缺水，年人均可用水资源100立方米左右，排在世界的末尾，引起领导高度重视。习近平总书记做出了北京节水型城市建设的指示，市委书记郭金龙对北京水安全提出了具体要求。

顺义是郊区经济发展较快的区县，用水需求刚性增长；北京市水源八厂、引潮入城和应急供水工程三处水源地，因此保证供给事关生态环境改善，事关全区经济社会发展，事关首都水安全大局。

“我们在自己的土地上打井，自己配电、购买水泵，用水一直免费，现在为什么缴费?”村里的很多人到一起嚷嚷。

“水法规定，水资源有偿使用，要装表计量缴费，公平用水，提高节约用水意识，水务部门需要履职到位。”水务人表示。

这样，规范管理与传统观念相互撞击，形成一道亟待破解的难题。

怎样破解这个难题?

“当时，更多的是靠政策。”老程说。

2011年，中央出台了加快水利改革发展的决定，新中国成立62年来中央一号文件首次聚焦水利。北京市委贯彻中央一号文件精神，出台了进一步加快水务改革发展的意见，要求实行最严格的水资源管理制度。

顺义区的缺水现状及顺义水务服务全区经济社会发展和生态改善，也迫切需要实行最严格的水资源管理制度。利用好中央政策，是解决问题的第一步。

再次，顺义水务人认为，实行最严格的水资源管理制度，应该找到一个切入点或叫突破口，那就是从精细化做起，从规范装表计量开始。

“多年来，我们虽然宣传水法，大多数用水大户装表计量纳入管理。但历史原因，全区仅有 592 眼自备井申领了取水许可证，1310 户用水户装表计量，有偿使用水资源。这些显然不是全部。”李守义说。

“为了决策更加科学，局领导带队，走访了 32 个镇和经济功能区，与 133 名镇、村干部座谈，聊家底、问情况、说想法，找到了解决问题的突破口，依法规范取用水管理。”他说。

的确，他们规范取用水是从摸清底数入手的。

2011 年 5 月，顺义区水务局抽调 100 多人，利用 2 个月时间，作为阶段性中心工作，由科室和基层单位分片，深入用水户，一户一户走访调查，了解情况；一眼机井一眼机井登记，拍上照片，建立起了用水户台账。

他们调查发现，截至 2011 年 5 月底，全区二三产业及企业，个体工商户开凿的机井共有 1639 眼，占机井总数的 23.8%；建有自备井自己取水，接入村管网的用水户共有 3072 家；49%的村庄村民饮水实行包费制或福利化。

2011 年 4 月，顺义规范取用水管理动员大会召开。

一个声音在会场回荡：“家底薄就要精打细算，2009 年算了一笔‘水账’，结果不容乐观。按照当时全区 GDP 增速和可能达到的水平，到 2015 年全年需水量可能会超过 4.5 亿立方米，还不包括市级水源地调出的地下水。”

“一方面需要保障首都供水，是一项政治任务；一方面还要支撑全区经济社会发展，还要改善生态环境，保障民生，但水只有这么多，只能是深度挖潜。用水单位要履行义务，计量缴费、节约用水，区水务局作为区政府水行政主管部门要履行职责，依法规范取用水管理。这项工作没有任何退路，难题必须破解！”

一场规范水资源管理的战役的号角吹响，拉开了率先规范取用水管理的序幕。

此后，他们召开了137次阶段性工作情况汇报和各镇主管副镇长座谈。“这项工作没有任何退路，难题必须破解”一段话。当时主管该项工作的副职张春生深有感触。

经过顺义区领导同意，区水务局印发通知，依照《中华人民共和国水法》等法律法规，规范全区各镇（街道）机关、各经济功能区、二三产业基地和市区双管单位取用水管理。2011年7月，从试点开始，破解难题。

然而，万事开头难！

规范取用水规范管理，首要条件是破除传统观念。

水务人员进社区，去乡镇，入学校，展开了全方位立体化宣传。

“水资源不是取之不尽用之不竭的，全区年可用水资源3.026亿立方米……长期超量开采，地下水位年均下降将近1米，已经比1980年下降了30米，长期如此，水还够我们用吗？我们的子孙后代还有的用么？”

“《中华人民共和国水法》第3条规定，从河湖、地下取水，应当经区以上水行政主管部门许可；用水单位应当装表计量、缴纳水资源费，否则依据……给予处罚。”

“对用水户来讲，依法用水，有偿使用水资源，公平用水是义务，水表是杆秤，能够称出节水的分量。对水务局来说，规范取用水管理是必须履行的职责。”

“用水计量收费，严格管理，对单位来讲，提升了节水意识，也能够节省开支。北京江河幕墙公司2010年开始，职工生活用水IC卡计量前后，节水30%，比上年减少开支16万元，实现了双赢……”

渐渐地，传统观念在改变，依法用水、节约用水意识不断提升，规范取用水管理的时机日渐成熟。

宣传引路，工作紧随其后。

还是那一百多名职工，还是联系的镇、村，人户提供服务，联系镇政府，现场核实用水指标，局长办公会集体研究审批，顺义区小步快跑，加快推进依法规范取用水管理工作。

到2014年4月，实现了三个全覆盖。

第一个阶段，2011年7月开始，以各镇政府（街道）及行政机关、各经济功能区、二三产业基地和市区双管单位作为试点，率先规范了取用水管理，初战成功。

2012年，利用一年时间，作为第二阶段，规范了各镇村内企业、幼儿园、学校、社区卫生服务站等社会服务组织的取用水管理，再创佳绩。

2013年1月到9月底，作为第三阶段，规范了使用村供水管网自来水单位的管理，取用水管理已初步实现了全覆盖。

我发现，节约用水，还有很多的环节。

比如农村村民饮水。由于有的村管理不善，村民饮水不花钱，或者象征性的每户每月收10元钱，节水意识淡薄，浪费水现象较为严重。住在地势较低的人家，不关水龙头形成“长流水”，浇菜、浇树，用不完就流淌到大街上。

“全区98.3万总人口中，有40万左右的是农村村民，每年约需生活用水超2000万立方米左右。这些水怎样节出来？”

“住在地势较高处的人家水压低，夏天洗澡用的太阳能热水器上不去水，怎样保证供水？”

这是我提出的一系列问题。

顺义再抓机遇！

2012年，北京市政府出台了《北京市节约用水办法》，顺义区抓住时机，区政府出台了管理办法，全面推行村民饮水计量收费。

《北京市节约用水办法》规定，各镇组织，村委会负责实施，装表计量，在月人均用水不超过3吨，单价不低于1.2元的情况下，区财政每吨补贴0.6元。补贴减轻了村民负担，调动了镇村的积极性。

从2011年规范取用水管理开始，水政监察大队加大执法力度。到2014年年底，村民饮水计量收费的村达到了315个，占村庄总数87%。

要保证高处人家供水，村里就要多打机井，加重了集体负担。他们采取“定额补贴、结余归己、超量加价”的办法，只开一眼机井就够用了，节省了宝贵的水资源，还节省电费开支。

“解决了农村生活用水问题，农业怎么节水?”我又问。

我虽然知道农业是用水大户，农田灌溉用水量多，节水潜力也大。

顺义区是全国粮田喷灌化第一县，近年来又投入3亿元左右，建设高效农田节水灌溉技术，面积超过20万亩，管理需要跟上。采取硬件管理，定量控制是不错的选择。

顺义区水务局到本市通州区等区县参观，分两批组织基层干部，各镇主管副镇长到山西省清徐县学习，引进了水电双控节水灌溉控制技术，为农田灌溉用井安装智能控制水表，根据农作物不同，核定用水定额。

2013年，第一批选择杨镇、大孙各庄等镇农田灌溉机井安装了智能水表，正在实施的二期工程将在2016年实现全覆盖。

顺义区宣传引路，破除传统观念，规范取用水管理，加之拦蓄利用雨洪水和再生水，用水效率不断提高。

2014年，全区用水总量减少到2.8亿立方米，万元GDP水耗减少到20.3立方米，同比减少了14%，比“十一五”末的36.4立方米减少了44%。

顺义区规范取用水管理得到了上级领导的认可。

2014年5月，水利部陈雷部长到顺义调研水务工作，听取了汇报，对该区严格水资源管理工作给予了肯定。同时，这项工作为推进用水总量控制办法、用水的精细化、个性化管理提供了科学依据，创造了条件。

这些成绩的背后，却是无数水务工作者付出的艰辛。

8.

“规范取用水，是几年里最难的工作之一，我们用踏石留印、抓铁留痕扎实的工作作风，靠两条腿一张嘴，靠法律的武器，百折不挠攻克一个又一个难点。”水资源科科长郑捷说。

顺义区某某公司是一家使用自备井的大型国企，虽然安装了计量水表，但缴纳水资源费不规范；还有一家镇办企业，用水量比较大，不愿办理取水许可证，不愿意装表计量缴费，不愿意纳入管理。

工作一度出现僵持局面。

顺义区水务局主要领导接到汇报，立即带领班子成员上门做工作执法队开具了限期依法整改通知书，放在对方眼前。代表法律的一张纸，使对方知错认错，答应装表，按规定缴费。

一些水务所的所长道出了他们的酸甜苦辣。

南彩水务所所长殷成福直言不讳：“可不是吗，这工作太难了！我们发扬局党组赋予的敢于担当、敢于负责、敢于创新的‘三敢精神’，才解决了太多的难题。”

原来他所在的高丽营水务所，担负着4个镇、75个行政村、2个经济功能区的水资源管理。他分成4个组，4名班子成员各带1组、包1个镇，天天被忙碌和困难萦绕着。先是在各镇逐一召开村支书等参加的座谈会，接着实地走访。

这一时期内，他们直接获取了50多家未办手续的自备井用水单位和300多家村管网用水户的信息，然后进行“各组实地进入村、企业逐一调查核实；根据核实情况登记造册建立台账。

他们给村管网水供水企业装表、计量；与各村委会签订水资源费污水处理费征收委托书；委托各村一名管水员查表、报月报；对自备井企业下发装表、计量、办理取水许可手续通知，对水表登记铅封”7个步骤。

有些用水户不理解，增加了他们的工作难度和工作量。一些态度强硬的单位，门难进、脸难看、话蛮横……诸如某基地，连续去了10多次不是碰闭门羹就是不屑一顾，最终既依法劝说，又苦口婆心讲道理，方才答应装表计量收费。

有一家食品企业，自家一眼机井每天用水几十吨，却拖欠水资源费好几年，无论谁去做工作都无功而返，只好通过联合执法下达严肃强硬的通知："如不装表计量收费，通知下达一个月内，每天按照当天最大用水量收费。"在法律面前和看到计算的巨额水费，该企业才装了表。

现任高丽营水务所所长张振友颇有同感："这几年我们一共做了4批供水企业的工作。开始时从工商局查企业名册去核实，然后入户复查核实，工作确实难。我觉得，最难的是使用村管网水的企业，这些单位是'坐地虎'，得反反复复做好几方面的工作才能见效。"

顺义区水政大队副队长雷牧也苦水多多："打击非法凿井，是我们连续三年的重点，坚持源头防范，支持规范取用水工作，可以说是有案必查。仅2013年，我们就封堵了非法开凿的15眼取水机井。但我们执法也难啊，某某企业让我们先后找了10来次，每次不是说领导出差在外，就是关上大门怎么叫门也不理你。"

后来我们下达了处罚通知，"一个月内不补交拖欠的水资源费，将申请法院强制执行，同时还请区电视台对这家单位曝光。通过这么多措施，最后他们才补交了拖欠的水资源费。"他说。

在规范取用水管理过程中，这些只是点点滴滴，但他们凭着节水的渴望，凭着履职到位的责任，凭着百折不挠的精神，一步一个脚印，一路走来……

规范管理管理都是手段，节约用水提高用水效率，提升水资源对区域经济社会发展支撑能力才是目的。顺义水务局党组常常提醒职工，密切联系群众，强化服务意识，才能把工作做实，同时企业少用水节省了开支，实现社会效益和企业经济效益双赢。

杨镇一中过去也是自备井取用水户，2011年纳入管理。

他们建立起了用水管理制度，学生用IC卡定额取水，洗澡时人走水断，节省了不少水。学校教育学生从小养成节水好习惯，搞节水小发明创造。有一个同学，在水龙头上安装一个装置，学生洗手用的水龙头只能打开一半，节水效果明显，获得了节水技术发明奖。

"节水光荣，浪费可耻"已经深入企业职工的心里去了。

"我们从朝阳迁到顺义都8年了，一直受到水务局的关心和帮助。"

驻在顺义区高丽营镇的京棉集团生产园区物业中心主任李艾言辞恳切：“高丽营水务所的领导常上我们这儿来检查指导工作，还给我们上水务培训课，讲水资源的不可再生性和企业怎么生产节水。”

的确，顺义水务人对这家企业的帮助确实不小，从规范取用水，到帮助做水平衡测试、推广节水型设备、加大节水力度；企业自身也进行严格的节水管理，安装了二级水表和三级水表并制定节水制度，提倡和鼓励职工家属人人节水。仅该物业中心的使用水已从每月的3000多立方米降到了每月的2000多立方米，可谓成绩斐然。

“在水务局的支持和帮助下，我们企业一直是北京市的节水型企业，的确是利国利民利己。要特别感谢他们呦！”李艾说。

“尽管我们的依法严格规范取用水管理取得实质成果，也得到了水利部和北京市领导的充分肯定，但这项工作任重而道远。我们要总结经验，完善措施，埋头努力，探索一条实行最严格水资源管理的成功之路。”

“管理出效益，只要水资源紧缺现状不变，实行最严格水资源管理就没有终点。”水务局一班人达成共识。

顺义区在强化日常用水管理的基础上，出台用水总量管理办法，综合土地面积、经济总量、常住人口以及合理的流动人口，核定区域用水总量控制指标。他们还将把服务平台前移，在新办企业开始阶段，用水服务跟上，送水法规上门，进行政策和管理措施咨询，推行精细化、个性化管理……

他们表示：“今后，顺义水务人继续深入贯彻党的十八大、十八届三中、四中全会精神，按照习近平总书记及市委、市政府的指示精神，坚持以水定人，以水定城，量水发展，管好地下水，留住雨洪水，合理利用再生水，改善生态环境，为助力首都可持续发展和推动全区经济社会发展提供强有力的水安全保障。”

三年磨一剑，需要的是勇气；真心履职到位，支撑的是精神；率先破解难题，靠的是深化改革不断创新的举措。

“请转各主管区县长阅研。”

2014 年 5 月 14 日，北京市副市长林克庆在市水务局主办的第 17 期《水价调整工作动态》上这样批示。引起北京市主管领导特别关注的，是《顺义区多措并举推进自备井取用水精细化管理》的工作信息，这篇信息详细介绍了顺义区率先依法规范取用水管理的情况。

其实，顺义给全国水利系统的形象，一直是个“节水”的“老大哥”。

9.

因为是“首都粮仓”，生产粮食最关键的要素之一是水。要保障粮食安全，必须率先保障水的安全，在严重缺水的情况下，农业节水就是必由之路。

顺义水务局的荣誉室，高挂很多鲜艳的奖旗奖牌。

全国粮田喷灌第一县、北京市 2004 年度平原农业节水奖、北京市 2005 年度平原农业节水奖、北京市 2006 年度农村节水奖等。

这让我们清晰地看到“首都粮仓”的节水路。

戴着“全国粮田喷灌第一县”的桂冠走来，从喷灌到滴灌，顺义节水在高科技的护佑下，更见实效。

2013 年 7 月，顺义区杨镇沙岭村的中国农业科学院蔬菜花卉研究所试验基地，天空被两天前的大雨洗涤得湛蓝湛蓝的，地上也没有了雨水的痕迹，阳光又炙烤大地。

试验基地的西红柿、青椒、黄瓜交相辉映，红绿相间，在烈日的炙烤下依然精神饱满。原来，在结满硕果的西红柿地头，一根输水主管道在田地的最外围，一根根支管在田间被田坎上的黑色薄膜覆盖着。通过主管接出的滴灌管被放在这些黑色的薄膜下，对作物进行灌溉，水一滴滴滋润干渴的土地。

一根根节水管道，纵横有序，交错有节，在 400 余亩的田地里，就跟鱼儿在水里畅游。

原来，这种膜下滴灌能使农作物得到及时灌溉，既能节水、节电，提高庄稼灌溉保证率，促进农作物增产增收，还可以让一些必用的易溶性肥料、生长调节剂、内吸杀虫剂等随水滴入，减少灌溉过程中的劳动力配置，真可谓一举多得。

难怪，各种小植物在骄阳似火的天气里，还能昂首挺胸，郁郁葱葱。

在一片黄瓜地前，一根主管上连接着一个过滤器。

园子里的技术人员说，滴灌是利用滴灌管上直径约10毫米的滴头将水送到农作物根部进行局部灌溉的，虽然比喷灌具有更好的节水效果，但也有不足之处，就是滴头易结垢堵塞。因此，对主管道水源进行严格的过滤处理十分必要。这个设备就起到了过滤主管道水源、延长滴头使用寿命的作用。

基地项目是2012年度已经完成的小农水重点县建设项目之一。2012年度，顺义区计划发展节水灌溉面积2万亩，包括大田喷灌1.9万亩，果树滴灌1950亩，共涉及杨镇、龙湾屯镇、北小营、张镇、大孙各庄等镇村，工程总投资3000多万元。

在顺义，水按滴计，好像是一个神话，确是实实在在的事，这就是说的“信息化建设，精细化管理”。

老王既是村会计，也是村里的管水员，他在观摩水资源计量控制系统中的村级管理平台上，演示了农业用水村级管理平台的操作系统。老王50多岁了，运用起这个高科技的平台，跟种庄稼、打算盘一样顺畅。

他一边轻点鼠标一边介绍：“这个平台操作方法简单易学，步骤很清晰，用水户开卡、售电、查询，都非常容易操作，同时平台还可以进行水量分配、水权交易，生成水量、电量统计报表。最关键的是，用这个系统管理用水户还能做到预付款管理，谁使用谁付款，用多少扣多少，明明白白消费，增强了用水户节约用水意识。”

这个村的水资源计量控制系统，主要由水资源智能测控终端、卡片式声频流量计、用户卡、GPRS无线模块和村级管理平台组成。水资源智能测控终端通过GPRS将数据传输到区水务局监控中心，做到了数据监测的方便快捷。GPRS远传终端可以把采集到的开停泵时间、用水量、用电量、用户信息等数据传输至中心监测软件。通过物联网实时监测技术、GIS技术和数据库技术，采用水权分配、阶梯水价管理模式，完善了数据的获取途径，增强了监控能力，加大了管理力度，实现了农业用水精细化、定量化管理。

管理上台阶，节水才能见实效。

邵永振是顺义区农业节水灌溉工程项目办公室主任，他介绍：

2012年7月，北京市第四批中央小型农田水利重点县项目花落顺义区，在2012年至2014年发展节水灌溉面积6万亩。

项目下达后，顺义区立即组建区级工作领导小组，成立项目管理办公室，精心策划，严密施工。由于采用先进的喷灌、管灌和滴灌等节水灌溉技术，项目投入使用后，增效明显。

马坡镇石家营村围绕小小的水龙头做文章，建立利益导向节水机制，取得了良好的经济效益、社会效益。每年可实现节水4.5万立方米，节约开支5.4万元。该村的节水经验已经被区内部分村庄借鉴。

石家营村在调查摸底之后，对原来的免费无限供水机制进行改革，即每位村民每月有3吨的用水量，每吨1元，超出限额部分后每吨4元。

同时该村每月为每位村民发放3元钱的用水补贴，即每人每月用水3吨相当于免费，有节余的归村民个人。村党支部书记胡国卿介绍，该机制自2005年底建立以来，出现超额用水情况的家庭极其个别。

节水机制实施后，最先体现出来的是经济效益。

村民算过一笔账：

节水前，该村使用的是18千瓦的抽水电机。节水后，18千瓦的电机换成了13千瓦的。13千瓦电机即使按满负荷运转计算，村集体每月大约节省电费开支1800元，全年实现节电开支2.16万元。

“节水不是一场革命，而是永远的革命。既然有了前期成功的节水经验，我们将在以后的工作中，继续推行最严格水资源管理制度，加大管理力度，将节水灌溉工程继续实施下去。”顺义水务人有这个决心。

实施各项节水措施，顺义区农村灌溉条件将得到明显改善，农田的灌溉保证率和作物的水分生产率得到了有效提高，同时灌溉技术水平、管理水平也迈上了新台阶，实现了农业水资源的节约利用，缓解了水资源供需矛盾，具有明显的社会效益。

顺义区有农业种植面积60万亩。近年，随着种植结构的调整以及都市型农业的迅速发展，农业用水量也在逐年增加。

然而，这与顺义区建设现代农业节水示范区工作目标还有一段距离。

他们的目标是：

深刻认识顺义作为全市农业产业大区和地下水严重超采区的实际状况，准确把握节水示范区应该承担的引领和带动作用，切实加快推动全区节水农业发展，预计到2018年全面完成现代农业节水示范区创建工作，全区农业用水管理基本实现“五个全覆盖”。

这“五个全覆盖”即先进的节水技术、设施、措施全覆盖，农用井取水许可证发放全覆盖，装表计量全覆盖，用水限额管理全覆盖，依法缴纳水资源费全覆盖。年用水量从1.7亿立方米下降到1.15亿立方米。

农业节水是这样，工业节水又如何呢？

10.

顺义下了第一场雪，仁和像盖了厚厚的雪白被子。

柿子树上，挂着几个圆圆的柿子。

白雪、黄柿子。有鸟偷偷将柿子掏个洞，吸其蜜汁……

顺义的工业节水，也是多措并举。

“节水管理部门加强节约用水管理，科学合理利用水资源，建设节水型社会；工业用水单位采用先进技术、工艺和设备，增加循环用水次数，提高水的重复利用率。节水管理部门依据节约用水规划，编制行业用水指标，并下达到相关的用水单位。”顺义区水务局副局长张春生向我介绍。

这些数字是枯燥的，却是真实的。

2006年，顺义节水办核定全区1153家单位全年的用水指标，并下发到用水单位，共发放水指标31452万立方米。

2007年，核定全区1194个用水户的用水指标，共3.06

亿立方米。其中，工业、生活用水指标8147万立方米。

2008年，全年的用水指标共3.0025亿立方米。其中，工业、生活用水指标0.8325亿立方米。

2009年，计划用水量30678万立方米，实际用水量30295万立方米，管户数1125户。

2010年，计划用水量30603万立方米，实际用水量29750万立方米，管户数1319户。

张春生介绍，顺义的工业节水，实施了分类分级管理。具体做法是：

经过前期准备、普查两个阶段，顺义区节水分类分级管理制度全面铺开。全区用水户分为工业、农业、建筑、居民生活、公共服务、城市环境六个类别，由水务部门推动，各镇、街道办和经济功能区落实属地管理责任，依据相应的考核标准由高到低评定为A、B、C三个级别，对用水情况实施动态管理，提高用水效率。

顺义区规模以上企业1800余家，农田面积60多万亩，年用水量达3亿立方米，但节水管理一直较为粗放。推行节水分类分级管理制度是社会管理精细化的具体体现。该制度根据用水特点，将全区用水户进行分门别类的管理，不同行业制定相应的用水考核标准。评定标准分为A、B、C三级，节约用水管理水平最高的用水户被评定为A级，行业主管部门和属地管理部门对其监管会相对宽松。通常，用水户所属的类别固定不变，但其级别则根据不定期抽查及定期考核结果进行升降级调整，并对其采取相应的奖惩措施。

节水分类分级管理工作分为前期准备、普查、实施分级和管理运行四个阶段推进，不仅有利于全面掌握全区节约用水工作状况，建立健全节约用水数据库及动态管理体系，而且为节约用水有效监管提供科学、准确的依据，实现全区节约用水管理精细化。

张春生介绍，该办法施行后，A级单位以自我监管为主，行业监管部门每年检查一次，属地管理部门不定期抽查；B级单位适度检查，行业监管部门每半年检查一次，属地管理部门每年检查一次；C级单位是监督检查的重点，行业监管部门检查每季度不少于一次，属地管理部门检查每半年不少于一次。

他说，通常用水户所属的类别固定不变，但其级别则根据不定期抽查及定期考核的结果进行升降级调整，并对其采取相应的奖惩措施。凡在检查中发现用水计量设施损坏没有及时修复、污水处理设施不能正常运转、自备井用水单位出现安全饮水事故、农业用水大水漫灌、城市景观用水使用自来水等情况，将给予用水单位降级，并限期整改。用水单位连续两次被评为C级，且存在严重浪费水现象，将按规定进行处罚。

编制用水指标，分类分级管理，确实是很好的办法之一。

采访组走进北京燕京啤酒股份有限公司，看到上述办法果然奏效。

北京燕京啤酒股份有限公司，是北京市用水大户，在水资源严重短缺和市场需求旺盛的双重压力下，紧紧依靠科技，加大科技节水投资力度，努力推进污水资源化，产品单耗降为6.5立方米每吨啤酒，比国家颁布的9.5立方米每吨啤酒低31.6%。工业用水量重复利用率达到87%，工艺水回用率94.78%，间接冷凝水循环率99.7%，锅炉蒸汽冷凝水回用率74.9%，成为啤酒行业的节水标兵。

我们详细了解了他们的具体做法，即：

加强废水处理和中水回用。仅废水处理工程一项，公司共分三期累计投资达1.3亿元，建成日处理2.4万吨的污水处理厂。引进国外先进的厌氧处理专利技术，处理后的二级出水用于洗车、绿化、锅炉冲灰、公厕冲洗等。

投资对中水再处理，使其达到循环冷却用水的补充水的再生资源用水要求，减小一次水的用量。将中水加压泵送至各用水点，用作锅炉麻石除尘脱硫、冲渣、厕所、绿化及糟场冲糟、洗车、建设工地用水等，增加水的重复利用率，减少污水排入和新水消耗。公司经过数年投入改造，仅使用中水一项年可减少新水补充量10万吨以上。

蒸汽冷凝水密闭回收。在充分调研、论证的基础，淘汰了陈旧的开式凝结水回收泵，先后四期投资200余万元，安装了13套冷水回收装置。制麦车间、糖化车间的蒸汽冷凝水已全部回收利用，即70%的蒸汽冷凝水得到了回收利用，每年可节约60余万吨蒸汽用水，价值超过1200万元每年。

灌装车间废水（洗瓶水）的再利用。北京燕京啤酒股份有限公司现有灌装线21条，灌装线的洗瓶机末段用水较为干净，可回收用作为洗瓶机的碱Ⅰ、碱Ⅱ用水及杀菌机用水和设备厂、厂房卫生等用途。每个车间每天可循环利用洗瓶水约196立方米左右。

回收糖化车间热水。将糖化冷却热麦汁后形成的热水用作于酿造，不仅热水得到了利用，同时将热麦汁的热量带到了糖化工序中去，使工艺更趋于合理。北京燕京啤酒股份有限公司在每个糖化车间建设的同时都将此热水回用工作同时进行，累计投资100万元左右，热水利用每年节约用水可达20万吨以上。

改造锅炉除尘充冲水循环系统。2003年投入670万元对锅炉除尘系统进行改造，通过增加循环系统的沉淀池个数，改变循环水流方向，变更循环水泵，增大水泵流量，使锅炉除尘冲渣水循环率进一步提升，每天循环量在13000吨左右。

改造部分冷凝器为蒸发式冷凝器。制冷系统的冷凝系统是：水冷式冷凝器＋冷却塔＋循环水泵构成水循环系统。由于冷却塔及冷凝器的结垢较多，无法及时彻底除垢，循环水达不到冷凝效果，需要补充大量一次水，耗水量很大。

蒸发式冷凝器是靠水蒸发相变吸热将热量带走，蒸发1千克水可带走578千卡的热量，因此特别适用于缺水地区，实际节水效果85%以上。2003年公司投资300余万元对三冷车间的部分冷凝系统进行了改造，安装了三台蒸发式冷凝器，有效降低了耗水量。

我们还参观了顺鑫农业，他们的做法是水资源循环利用。

作为顺鑫农业的重要骨干企业，位于潮白河上游的牛栏山酒厂不仅是集团公司的用水大户，而且牛栏山酒厂所在的牛栏山地区也是北京市自来水集团八厂的水源供给地，特殊的地理位置与行业特性，决定了牛栏山酒厂节能环保工作的重要性。因此，牛栏山酒厂引入水资源循环利用模式，在全国第一家使用循环水洗瓶。

早在2000年，牛栏山酒厂就投资400多万元将原有污水处理厂进行改扩建，设计日处理污水能力达到2500吨。

2002年牛栏山酒厂还实施了中水再利用工程，在厂区内全面铺设中水管道，使得处理后的中水发挥巨大的作用。酿酒车间生产用冷凝器采用的中水，排走的冷却水还可回流到锅炉房，进行再次利用，用做锅炉房除尘器的脱硫和除尘用水。

厂区北侧有65个立式酒罐，夏季给这些酒罐喷淋降温用的也是中水，喷淋后的水经过专用管道再流回污水站。厂区内上万平方米的绿地灌溉及部分卫生间的冲厕用水也都来自中水。

牛栏山酒厂大门内，一座反映牛栏山微缩景观的假山已成为工业旅游的经典，夏季山上的景观用水，冬季冰山造型的用水也全部是中水。中水的再利用，有效减少了地下水的提取量，牛栏山酒厂原水提取量从2000年的71万吨降至2010年的45万吨，每年节约资金56万元。

原来，洗瓶车间是牛栏山酒厂的用水大户。由于洗瓶水是与产品直接接触的，因此对水质的要求极高。牛栏山酒厂的洗瓶水都是提取的地下水，使用一次就排到污水站处理，不但浪费了大量水资源，而且增加了污水站的运行负担。

2009年，牛栏山酒厂联手北京市科委可持续发展促进会，经过实地考察和细致分析，最终制定了一整套循环利用洗瓶水的方案。该车间采用北京市科委提供的技术，将用过一次的洗瓶水集中收集，经过石英砂活性炭过滤、保安过滤器过滤、超滤膜过滤、臭氧和紫外线消毒以后，可以达到生活饮用水的标准。

我们在牛栏山酒厂看到：有一个方形的水池，穿着红裙子的女孩将手里的饲料向池中撒去，立即就有一群鲤鱼窜出水面，争相夺食。这是牛栏山酒厂的污水处理站精彩的一幕，那些鲤鱼成了牛栏山酒厂污水处理站的最佳代言人，它们生活的水就是污水处理后的中水。这水质，经区环保局监测，达到北京市二级排放标准，不仅指标合格，就连鲤鱼也在里边活蹦乱跳……

近些年，顺义在缺水的煎熬中，度过了艰辛的岁月。的确，他们采取了生态养水、集雨蓄水、利用污水、节约用水等诸多措施，使水如滴滴甘霖滋润着那干渴的喉咙，但是蓦然回首，就能看到还有一项“硬招”，贯穿始终。如果没有这个“硬招”，那生态养水、集雨蓄水、利用污水、节约用水都是空话，那“三条红线”更是无稽之谈；如果没有这个“硬招”，顺义之水也许早就逃之夭夭了；如果没有这个“硬招”，只会看到或听到那些“坏消息”……

11.

这些坏消息是：

2011年6月28日，顺义区水政监察大队接到举报，称有人在顺义区马坡镇衙门村西非法打井……

2011年7月5日凌晨2点10分，顺义区水政监察大队接水务所巡查人员电话，称在潮白河苏庄桥下游有盗采砂石行为……

2011年8月15日，顺义区水政监察大队接到举报称在牛栏山镇富北路小中河桥西50米处有人正在凿井……

2011年10月24日，顺义区水政监察大队接到仁和水务所电话，需要配合查处仁和镇林河工业区内某某食品有限公司取用地下水未按照规定安装计量设施……

2012年2月19日17时30分，顺义区水政监察大队接水务所巡查人员电话，称李遂镇牌楼村西箭杆河段发现盗采痕迹……

2012年2月23日15时50分，顺义区水务局监察员张继伟、杜长宏现场检查中发现，有人在顺义区李遂镇牌楼村西北箭杆河河道内倾倒垃圾……

2012年3月18日15时30分，顺义区水政监察大队监察员杜长宏、曹满现场检查中发现有人向顺义区杨镇沟东村西蔡家河河道内排放淤泥……

2012年4月18日，水政执法大队接到仁和水务所举报，称在顺义区马坡镇毛家营村东发现一起违章凿井行为……

从2011年9月1日至2012年5月31日，某某管委会4眼井共再次取水295590立方米，拖欠水资源费、污水处理费共计886770元，未按时缴纳……

2012年7月9日9时40分，顺义区水政监察大队接水务所巡查人员电话，称在七分干渠河堤有人建设围墙，影响行洪通道安全……

2013年4月17日，水政监察大队监察员在现场检查中发现某某汽车装饰有限公司在其院内利用自备井取水用于洗车服务项目……

其实，在顺义，违法违规的水事案件远比这些例子要多。难道水务人在这些违法违规的水事面前，束手无措了吗？

宪法是我国的根本大法，自然不用说了，每个人都要遵守。涉及水务的法律法规，包括《中华人民共和国水法》《中华人民共和国防洪法》《中华人民共和国环境保护法》《中华人民共和国水土保持法》《中华人民共和国河道管理条例》等。众多的法律法规，就像一柄柄尚方宝剑，为水务执法人员“撑腰”，威慑违法违规分子。

顺义区水务局副局长刘振宇，从2002年开始在局法制科工作，见证了顺义水务执法的历程。

顺义的水政执法在2001年就开始了，当时执法主要处罚潮白河非法乱采砂石料。政策规定，2001年以前办理了采砂证的，可进行按照规划采砂；2001年以后，一些无证采砂即非法采砂增加，把潮白河道挖的乱七八糟，满目疮痍，伤痕累累。

为控制住乱采砂石料的局面，顺义区政府从公安、土地、环保、水务等四个部门各抽4人，组成禁采执法队。顺义区政府领导非常重视这项工作，每周听一次执法情况汇报，区水务局负责执法情况简报。在多方的配合下，严肃处理了一批非法采砂的人员，有的被判刑十年，禁采砂石的局面控制住了，大大减少了对社会的危害性。这个局面维持了六七年。

从2009年开始，潮白河有水了，执法的范围逐步扩大，节水、水资源管理等内容也纳入到执法管理范围。

2010年、2011年，水务局与有关部门配合，在潮白河开展禁捕禁钓执法，取得不错的效果。

2012年，水务局内部确定每周三为执法日，各科对存在违法的案例集中处置，执行两年来也取得较好效果，特别是2011年中央一号文件下发以来，水务执法有了政令法规的支撑，形势一天天好起来，最严格的管理制度也正在逐步形成。

这种记忆，对在顺义区水务局执法队队长刘亚民来说，尤为深刻。

刘亚民在执法队当队长已有十几年的时间了，从过去的水政执法主要处罚非法盗采砂石，到2011年开始执法范围不断扩大，对于涉水违法案都要处理。为了保护水资源，对非法取用水的案件加大处罚力度。2011年，执法队联合区城管大队，处罚非法打井案40起，产生较好的社会影响，对非法打井的势头得以控制。

2012年7月1日新的节约用水办法出台以后，执法队的责任更重了。他们联合各个水务所，两个管理段进行执法，每周三集中执法。

2013年的一天，执法队参加执法检查，摸清用水大户的情况，像洗车、洗浴、自制纯净水柜机等管理与使用都依法进行检查。当时每个小区装配的净水机，必须安装尾水处置设备，否则将出现大量浪费水的现象。执法人员约谈相关企业负责人，保证尾水不浪费。执法人员还与企业负责人一起，从实际出发设计出节水方案，在净水机旁安装一个大灌回收尾水，然后再免费使用，可浇花草、洗车、洗衣等，这样居民感觉好，乐意接受。

通过执法，顺义形成“划定的红线不能碰，谁触碰红线就处罚谁”的氛围。

岁月匆匆，但留下了执法的一幕一幕。

执法队员都很辛苦，他们日日夜夜坚守在护水、保水的第一线。为了禁止在潮白河捕鱼夜查，有时也在夜间十二点钟或凌晨三四点钟，但他们毫无怨言。当盗采砂石的事出现后，执法队员赶赴现场拦截车辆，控制盗采人员。这是相当危险的，非法人员什么办法都可能使出来。但是，执法队员没有一个退缩，个个冲锋在前，有的录像、有的询问记录、有的维护现场。

为了掌握执法人员的规律，盗采砂石的人想尽办法，在现场记下执法车的牌号，到执法队门口放哨侦查，跟踪执法车辆行踪等。

刘亚民的车自然纳入到盗采人员的视线，他们要“擒贼先擒王”。

刘亚民总是想法改变他们的视线，换一辆面包车去检查，花钱打一辆出租车回家，让这盗采者摸不到头绪。

每当处罚白热化的程度，盗采头目软硬兼施。他们用钱贿赂不成，就夜间给刘亚民家里打恐吓电话，往车门上贴吓唬人的纸条，弄得大人孩子不得安宁。

刘亚民的妻子说：“别干这事啦!”

刘亚民摇摇头。他心想，这队长一干就是十几年，也算是在北京水务战线上老队长，决不能有困难就退下来。

他一边坚定信心，一边和妻子说：“别怕，那些人也就是吓唬咱，他们不敢动真格的。”

其实，执法人员受伤害的事，并不少见。

但是，他们那样无怨无悔，那样执着向前。

凿井取水要依照有关规定办理一些审批手续，打井必须先办凿井许可证，成井后再办理取水许可证，然后装水表取水。

顺义区水政执法大队副队长雷牧带着队员，查到一家拖欠水费的企业，水务部门多次催缴，企业拒不缴费。

“下达限期缴纳通知书了吗?”雷牧问。

“通知书已经到期，还是没交。”队员回答。

执法队立案调查，下达通知书限定在30日内缴纳，若不缴纳将申请人民法院执行。

限期到了，执法队带着电视台前去处罚，并且告知企业负责人将申请法院执行。

这时，企业负责人“软”了，承认以前拖欠水费不对，并且补齐了欠款……

法律是神圣不可侵犯的!

顺义从规范取用水开始，就把依法行政，综合执法作为有力的手段。现任主管水资源管理的刘振宇副局长，曾联系北小营镇的装表计量等工作，在局水政执法队的配合下，凭着依法行政的后盾，一天时间就办理了7张取水许可证，企业完成了装表计量工作，纳入了管理。

组织综合执法是顺义区水务局的又一项举措，是一种创新模式，首要条件是建立联动机制。

一方面，局在机关各业务科室在行政审批的同时，负责取用水、水资源费和污水处理费征收，计量设施安装、运行，涉水案件的监管、违法案件资料收集，为查处奠定基础。

另一方面，他们出台相关意见，规范凿井队的管理。要求在本区施工的凿井队，承接工程前，需要告知区水政执法大队，不但没有形成地方保护，还做到了控制源头，避免了乱打井和不经审批打井。

组织综合执法作为规范取用水管理的重要一环，局机关组织了两支执法队，由供排水管理科、水资源管理科牵头；基层单位成立了8支执法队，200 人的队伍，由局党组班子成员带队，在辖区内组织综合执法。

2013 年 5 月以来，执法重点是小区制售饮用水、洗车、洗浴、自备井取水、村管网供水户、建筑现场临时用水、施工降水等涉水事项。到 2014 年 4 月底，共组织综合执法 120 轮次，查处非法取用水案件 236 起，封填不符合审批条件的机井 46 眼。

对性质恶劣，偷逃水资源费的案件，顺义区申请法院强制执行，数额巨大的，及时与区公检法联系，召开联席会通报情况，司法部门介入，推动“两法衔接”工作。

如接群众举报北京某桶装水公司偷逃水费。经查，该企业采取频繁更换水表、让水表倒转等方式，偷逃水资源费 100 多万元。数额巨大，性质严重，区水务局与公安分局、检察院、法院联合办案，2 名责任人已被刑事拘留，检察机关正依法对案件审查，拟提请公诉。到 2015 年 4 月底，该局向区法院提出申请，强制执行的非法取用水案件 7 起，已执行完结 4 起。

“老大难，老大难，法律介入就不难。”刘振宇说。顺义区在规范取用水管理，履行职责之中，运用了法律的武器，法律的威严再一次得到了充分的体现。

曾几何时，顺义依法行政，频频“亮剑”：

2000 年 7 月 12 日，为确保潮白河安全度汛，彻底清除因砂石无序开采造成的行洪障碍，顺义区防汛抗旱指挥部成立了综合执法队。综合执法队由市潮白河管理处、区农委、区公安分局、区司法局、区工商局、区地资办、区水利局以及沿线的牛山地区办事处、北小营镇、木林镇共同组成，其主要职责就是昼夜进行巡查，利用广播宣传车宣传《中华人民共和国水法》和《中华人民共和国防洪法》以及其他水法规，坚决制止违章开采砂石现象，确保行洪畅通。

2001 年 7 月 19 日，顺义区组织农委、水利局、公安分局等部门，冒雨进行联合执法，拆除采砂设备70台件、违法建筑200多间，治疗潮白河上的“牛皮癣”。

2005年7月13日，顺义区政府与区各有关部门签订砂石禁采责任书，自2004年开始实施“管住河、管住人、管住车、管住路、管住地”的“五管住”措施。水务部门加强巡查，禁止车辆进入河道；公安部门对盗采者实施强制措施；城管、环保等查扣盗采车辆；交通部门封堵运输道路；国土部门保护堤外土地。通过联合多个部门，建立长效管护机制，扼住潮白河采砂“黑手”。

2012年2月，顺义区打击水事违法现象执法在行动。2月23日，查处木林镇东沿头村北侧和杨镇东疃村南查处两起非法凿井行为；2月19日，查处蔡家河牌楼橡胶坝上游砂石盗采案件；2月29日，查处箭杆河河道内一起砂石盗采行为。

2012年7月9日，查处某某国际商务酒店在七分干渠左堤上建设围挡案件。

2013年4月17日，查处某某洗车装饰公司未办理取水许可证案件……

那场维护水事秩序的“百日整治行动”，奏响了从严治水护“绿港”的音符。

12.

2010年6月30日，北京水务“百日整治行动和水资源管理专项执法”动员大会召开。

顺义区水务局主要领导大步流星走上发言台，铿锵的声音在会场回荡。

“我们坚决贯彻中央和市委、市政府的精神，在市水务局的悉心指导与区委、区政府的正确领导下，落实最严格的水资源管理制度，将严格规范取用水，作为‘百日整治行动’的重点。”

7月12日，顺义区政府迅速召开全区“盗采砂石、非指定区域捕鱼钓鱼和游泳、非法洗车”集中整治行动即“百日整治行动”动员大会，传达市水务局百日整治行动工作精神，部署顺义百日整治行动。

会上，水务局副局长席洪亮传达了《关于开展“北京市盗采砂石、非指定区域游泳和钓鱼、非法洗车百日整治行动”的通知》。

会议主题：“以我为主，攻坚克难，扎实推进我区百日整治行动！”

“我”即是水务，在百日整治行动中，水务应当一马当先。

然而，此事开头难。

不错，近年顺义区一直不遗余力打击盗采砂石、非指定区域捕鱼钓鱼和游泳等水务热点难点问题，取得了一定的成果，特别是2004年至2006年开展的盗采砂石整治行动，由建委、国土、公安、城管、工商、城管监察、交通、水务、林业等部门联合组成工作小组，每天出动200余名执法人员，采取夜查、设卡等形式，部门联动，协同作战，逐镇逐点专项整治，有效遏制了潮白河等区内主要河道盗采砂石现象，保护了河道平衡和水生环境。

但是，从2007年开始，顺义区实施温榆河水资源利用工程，将温榆河水调入潮白河、减河，使两段河道形成了宽阔的水面。为保持和改善潮白河、减河水体水质，顺义区政府通过增殖放流活动，向水域投放鲢鱼等水生动物，对保持改善水体水质发挥了重要作用。个别市民为满足自身垂钓需求，对执法人员巡查执法置若罔闻，个别不法人员甚至利用网具进行捕鱼，捕鱼、钓鱼现象呈反弹势头。

于是，顺义区制定了《整治潮白河减河水域捕鱼钓鱼野泳行为工作方案》，开展潮白河、减河禁捕禁钓禁野泳专项治理，全面开展百日整治行动。

百日整治行动确定了疏堵结合、速效措施与长效机制并重的原则，建立“政府主导、行业主管、属地统筹、综合治理”的工作机制；明确了打击盗采河道砂石、整治非指定区域游泳、整治非指定区域捕鱼钓鱼和整治非法洗车4项专项行动。

这次行动由区政府副区长张晓峰任组长、李守义任副组长，区委宣传部、文明办、政府督查室、农委、教委、财政局、交通局、环保局、体育局、公安分局、工商分局、国土分局、城管监察大队、水产中心、广电中心、园林中心、自来水公司、市水务局潮白河管理处，各镇、街道办事处联动。

水务局几位领导各负其责。其中，席洪亮负责整治非指定区域游泳专项行动，整治非指定区域捕鱼、钓鱼专项行动；张春生负责整治非法洗车专项行动；康建龙负责打击盗采河道砂石专项行动。

一场保护水资源的战斗拉开了大幕。

潮白河、减河蓄水水域两岸，每隔500米悬挂一块横幅，每隔100米设置一块警示牌；电台、公园广播系统、流动宣传车等播放禁捕禁钓《公告》《致全区市民的一封信》、保护水环境常识等内容；广场电子屏、小区电子屏等滚动播出禁捕禁钓禁泳提示；教委把《致全区中小学生的一封信》发放到学生手中；顺义的"两台一报"电台有声，电视有影，报纸有文。

水务局水政监察大队、水产中心渔政执法队、公安分局治安支队组成联合执法队，在岸边巡逻……

全力以赴，齐抓共管，部门联动，严格执法。

一连三年，三个"百日行动"。

2010年6月30日，顺义水务人从禁止在非指定区域捕鱼钓鱼游野泳做起，打响了全市"百日整治行动"的第一枪。各镇、街道办事处、经济功能区齐动员，区水务局基层单位、机关科室分片包干，执法人员酷暑和寒冬日夜巡查，初战告捷。

2011年5月，顺义水务人利用全区"打击非法违法生产经营建设行为"的契机，打响了规范取用水行为，水资源专项执法的第一枪。百余名水务职工、千名管水员入户调查、建立台账，服务用水户，督促办理自备井取用水手续，装表计量，2300多家用水户纳入水务局管理。

2012年1月13日，顺义水务人冒着严寒，又一次打响"百日整治行动"。

"取用水规范化管理，则是老大难问题"。

过去，顺义区的取用水粗放式管理与水资源日益紧缺形势并存，经济社会发展遇到了严重的水资源瓶颈。中央一号文件、市委9号文件，提出实行最严格的水资源管理制度，严格执行“三条红线”。国务院近日印发了《关于实施最严格水资源管理的意见》。突破“水利工程重建轻管，相关法律法规不健全，从粗放管理向规范化、精细化管转折，用水需求刚性增长和打击非法违法生产经营建设行为”等几个关键节点。

“我们理清问题即主动解决问题，将规范取用水作为2011年‘百日整治行动’的重点，作为实行最严格水资源管理制度，严格执行‘三条红线’的基础。于是我们高擎起了‘严’字大旗”顺义水务人如是说。

严格取用水管理，宣传是一以贯之的措施。

长期以来，社会各界形成了“水是取之不尽用之不竭”观念，成为规范取用水管理的拦路虎。打退拦路虎，转变观念，需要全方位、立体化的水法规宣传。不仅利用报纸、电视台、电台、网站等宣传平台，组织新闻宣传，还组织“绿港水韵”节水有奖征文活动，收到征文400篇。出差在外地的顺义人，看到征文启事，认真撰写征文寄到水务局。水务局提出标语口号，各镇、街道办事处、经济功能区制作横幅宣传，“节水大讲堂”进社区、学校、商场、部队等，让社会各界深刻认识和理解本区的水资源现状和问题，使群众从被动接受变为主动参与。

“百日整治行动”、规范取用水管理不可能一蹴而就，要坚持条块结合、部门联动、平行交叉、合力推进，把打击盗采砂石、禁捕禁钓、水资源管理等执法工作常态化。

“百日整治行动”，归根到底是依法治水的行动。

2010年8月，顺义区水务局与公安部门联合查处了一起在河道外管理范围内盗采河道砂石案件，查获盗采砂石车辆2辆，2名盗采人员被公安机关刑事拘留。

2011年3月，顺义区水务局查处赵全营镇一起未经批准开凿机井的违法行为，该工厂被罚款人民币2万元。

2014年7月，一家挂靠国内名牌企业的桶装水公司偷逃水资源费，原车间主任张某某被顺义区法院以盗窃罪判处有期徒刑5年，并处罚金5000元；公司法人滕某被网上追逃……

严格水资源管理，其实就是个依法行政的过程，是这样吗？

13.

“人水和谐，以水兴业”，已经成为一种发展理念。

如何将严格水资源管理，纳入“社会管理精细化”的范畴，顺义做了有益的探索。

顺义水务部门全面落实最严格的水资源保护制度，努力提高精细化管理水平，从四个方面做起。

加强水源保护，摸清全区可用水资源底数，进行水资源评价，制定水资源开发利用保护规划。

确定三条红线即确定用水总量控制红线，重新核定生活、生产用水指标；确定用水效率控制红线，完善节约用水分类分级管理体系；确立水功能区限制纳污红线，改革污水处理费征管办法。

规范用水行为，建立区、镇、村三级用水户和自备井台账，做到情况清，底数明，加强取用水的监督和管理。

推进节水创建，制定节水型社会创建实施意见，建立切实可行的考核机制，以考核促发展，促提高。

近年，顺义水政执法，依法治水可圈可点。

强化宣传，宣传形式多样。

在执法过程中，执法人员走进社区、企业、学校、饭店等人口密集且用水量较大单位，通过检查节水设施、现场纠正“跑、冒、滴、漏”，宣传节水知识，杜绝浪费水资源的行为。发放节水宣传材料，提高全民节水、护水、爱水意识。

加强巡查，巡查有的放矢。

他们制定详细的巡查计划和方案，填写巡查日志。具体做法是明确执法任务、内容、要求、措施、责任人、发现问题及处理措施，建立执法巡查台账，巡查记录一月一归档。

预防为主，主攻方向明确。

每天派专人专车对全区19个镇及街道办、经济功能区的取水用情况进行检查，有效预防、发现、处置违法凿井、非法取用水、非法洗车、洗浴及浪费水等行为。在盗采易发地段设立水政监察流动站，实施定点看守；在盗采、穿河易发生地段实施断路、设障等措施预防违法案件发生。

联动执法，执法形成合力。

执法大队坚持联合执法的工作思路，以法律为准绳，以事实为依据，开展联合执法行动。依据局与区公安分局、工商分局、区环保局、区城管监察大队、区水产中心等6家单位建立的联动机制，组织联合执法，严厉打击各类水事违法行为；整合局属内部执法资源，组建联合执法队伍，开展专项执法活动，实现信息共享，共同出击。

严厉打击，击中要害部位。

执法大队按照北京市水务局、北京市执法大队及局党组的统一部署和要求，结合2010年6月30日开始的“百日整治行动”“春雷一号行动”，2011年5月开始的“打击非法取用水”等一系列专项执法活动开展执法工作，制止并查处各类水事违法行为1000余起，罚款292000元，所有案件在查处过程中全部按法定程序进行处理，结案率100%，无行政诉讼、行政复议情况发生。

顺义的实践证明，实施最严格的水资源管理，必须有法律为其“撑腰”……

2014年10月20日至23日，党的第十八届中央委员会第四次全体会议在北京举行，会议审议通过了《中共中央关于全面推进依法治国若干重大问题的决定》；2015年1月9日至10日，全国水利厅局长会议在北京召开，会议强调要深入贯彻落实党的十八届四中全会精神，全面推进依法治水管水。

这次会议明确了全面推进依法治水管水的路径：

牢牢把握全面推进依法治国总目标，进一步理清水法治建设思路与要求，着力形成完备的水法律法规体系、高效的水行政执法体系、健全的依法行政工作机制和有效的法治宣传教育机制。

着眼水利立法需求最为迫切的领域，不断提高水利立法科学化水平，统筹推进流域管理、河湖管理、水利建设、农田水利、节约用水等方面的立法进程，健全完善适合我国国情水情的涉水法律法规体系。

积极创新水行政执法体制，全面推进水利综合执法，切实增强水行政执法能力和水平，加大对非法取水、非法采砂、违法设障、侵占河湖水域岸线等水事案件的查办力度。

紧紧围绕加快建设法治政府新要求，深入推进水利依法行政，依法履行政府职能，健全依法决策机制，全面推进政务公开。

有效防范和化解水事矛盾纠纷，修订完善各类应急预案，加大水法宣传普及力度，大力提高水利社会管理水平。

通过顺义基层依法治水管水的例子，我终于明白，水行政执法也是“顺”的表现和手段。不法分子不“顺”着自然规律去做，违背人们“顺”的意愿，那执法人员就要依法“顺”他，让他“顺”过来。

顺义本来就很美，有诗为证：

金鸡秀水映绿野，

潮白深林不见天。

黍谷神农北相依，

张堪引稻狐奴南。

廿里长山涌甘露，

春娘香飘千家宴。

斗转星移，

世事变迁，

那远去的美好成为一缕乡愁。

往事如烟，

美景在水。

顺义人世世代代流下的汗水，与潮白河的水融在一起，滋润出生机勃勃的新绿。南水北调中线工程建成，长江水不远千里来到这里，为潮白河补给营养……

顺义更美了——

春天，绿水如蓝，树木吐翠；

夏天，鲜花盛开，小鸟啾鸣；

秋天，果实累累，红叶绽放；

冬天，白雪皑皑，雾凇倒挂。

第十章　潮　白　水　韵

1.

仁和之冬，夜长。

飞机的轰鸣声在上空回旋，狗偶尔发出冰冷的叫声。

我早起，站在小院中，让冷风清洗一夜的混沌。

弯月独上西楼，

小窗迎白昼。

灯下何物?

一台蹲坐的电脑；

床上何人?

一床横卧的被褥……

采写顺义之水，感慨万千——

水之利害也。

水灾旱灾，始终是中华民族的心腹之患。

顺义，难道不是中华民族利与害的缩影吗?

我在飞机俯视顺义大地，被潮白河冲击的像个扇面，下游是地势平坦、河床宽浅的平原，潮白河、温榆河等从她的胸脯上划出几道口子，然后是纵横交错的道路、往来的车流、凝固的楼群。

这就是顺义的特点：受季风气候影响，顺义形成了一个春旱秋涝的水文气象规律，洪、涝、旱、碱、风、雹、震等各类灾害时有发生。每到汛期，上游极易暴发山洪，洪水入境后便成灾害。

我沿着时间隧道，探寻顺义水灾的历史轨迹：

光绪十九年即公元1893年，“夏雨连日，平地水深丈许”。

1938年曾出现“雹大如卵，厚五寸，禾稼皆平”暴雨与冰雹交加而至的惨状。

1939年潮白河洪峰（苏庄站）流量5980立方米每秒，受灾面积590平方公里，淹没村庄223个，倒塌房屋1240间，死亡46人，11.5万人无家可归，铁路冲断，公路被毁，苏庄30孔拦河闸被冲毁12孔，粮食减产六成以上。

1950年8月1日至3日，连下三天大雨，潮白河上涨7尺；小中河出汛，宽3里，长60里；蔡家河、金鸡河、温榆河均出汛。据不完全统计，淹地25.7万亩。

1950年8月23日，灾情统计表中，受灾面积41.2万亩。

1972年，春、夏、冬长久不雨，水库断水，河道断流，井水位下降，玉米夏播夏灌均受严重影响，秋季大减产。

1980年、1981年出现百年未见的大旱，天地间一派昏黄。

……

其实，中华民族的大地，何尝不是曾经被水鬼旱魔所蹂躏，我们多少祖先的亡灵在洪荒的天地间，还在流浪。灾难如此深重，让人怎堪回首？

潮白河素有“三年河东，三年河西”之说。河道主流摆动大，险情变化多，经常造成两岸冲淤和严重塌岸现象，常常决口漫溢，给沿岸村庄和耕地带来巨大危害。

素有“北京莱茵河”之称的潮白河，自北向南贯穿北京的东部，流经延庆、密云、怀柔、顺义、通州等5个区县，穿越密云、怀柔、顺义、通州4个新城城区，与各新城的生产、生活联系极为紧密，形成了“一水带四城”的空间关系。

潮白河全长458公里，在北京境内的流域面积约5700平方公里，约占总流域面积的30%，占全市域总面积的35%。年均天然径流量10.22亿立方米，占全市水系总天然径流量的39.4%，两项均居北京市首位。

潮白河被誉为顺义的母亲河，京东第一大河，也是北京市重要的水源采集区，除建有京密引水渠、白河堡水库引水工程外，河道沿岸还分布着水源八厂、怀柔应急水源地、顺义水源二厂、引潮入城、燕京啤酒、通州水源二厂、东方化工厂和怀柔绿化水源地等八大地下水源地。

平均每年向城市供水9.2亿立方米，供水量约占全市的1/3。你以前是否知道，你每喝3杯水，就有顺义的一杯水。如果没有顺义的这一杯水，你能喝上多少水，你懂的。

但是，你知道顺义也缺水吗？

你知道顺义的水是从哪来的吗？

原来，这里也是北京市五大风沙口之一及总体规划确定的风景名胜区之一，潮白河两侧保有大量宽阔的林野湿地，环境优美，是连接北部山体和南部平原的重要生态走廊。

新中国成立后，在这一水系上修建了密云水库、怀柔水库2座大型水库和5座中型水库、33座小型水库，总库容47亿立方米，亦居北京各水系首位。以密云水库为引水源，通向市区的京密引水渠为北京市供水主动脉。

潮白河上游于密云境内，峡谷众多，水流湍急，河流下切作用为主；至下游河道平缓，地势开阔，于是出现了沙川和叉河，还有广阔的河漫滩，也是水患多发地。

潮白河形成之初，流经通县、武清、宝坻、宁河入海。长时间的泥沙沉淀，流水冲击，导致泥沙沉积，河床变浅，河道狭窄，不能宣泄洪水。这种行洪状况一直延续到1949年，其间，每逢汛期，经常决口，各县人民深受其害。

新中国成立后，党和政府对潮白河下游进行治理。之后，全流域范围内的水害基本上得到根治，后又兴建密云和怀柔水库，控制山区洪水。潮白河现已建成5闸8桥，实现了五级梯级蓄水，水量调控自如。

我站在潮白河岸边，曾经不止一次感慨新中国给中国水利带来的巨大变化，给大河儿女带来的安澜和福祉。说到水利建设，它是历史前进的一面镜子。

新中国成立前，多少河流泛滥成灾，多少家庭妻离子散，多少骨肉之躯葬身鱼腹；新中国成立后，这些阴影渐渐远去。

尤其今天，水给人类的太多太多……

但是，人类的欲望越来越不可控，其不合理的开发利用，波及潮白河。潮白河在哭泣，潮白河在愤怒，潮白河在发威。

这就是我们说的，水旱灾害，既有天灾，更有人祸！

潮白河生态系统严重退化，其中顺义段河道从1999年断流，河床裸露砂石，两岸树木枯萎，土地面黄肌瘦。目前，他们不得不靠温榆河调水，维持潮白河的生态及周边的环境。

潮白河断流，曾给北京及其下游地区带来严重的生态危机和潜在危害。地表水干涸，地下水位下降，以自来水八厂井群为中心的水源地，已经形成面积约166.5平方公里的地下水沉降漏斗。

如果顺义不能向北京市区供水，北京市区那个全世界人均水资源最少的城市，会是什么样子？

仅1998年至2001年，三年时间，顺义地下水位就下降了15米。

三年下降15米，平均每年下降多少米？

地下水位持续下降，造成两岸农用浅水井基本不能使用，植被退化，植物种类锐减，群落结构趋于简单，河道滩地大量树木枯死，冬春两季风沙弥漫。

如果地下水持续下降，未来会是什么样子？

“害”也潮白河，“利”也潮白河。

人类与水的纠结由来已久。世世代代，两岸的人民趋利避害，与潮白河进行了不懈的斗争。潮白河水泛滥，人们修建了密云水库，拦截洪水，减轻灾害；潮白河断流，人们引温榆河水入潮，筑坝蓄水，造福苍生。

进入新世纪，随着人口的增加，经济社会的发展，水不仅仅是“利”是“害”，还脏起来，差起来。人类，一方面治理“水多”“水少”，另一方面又人为地制造“水脏”“水差”。比如，随便丢弃垃圾，随便向河中排放污物，甚至是有毒的东西。

这制造“水脏”“水差”的人，或许就有你！

还水一分清澈，还水一分安全，还水一分甘甜，这也就是水务人，不仅是顺义的水务人，也是全国水务人，面临的新任务。以前，水利更多是建设水利工程，现在除了建设还水利工程，还要防污治污，保证水的安全。

有水则绿，无水则荒，无水则亡！

毫无疑问，水是生命之源，而有了生命再没有水的话，生命会不会枯萎？

水的问题，引起国家最高层的重视。2011年，中央专门针对水利发展发布了一号文件，继而召开了新中国成立以来首次以中央名义召开的水利工作会议。

这说明水越来越重要，说明水的问题越来越严重，说明加快水利发展已经是当务之急。

不错，顺义在生态养水、集雨蓄水、利用污水、依法治水等方面，取得了看得见、摸得着的好成绩，犹如好雨滋润着顺义人民的心田。

而我在采访中也看到，对照2011年中央一号文件和中央水利工作会议确定的新目标，对照新一届党和国家领导对水利发展的新要求，对照建设幸福顺义、和谐顺义、平安顺义的新希望，对照生态文明建设的新目标，对照人民群众的新期待，顺义还差的太多太多。

我了解，2012年顺义区水务工作会议上，李守义局长直言不讳地讲顺义水务工作面临着更加严峻的挑战。

他讲的几个“难以逆转”，这可不是危言耸听。

取多予少，水资源紧缺形势难以逆转。

顺义区生产生活高度依赖地下水，每年需用水3亿立方米，北京市长年从这里调水。顺义区污水处理厂和天竺污水处理厂处理后形成的再生水利用效率低。降雨逐年偏少，近13年全区年均降雨量432.5毫米，比2003年水资源评估的多年平均降雨量627.3毫米减少31%，入渗补给严重不足。

注意这些数字，2013年雨水减少了近1/3。

长期超采，地下水位下降趋势难以逆转。

一方面，顺义区作为北京市重要水源地，保障首都用水是必须完成的任务。另一方面，最近10年时间新增流动人口18万人，2011年年底常住人口达到90.6万人，保障生活用水成为最大的民生。

同时，区域经济可持续发展是主旋律，2006年以来，全区GDP年均增长26.8%。“十二五”期间，全区GDP年均递增12%，处于工业强区向服务业大区的战略转型期，入住的大型企业多，用水需求刚性增长。

近年，严重超采地下水源致使全区地面沉降0.789米。地下水平均埋深从1980年的6米，下降到2011年年底的35.66米，近5年来加速下降趋势明显，年均下降1.65米。

枯燥的数字，为什么变得令人恐惧？

我基本同意他的分析：

建设宜居新城，水务基础设施依然较为薄弱。

生态河道建设方面，全区中小河道基本上长年断流，需定期清淤，确保行洪畅通。虽然潮白河形成了一定规模的水面，但使用再生水，流动性差，需加大夏季水质保持的投入力度。

城乡供水方面，使用市政管网水和自备井供水并存，区级水源地单一，急需扩建，有的小区仍然使用机械水表，全区仍有个别村实行用水福利化，不收费，节水潜力较大。

城乡排水方面，城区设施标准不够高，有的地方存在雨污合流现象。有的农田骨干排水沟渠存在排水不畅、水利设施日常维护投入不足等问题。

污水处理方面，虽然全区日处理能力已达到35万吨，但分布不均衡，区污水处理厂和天竺污水处理厂超负荷运转，镇村污水处理设施明显不足。

蓄水方面，城区、经济功能区和企事业单位集雨蓄水设施少，建设力度有待加强。

他认为，水危机意识有待增强，水务管理体制机制依然不够顺畅。

的确是这样，由于保障有力，缺水而不断水，社会各界的水危机意识还不够强，对水务工作重要性的认识还有待提升。在节约用水方面，存在着“说起来重要、做起来次要、与自身利益发生冲突而不要”的现象。

无论您住在顺义，还是住在北京市，是否这种情况。每天，打开水龙头，做饭或洗澡时，水还是汩汩流下来。其实，水危机就在您的身边，您的眼前。

我在北京采访时了解到，北京在南水北调的水到来之前，没有公开北京的真正水家底，因为它的人均水资源量不足100立方米，这个数字比原来世界上最缺水的国家以色列的人均300立方米，还少了2/3。之所以媒体没有公开这个数字，我认为可能怕引起市民的恐慌。

但是，水务人在急切解决这些问题。比如，南水北调正式通水前，已经从河北省调水，缓解北京干渴之急；比如，北京市已经做好应急预案，包括一些不便公开预案。

他还认为，在水环境保护方面，缺少动力和约束机制，有的用水户履行社会义务不到位。全区水务管理机构设置需进一步完善，涉水经费投入需进一步加大力度。水务投资体制和机制要进一步创新，吸引社会资金投资水务基础设施建设……

可是，在天灾人祸面前，我们就没有办法了吗？

这时的顺义水务人认识到，实施精细化用水、科学化管水是当前一项十分重要的任务。

这任务关系大局，连着民生，关乎未来。但是，如何让水更好地造福民生呢？

2.

李守义接替李国新时，李国新留下一揽子折子工程。

北京市折子工程，是由北京市主管副市长分工负责，由相关委办局及承办单位协调配合的重要工程项目，它要求做到任务、时间、责任明确具体到位，确保落实。

2011年，顺义区水务工作会议重点提出，落实好水务便民、实事和折子工程。

顺义区水务局作为主责单位的折子工程有4项、作为配合单位的有15项，实事工程有3项，便民工程有10项。

主要包括：

实施潮白河、减河生态修复及设施改造、龙湾屯水库治理及唐指山水库环境修复工程。

消除40处度汛隐患。

开凿探采结合水源井，寻找新水源地。

对374个村的饮用水、地下水和15处地表水水质进行检测，建设备用饮水井70眼、更新农业机井100眼。完成西辛、义宾、胜利等老旧小区污水管道改造工程。

做好行政中心、文化中心、体育中心、职教中心即“四大中心”、现代三工厂、北京自主品牌乘用车基地、回迁安置房、保障性住房等重点项目配套给排水管线的规划、审批和施工，确保工程顺利推进。

做好“南水北调”水进京后引水到潮白河上游的准备工作。

其实，水务的哪项工作，比如抗旱救灾，比如兴修水利，比如引温济潮，比如饮水安全，比如农村管水，比如保护水资源等，哪一项不是与人民的利益息息相关呢？

新上任的李守义感到水务工作责任大，任务重，前景光明。

其实，顺义那些风里来雨里去、加班加点、夜以继日、不计名利的水利建设者、水务工作者，不是为了民生而忘我工作呢？

比如抢堵潮白河决口而英勇献身的高再勇，比如在温榆河抗洪中慷慨牺牲的陈万友，比如建设唐指山水库时献出生命的冯万通，比如保护苏庄橡胶坝而沉入水中的刘勇，比如在水利建设上巾帼不让须眉的皮宗秀，比如、比如、比如……

作为水利人，我翻阅历史，感到欣慰。

几千年的旧社会，在顺义这块土地上，没有一处像样的水利工程，没有一亩水浇旱地；新中国成立后，党和人民政府领导顺义人民大力开展兴修水利建设运动，使顺义水利面貌发生了根本的变化。水利设施从无到有，从小到大，从不完善到比较完善，走出了一条渐行渐全的道路，潮白河两岸的人民受益匪浅。

现在七八十岁的老人，不会忘记那个激情燃烧的岁月，不会忘记参加水利建设的艰辛并快乐的经历。

到20世纪80年代，顺义建成潮河、白河大型灌区两处，旱能灌溉，涝可排泄。蜿蜒的两条主干渠，就像两条巨蟒，携带7条干渠，200余条支渠，汩汩流淌在田间，滋润万千粮田，给人们送去丰收的喜悦。

自从首都国际机场在这里建成，大量的飞机在空中盘旋，如果旅客从天空看，那一道道渠系，跟藤秧无异，串起一个个水库、一汪汪水塘；那一块块粮田，就是生长在藤秧的果子，藤儿肥，果儿壮，春华秋实。

如果把顺义比作一个人，那渠系就是人体的血脉！

潮白河、温榆河、怀河，过去是顺义县易发生洪水灾害的三条大河。难以准确说清楚有多少人被洪水卷走，有多少人葬身鱼腹。一年一年不断抗洪，一代一代不懈治理，害河变成益河。

这里的人民感到最现实的，是囤子里的粮食满了，是锅碗里的饭菜多了，饥荒少了。

难怪，1949年顺义仅有泉水稻田5900亩，1978年底水浇地面积已达到了81.8万亩，比49年净增81.2万亩；1978年的灌溉面积比1949年灌溉面积增长了138.6倍。水浇地面积已占全县总耕地面积的94%，基本上实现了水灌化。

难怪，1949年粮食总产1.62亿斤，1978年粮食总产已达5.8亿斤，1978年总产量比1949年总产净增2.5倍。

难怪，由于春旱少雨，1949年夏粮作物种植面积仅12万亩，随着水利化的发展，1978年夏粮作物已达60万亩，夏粮作物种植面积净增4倍；由于夏、秋多雨易涝，1949年的玉米种植面积仅有34.9万亩，有了防洪除涝水利设施的保证，1978年玉米种植面积已达

44.5万亩。

难怪……

历史，就是一个沧桑的老者，站在潮白河岸边款款细说：

1949年至1956年，党和人民政府领导群众开展了抵御水旱灾害的斗争。由于一家一户的经济特点和国家处于国民经济恢复时期，不可能拿出很多的钱来搞水利，号召群众在田头、田间挖土井，建排子井，安装水车，以解决人担抗旱水源问题。这期间水浇地面积发展较慢，平均每年增加1500亩，汛期组织群众防汛抢险，建设小规模的堤防、护岸、疏通排水沟道。

1956年至1960年，在农民普遍组织起来的基础上，修建了适合当时条件的一些锅驼机扬水站、渠道；修建了一些大型电力扬水站、渠道；参与修建了密云，怀柔，沙峪口，唐指山水库，京密引水一期，潮河总干渠，潮河、白河两大灌区的干、支、斗成套渠系，小中河海洪减河，南彩水库导洪沟，汉石桥缓洪水库等重大工程，基本上控制了潮白河、怀河、沙峪沟、小东河的洪水，改善了这些河道的防洪排水除涝条件，使绝大部分耕地面积得到灌溉。

1961年至1965年，顺义水利工作进入加强管理、狠抓实效的阶段：正式成立了潮、白两大灌区管理处和干渠管理所等专管机构，成立了灌区管理委员会和支管会等民主管理组织。到1966年全县有效灌溉面积已经发展到62万多亩，取得了每年增加7.8万亩的高速度。灌溉方式由大水漫灌发展到中小畦式灌溉，亩次灌溉用水量由几百立方米曾降低到百立方米左右，干渠灌溉效率曾创造过每个流量每昼夜浇地850亩的高效率，灌溉水的有效利用率曾经达到50％。

1966年至1976年，十年动乱，水利建设没有间断。十年，大搞沟路林渠和方田建设。小中河上游、牤牛河、龙道河、月牙河、蔡家河、小东河、箭杆河等河道经过疏挖整治；唐指山水库、中总干、东一干、中干中段、七干下游、七分干上游等干渠做了衬砌防渗；西水东调、东水西调两个调水工程建成；增建电动扬水站两三百处；打机井3000左右眼；发展灌溉面积17.1万亩。

1977年至1978年，完成了小中河中上游、十三支排水、江南渠、金鸡河等四条河道的整治以及整修加固了唐指山水库大坝。

1978年至1991年，改革开放后，随着密云水库供应的指标水减少，顺义县开始打井、建扬水站，抽取地下水、地表水，解决农田灌溉用水问题，初步实现了井灌化；修建拦河沙坝，发明"U形渠槽"衬砌技术，减少地下水开采；走上了节水灌溉之路，探索喷灌节水灌溉模式，推广半固定式喷灌设备选型，缓解地下水下降的趋势。

期间，水利部部长的钱正英、北京市委书记李锡铭等到顺义考察，在顺义召开了全国喷灌技术经验交流现场会，水利部副部长李伯宁题写"中国粮田喷灌第一县——北京顺义县"牌匾。

期间，在潮白河牛栏山上游河道及两侧，建成了水源八厂水源地，高峰期年抽取地下水1.8亿立方米。建成了潮白河向阳闸，拦河蓄水回补地下水，缓解该水厂对周边地区的影响。市财政补贴，县乡两级投资打岩石井，及时更新机井，使山区数万人饮水得到了保证，没有出现过"水荒"。

1992年至2001年，顺义县撤销潮河、白河两大灌区管理处，按流域组建了六个管理所，明确了管辖的河道及灌渠等水利工程设施范围和职能；成立了水政科，对潮白河、怀河顺义段砂石场进行了清理；北京市人大发布《北京市水资源管理条例》，顺义县理顺凿井审批手续，加强了凿井管理工作，实现了用水与节水统一，疏浚与蓄水并举，排水与治污相结合，开发利用与保护并重，依法治水、管水局面。

2001年至2009年，撤销了水利局，成立水资源局，区节约用水办公室划归水资源局，实现了水资源的统一管理；撤销了职能比较单一的河道管理所，成立了水务所，改革了基层水管体制；撤销水资源局，成立了水务局。

期间，启动了生态水系建设。重新进行河道、渠道、坑塘定位，赋予其生态和环境功能，制定了顺义生态水系建设规划，提出了“三区四镇皆滨水，五环碧水绕新城”建设目标；与奥运水上运动场馆、新城建设三位一体，按照“宜弯则弯、宜宽则宽，有水则清、无水则绿，人水和谐”新的治水理念规划，启动了潮白河、城北减河生态治理工程

2010年至2012年，高举“民生水务、科技水务、生态水务”大旗，建设“美丽顺义”，全面完成潮白河顺义段生态治理工程，河景、水景、林景、路景、城景、灯景六景生辉、城中之河、观赏之河、生态之河人水和谐，成为顺义新城的生态走廊和绿色屏障，独具潮白河特色的旅游休闲胜地。

期间，全面推进全区河道治理工程。2013年至2017年，处于治河与治污同步推进阶段，是全区河道治理与再生水厂建设的攻坚期。

顺义以深化体制机制改革为动力，加强水务基础设施建设和落实最严格的水资源管理制度，“定性、定量、定责、定时”推动水务精细化管理，全区用水总量定量控制，万元GDP水耗同比下降，污水处理能力增强，城区和镇村污水处理率、利用再生水率提高，村民饮水、养殖业及二三产业用水计量收费实现全覆盖。

一个“顺”字，使得顺义顺风顺水。

岁月更替，大河奔流；四季轮回，众人接力。一年又一年，一代又一代，殚精竭虑，治水不止，只是为了两个字——“民生”！

3.

与民生关系最近的，可谓饮水安全。

您想，如果您每天喝的水，污染物质超标了，您身体的一些指标会不会超标？

群众喝上水，喝上干净水，是各级、历届政府的责任。

2012年，国务院通过《全国农村安全饮水工程“十二五”规划》，国家要全面解决3亿人左右的农村人口和11万多所农村学校的饮水安全问题。

这是水务人的天职，也是水务工作者的神圣使命。然而，水却是世世代代群众纠结的事。

时间，回到20世纪50年代。

那时，顺义相对不缺水，群众可以从泉眼打水，或者按上一根管子引水，也有的地方利用人工开挖浅水井，那时候挖地三尺肯定有水，而且水甜水旺。

到了60年代，渐渐，地下水水位有点下降，部分村庄开凿深井水。

水少了，群众要到井里打水，有的要较远的地方挑水，群众感到喝水不像以前那么容易了。

遇到天旱的年份，有的田地荒了，有的井水干了。

1962年，邓小平到顺义牛栏山镇芦正卷村视察，看到该村饮水困难时，决定由政府资助打了一眼机井。

汩汩的清水流进群众的心田。

芦正卷村的那眼井，犹如星星之火，成燎原之势。

1964年，龙湾屯镇山里辛庄村打出一眼岩石井。

20世纪70年代至80年代中期，干旱连续发展，地下水位下降，饮用水源日益紧缺。有的村，井水越来越少，群众开始排长队取水。

“你说，这日子越来越好过，水却越来越少，这咋办呢!”群众相互疑问。

顺义县资助饮水困难村打深层机井，还在有条件的村庄开始建简易压力罐（塔）式自来水供水系统，政府资助设备材料，不足部分由镇村群众自筹。

1984 年，顺义县有 193 个村使用上了简易自来水。

这期间，在一些家庭、单位还发展使用了手压水机解决自身用水问题。吱吱咛咛的声音，伴着汩汩清水流出。

也许，因为人们的生活好了，蓦然发现一些地区的水氟、砷等超标。一些地区的黄牙、佝偻病，竟是长期饮用不达标的水惹的祸。“达标”，成了群众的热切期盼。

20 世纪 80 年代中期至 90 年代初，顺义区政府成立了农村改水办公室，具体负责农村改水工作的规划、组织、实施，改善农村饮水条件，提高饮水质量，解决饮用水质不达标或一些村庄缺少水源井的问题。

这时，中国政府与世界银行贷款签约，共同出资解决这些问题。世界银行贷款给我们，国内农行贷款和市县补贴，新建或更新水源井，配套压力罐等供水设备，铺设供水管网，引水入户，供水水质达到卫生部门规定的饮用水标准。

1985 年至 1991 年，顺义使用世界银行贷款 777.3 万元，完成 24 个乡镇 159 个村的改水任务，受益人口达到 19.1 万人。1994 年，全县 27 个乡镇 430 个村均建设了单村小型供水工程，实现村内供水自来水化，水质质量和用水方便程度有了普遍提高。

然而才下眉头又上心头。

进入 21 世纪，受连续干旱少雨以及长期超量开采地下水资源的影响，地下水位持续下降，顺义区（县）年平均地下水位埋深，2000 年与 1980 年相比下降了 12.37 米，取水就越来越困难；

同时，随着农村生活水平的提高以及经济发展后带来农村流动人口的快速增长，用水需求量越来越大，对水质要求越来越高；

再者，原有供水工程由于使用多年已经老化，供水能力降低，特别是建于 20 世纪 80 年代的水源井因井浅已出水不足或抽不出水，供水管网由于老化损坏和管径过细，常发生管道泡水或管道末端供不上水。

因此，农村饮水问题再次出现困难。

2004年，顺义对全区农村饮水情况调查，有200眼井不能正常供水、14项一般化学指标、7项毒理学指标、3项细菌学指标、氨氮、亚硝酸盐氮等项目检测中不能完全达到饮用标准。

不管是各级领导，还是普通群众，都大吃一惊。

农村饮水不仅困难，而且用水安全问题令人担忧！

这时，在国家层次，提出建设农村安全饮水保障体系的内容，还把这项内容纳入水利现代化建设规划中。北京市也提出，要把解决农村饮水安全问题，作为政府在直接关系群众生活方面拟办的重要实事项目。

2004年，顺义区成立农村安全饮水工作领导小组，区长李平担任组长，区发展改革委、区市政管委、区水资源局、区一助一办公室、区财政局、区卫生局、区自来水公司等单位一把手和有关镇镇长为成员，水务局局长李国新兼任领导小组办公室主任。

顺义打响了有史以来规模最大、任务最急、时间跨度最长的农村安全饮水战役。

实施的农村安全饮水工程，以优化整合农村水资源为原则，结合城乡一体化建设和新农村建设，对饮水困难村按照轻重缓急分步实施改造。

顺义采取的办法是：

采取在水源型缺水、水质型缺水地区建设联村集中供水工程，在水源条件较好地区更新改造单村供水工程，包括水源井、供水管网、供水设备的改造，以及井房等附属设施的建设，管网入户后配套安装水表及节水龙头。

当时的资金筹措，由市、区、镇、村共同出资。

2005年，顺义区政府对管网投资问题规定，公共管网由市、区政府投资，镇村不出资；村内供水管网投资比例按人均GDP确定，人均GDP大于2000美元的镇，区财政按区内筹资总额的75%筹措，镇村自筹25%；人均GDP小于2000美元的镇，区财政局按区内筹资总额的85%筹措，镇村自筹15%。

从2005年至2010年，农村安全饮水工程累计投资近10亿元，解决了35万多人口的饮水安全问题。

这些用了6年的时间。

6年之后，一些缺水的村庄陆陆续续饮上安全水……

顺义区解决农村饮水安全问题，使数万群众尝到了“甜头”，而感觉更“甜”的是顺义各级政府，是顺义水务工作者，因为他们为群众办实事，办好事，工作起来才得到群众的拥护，如鱼得水！

2010年5月28日“顺义时讯”消息：顺义区农民3～5年全部吃上自来水。

消息说，从今年开始，顺义区将投资10亿元，推进市政自来水管网进村扩户工作，利用3～5年时间，使全区农村全部用上市政水，在全市率先推进城乡供水一体化。

顺义区农村自来水管网建于20世纪70年代初，由于受当时经济社会发展限制，建设标准偏低，加之运行时间长，供水管道破损，跑冒滴漏现象普遍存在，个别镇村饮用水不达标。同时由于村民用水不收费，村民用水浇菜、浇树，夏季用水高峰水压不足，住在高坡地段的住户饮水相对困难。

随着新农村建设的推进，2005年以来顺义区农村安全饮水工程全面铺开，逐步解决了25个村饮用氟高、氨氮高、盐高和砷高等“四高”水问题。

2009年以来，顺义区结合新农村基础设施建设，投资3.9亿元改造75个村供水设施，以北务镇为主的33个村进行了集中供水试点，筹建龙湾屯镇和大孙各庄镇等集约化供水厂，延伸集中供水管网，逐步推进全区集中供水厂管网进村入户。

逐渐，全区大多村用上高标准市政自来水。

顺义区城乡一体化供水步伐加快，每年取消50～60个村的自备井，建设李桥、大孙各庄、龙湾屯等集中供水厂，与市政供水管网相对接。全区农村的自备井将成历史，所有农民将喝上市政集中供应的自来水。

这里最让人担忧的是，“使全区农村全部用上市政水，在全市率先实现城乡供水一体化”这一目标的实现。

其实，“全部”“率先”两个关键词，我挺担忧的！

4.

“先行先试，失败了也是第一；不行不试，成功……喔，不行不试，就没有成功。”顺义水务人感到。

这是2011年北京市水务局“关于顺义区城乡供水一体化规划的批复”的摘录。

顺义区水务局：

你局《关于顺义区城乡供水一体化规划的请示》（顺水文〔2011〕53号）收悉。为了进一步贯彻落实中央一号文件，根据《中共北京市委北京市人民政府政府关于进一步加强水务改革发展的意见》（京发〔2011〕9号）中加快城乡供水保障能力建设的要求，经市水务局审查，现批复如下：

一、原则同意顺义区率先试点城乡一体化供水，到规划期末（2015年），在顺义区实现城乡供水一体化，新城和村镇居民生活的集中供水率力争达到100％。

二、原则同意规划的工程布局，在规划期内，新增水源地取水能力4.5万方每日，配套新增水厂供水能力4.5万方每日，新增配水主干管网160公里，形成“五横六纵”配水主干管网，与原有水源地、水厂及管网互联互通，实现全区水资源统一调配，建成城乡一体化供水体统。

三、请你局抓住机遇，加强领导，精心策划，按期完成城乡一体化供水规划，该规划在下一步将纳入水利部推进的我市水务现代化试点，推动全市供水保障能力建设。

四、根据市政府办公厅《关于印发进一步推进规划环境影响评价工作实施意见的通知》（京政办发〔2011〕30号）的要求，请你局补充规划环境影响评价，报环境主管部门履行相关手续。

我了解到，顺义早在该批复之前，已经先行先试。

2010年年底前，顺义区投资8.95亿元，对全区329个行政村饮水设施进行了一次全面的升级改造，41个村用上了标准一致的市政自来水。从2010年开始，区政府投资10亿元，推进市政自来水管网进村扩户工作。

其实，早在20世纪70年代初，顺义区就建设农村自来水管网，但是受当时经济社会发展限制，建设标准偏低，而且运行时间长，供水管道破损，跑冒滴漏现象普遍存在，个别镇村饮用水不达标。村民用水不收费，村民用水浇菜、浇树，夏季用水高峰水压不足，住在高坡地段的住户饮水相对困难。

按照全市的统一部署，顺义区分三个阶段，对全区农村饮水设施进行了一次全面升级改造。

继2005年解决了25个村饮用氟高、氨氮高、盐高和砷高的“四高水”问题之后，顺义区农村安全饮水工程全面铺开。顺义在农村安全饮水设施改造过程中，各村预留了与集中供水管网对接的接口，建设集中供水厂，实行集中供水，为推行全区城乡供水一体化奠定了基础。

2009年之后，顺义区结合新农村基础设施建设，投资3.9亿元，改造村供水设施，在北务镇等33个村进行了集中供水试点，之后全部用上了高标准市政自来水。

我从北务镇的一斑，看到顺义区在北京市范围内率先实现农村供水城市化、城乡供水一体化全豹。

北务镇也因此获得“集中供水第一镇”的美称。

顺义区东南部的北务镇，有15个村，总人口过万，以生产瓜果蔬菜远近闻名，曾被市政府命名为“京郊蔬菜第一镇”。

2008年6月28日，北京市顺义区自来水公司北务水厂的市政自来水管网全面覆盖了北务镇。以此为标志，全镇15个村和48家企事业单位结束了用自备井供水的历史，成为全区“集中供水第一镇”。

北务镇各村在20世纪七八十年代就已经通了自来水，但由于自来水管网设计不合理且已运行了30多年，经常因主管道崩裂而停水。为节省水泵运行的电费开支，各村每天只在中午和晚上供水4～5个小时。

尤其是，夏天用水高峰的时候，往往是住在低处的人家有水，住在高处的人家则经常发生断水现象。由于间断供水，北务镇家家都准备了水缸，用水缸存水。

2005年，顺义区开始实施农村饮水安全工程，为镇域内各村重新规划、铺设自来水管网，提高供水能力。

铺设管网时，就预留了与集中供水厂的接口，各村设总表，各户安装了IC卡水表，做到一户一表，分户计量，吃水难问题由此得到一定程度的改善。

但是，供水时间仍然受到限制，水质也不稳定。

顺义区从水资源较为丰富的北小营水源地调水，建设了北务水厂，按照市政饮用水水质标准和模式运营，24小时不间断供水，2008年开始正式运行。

北务水厂负责村内总水表前管线和设施维护，按村总水表计量水费。各村成立供水设施维修维护队，农村管水员负责供水设施安全检查，发现恶意损坏用水设备的住户，上报村委会，维护队按照《北京市城市公共供水管理办法》，对其进行处罚，从此彻底改变用水现状。

在北务镇，一位村会记给我们算了算，顺义区政府还对北务镇村民用水以梯级水价方式计费：

每户月人均用水量不足3吨，区财政补贴50%，每吨水1元，3年的用水费用一次性注入IC卡；

月人均用水量3～5吨的，取消补贴，每吨水水价为1.7元；

人均用水量在5吨以上的，按每吨2.8元计收。

这位会记说："北务镇政府还研究出台了村民饮用水系统管理办法，对享受补贴的人员范围、购水办法，镇敬老院用水，中小学、幼儿园、卫生院用水，工商业、餐饮服务以及洗浴、洗车业用水的收费标准进行了规范。"

我们来到北务镇陈辛庄，了解到：这个村原来每年仅水井维修和电费支出就要4万多元，还不包括机井折旧；集中供水后，月人均用水不超过 3 吨，农户的水费全部由村里负担，每年才开支 2 万元，费用一下减少了一半还多。

集中供水，给群众带来了实实在在的好处。

在李遂镇东营村，村民何凤很兴奋。

她指着家里新装上的水龙头说："明年一开春，就不用再为喝水的事情发愁了。"

东营村现在用的自来水管道修建于 20 世纪 80 年代末，由于管道过细、压力不够，位于村两头的几十户人家一到夏季用水高峰期，就吃不上水。

何凤的家在村里的最北头，地势略高，每年一到夏天，家里水龙头的水就像断了线的珠子一样，一滴滴地往下滴，半天接不了一桶水。

为了吃水，他把家里 1 米高的水管锯成了 10 厘米，在地上挖一个坑，放上水桶，这样才能勉强接上点水。有时候急着用水，何凤就只能挑上水桶，到离家半里地的村委会挑水。

"你们这里多少人家？都是这种情况吗？"我问。

何凤说："周围十几户呢，都是一样的情况，大家都盼着早点改水。"

后来，我又了解到，管道压力不够、水量小，还只是该村部分人家的情况，水质不好则是全村人面临的共同问题。

由于管线老化家里水龙头打开后，村民接的第一桶水是不能喝的，水质浑浊，并且还有很多铁锈，后面接的水情况会好点，但也有沉淀物，需要放上一段时间才能用。

用这样的水泡茶，即使放上一大把茶叶，喝到嘴里也会有一股涩涩的味道。碰到有客人来，村民们只能用矿泉水招待。

村里人家购置的太阳能热水器也成了摆设，想要洗澡，只能自己再买一台小水泵，从龙头抽水到热水器。

东营周边的西营、太平庄等 7 个村子以及北务镇的 15 个村子也存在着相同的问题。

面对这种情况，顺义区政府实施了联村供水工程，从水源丰富、水质优良的北小营镇引来地下水，采取异地引水、本地处理、联村供水的模式，解决了23个村子的吃水问题。

从北小营引来的水经过水厂的消毒处理，达到与城区居民相同的饮用水标准，通过新铺设的管线直接送入村民家中，确保23个村的2.3万村民喝上放心水。

“吃上放心水，到了夏天足不出户就能洗澡，咱这生活不就跟城里一样吗?”何凤笑哈哈地说。

在杨镇王辛庄村，刘大妈再也不用为等水做饭发愁了。

以前，顺义区农村全都是在本村打井，建水塔、装压力罐为村民供应自来水，常常出现水泵、管道发生故障而停水，管理粗放和供水水质不达标问题。

为解决农村饮水安全问题，顺义区实施了农村安全饮水工程，结束了农村饮水不达标的历史。

顺义区农村饮水安全工程，实现“三统一”：

其一，统一制定规划，按照规划组织实施。为此，他们在实施农村安全饮水工程之前，制定了《顺义区供水规划》和《镇村集约化供水规划》。

按照规划，顺义区制定了农村安全饮水工程年度计划，分步实施，稳步推进，解决了长期饮用氟高、氨氮高、砷高、盐高的“四高水”问题。

其二，参照村企业和人口用水发展进行设计，统一制定设计方案。顺义区自来水大多是20世纪六七十年代建设的，由于受经济条件和社会发展的限制，标准偏低，多数已陈旧老化，经过多次修补；有的机井出水不足，供水压力小，住在地势较高的农户经常吃不上自来水。

按照规划，顺义区根据新农村发展规划，对列入安全饮水工程的村，一村一个改造设计方案，主要是更新饮水井、改造自来水管网，安装水质净化设备，改善水质，提高了供水能力。同时统一标准，为列入改造村的自备井建设井房，相对封闭，避免二次污染和人为破坏。

其三，统一农村饮用水管理。过去顺义农村饮用水管理较为粗放，各自为政，无章可循。这次该区与农村安全饮水工程同步，解决了管理问题。

顺义将城与城、城与乡、村与村的各自为政，变为统一管理，统一供水，形成一个全区水网，提高了供水的保证率和供水质量。这一宝贵的经验，足以以小见大，可以用在京津冀一体化的水联通上。

我从顺义的成功实践中认识到：

农村饮水安全重在服务与管理。

5.

叫醒2015
冬，已经沉寂太久，
是孕育春吗？
夜，已经睡得太久，
是等待黎明吗？
爆竹，从去年喊到今年，
从昨天吼到到今天。
起床吧，2015，
春雷响了，
春风起了。
春雨来了，
春雪飘了，
我们同行……

2014年，我被枯燥的数字包围，甚至不能自拔。转眼，2015年春节来了又走了。感慨之余，我写了这段顺口溜。说是我们同行，其实关于《顺水》写作，还是我与孤独为伴。

顺义区的供水，分为单村供水和集中供水供水两种。

单村供水工程，指以各村为单位建立的自来水供水独立系统。包括在村内建设有水源井、供水管网、机泵房、水质净化消毒设备等供水设施。

在20世纪90年代初期，顺义县（区）农村地区已基本实现单村自来水供水，但受当时经济技术条件限制，所建设施主要有水源井、压力罐或压力水塔、供水管网等，且工程设计标准偏低。

2000年以后，在农村经济快速发展和人口不断增长，尤其是流动人口增多的情况下，用水需求量不断加大，同时受地下水位持续下降影响，农村供水安全受到威胁，在水质、水量上无法得到保障。

为此，从2005年开始，由市、区、镇、村共同投资分步实施了农村安全饮水工程建设项目。按照工程建设要求，供水设施必须满足村内用水发展需求，水质满足国家饮用水标准，并实现一户一表。

2010年，顺义区对单村供水工程改造，建设内容包括更新或新打水源井、更换机泵设备、建设井房、安装消毒设备或水质净化设备、铺设供水管网、管网入户后安装水表和节水龙头等。单村供水工程完成改造后，不但提高了供水安全保障能力，也为后期供水管理奠定了基础。

集中供水工程，指有规模的水厂同时服务多个村庄供水，水厂有自己独立的水源地和输水管线及其他附属设施，在供水质量、供水保障率等方面均优于单村供水工程。

通过集中供水，可使水资源得到科学配置和利用，解决部分村庄因水源不足或水质不合格引起的缺水问题。

从2005年以后，随着区、镇集中供水工程建设和农村安全饮水工程的实施，集中供水辐射到农村地区，使城乡一体化进入了发展时期。

至2010年，全区共有45个村通过联村供水工程、市政专业供水工程实现集中供水，有44个村通过管网建设改造，具备了集中供水通水条件。

顺义区第八水厂（杨镇水厂）。主要杨镇地区、李遂镇北部地区、南彩镇东部地区、木林镇南部地区的用水需求。水厂的水源取自北小营镇东府水源地。

顺义区第七水厂（北务水厂），主要可满足李遂镇南部地区村庄、北务镇所有15个村的用水需求。

顺义区第九水厂（高丽营水厂），为市政专业供水工程。主要满足高丽营地区和后沙峪北部地区用水需求。

北石槽水厂，主要解决北石槽镇京密引水渠以北水源型缺水村和企事业单位用水需求。

张镇吕布屯水厂，主要对贾家洼子、李家洼子、吕布屯、雁户庄、港西、刘辛庄、大故等村集中供水。

2011 年，顺义农村供水工程表显示，供水工程总量达到 340 处，实际供水人口 56 万多人。

“新的供水模式，带来新的管理模式的变化，农民用水者协会、农村管水员相继出现。”老程说。

成立农民用水者协会，是新形势下，农民自我管理的一种创新。就全国来说，成立农民用水者协会的确实不少，但是成效如何，我真的是没到现场看过。

我了解到，顺义区成立了 6 个农民用水协会，组建 413 个分会，1000 名管水员队伍，而且有一个系统的运行方式。这种方式概括为“建立一个机制，实行两项公开，执行三项职能，履行四个民主”。

一个机制即农民参与用水管理机制。

两项公开即公开水费和农业生产用水水资源费征收情况，公开水费使用情况。

三项职能即农民用水协会负责村内水利工程的运行及管护职能、水费和农业生产用水水资源费征收职能、水务技术推广职能。

四个民主即农民用水协会要做到民主选举、民主决策、民主管理和民主监督。

按照这种方式运行，效果怎样呢？

我们走进石家营村，明白了许多。

原来，这里用水长期不花钱，节水意识淡薄，大手大脚用水，严重浪费水资源，一旦用水由传统的不收费却要改为收费，村民一时半会儿也难以接受。

但是，政府投入大量资金进行了安全饮用水的改造工程，村民仍然是保持着以往的那种用水习惯，从根本上达不到节水的目的，政府不会满意。

新形势下的供水用水矛盾又显现了。

“节水、节电、节能是不能打折扣的!”水务管理人员说。

顺义出台奖励政策，建立激励机制，调动村民节水积极性，让村集体、村民个人均得到实惠。村民实惠了，矛盾就解决了。

于是，顺义建立利益导向机制，鼓励农民节约用水。

这种措施分为两类：

一种是“阶梯式”，即划分出不同的用水区间，处于用水量少的区间收费较低，处于用水量大的区间收费较高。培养人们节约用水的意识，达到节水目的。

另一种是“奖励式”，即奖励给人们一定的用水量份额，只要用水是在这个范围以内就是免费的，多出的部分再进行收费。采取结合成为“阶梯+奖励”模式，最终在制度上形成了利益导向机制。

总量控制，就是在每年年底，确定下一年度全村的计划用水总量，力争实际用水总量不超过计划的总量。即使上级部门不确定用水量，村里也要自己确定一个数量。

定额管理，就是在确定全村计划用水总量的前提下，根据各家各户的实际情况，给每家每户确定一年的用水最高数量。

奖励节水，即对超过用水定额的用水数量，收取一定费用。重在奖励节约，对没有超过用水定额的节水数量，给予一定奖励；年终时，评选节水模范，通过模范的示范效应，激发农民节水的热情。

提高意识，就是配合奖励节约的硬性措施，同时开展节水主题宣传教育、节水器具推广活动综合措施，提高农民和企业的节水意识。石家营村做到了“一户一表、节水奖励、左手拿钱、右手买水”。

我们在后沙峪镇铁匠营村了解到，按每户用水指标每吨补 0.85 元，收款到户，做到既保证供水，又按价收费，两全其美，改变了以往浪费用水、无续用水的老做法……

2011 年 4 月 1 日的《京郊日报》，发表了李守义局长的调研文章，题目是“农村饮水安全重在服务与管理”。

顺义区实施农村安全饮水工程取得了较好的效果，但运行管理中出现的产权界定、明确责任和计量收费等方面还需深入研究。为加强农村饮水设施管理，顺义区水务局从2010年8月开始，分六个组对全区安饮工程运行管理情况进行了调研，在管理体制、机制建设等方面进行了探索。

他认为，这主要成果在于：

提高了农村饮用水水质，使群众结束了多年饮用“高氟、高砷、高盐、高氨氮”的历史。

提高了供水安全保障能力，解决了村内自来水管网建设时间长、设备老化、跑冒滴漏和供水水压不足等问题，延长了供水时间。

初步规范了饮用水管理。2008年，顺义区制定了《顺义区农村饮用水管理暂行办法》，明确了区水务局统一监督指导全区农村供水工作职责；按照属地和供水工程产权归属，明确了各镇政府、区自来水公司、各镇供水厂、自备井供水村村委会的管理职责；推进了“三证三卡五公开”制度，全区60%的村办理了取水许可证和卫生许可证。

积极推进用水计量收费。到2010年年底，顺义区实现用水计量收费的村有212个，占总村数的56%，比上年提高了11个百分点。全区涌现出了北务镇阶梯水价，马坡镇石家营村村民月人均用水3立方米内“定额全补、超量加价、结余归己”，张镇李家洼子村、杨镇沙岭村等村民用水计量收费的典型。

他指出，农村安饮后期管理存在的薄弱环节，主要是末端设施产权不够明晰，设备维护不到位；管理制度落实不够严格，人均用水量较高；水质检测不够到位，饮水安全存在隐患；备用水源井不足，供水风险系数增加；自建设施供水小区存在安全隐患等。

他指出，农村饮水安全重在服务与管理。

他重点解释了“核定指标，计量收费”的措施：

顺义区水务局起草全区用水总量控制管理办法，实行镇村属地生产和居民生活饮用水“总量控制、核定指标、计量收费”的管理模式。

包括科学核定镇村居民饮水指标。区水务局按户籍人口和合理的流动人口数量，核定村民饮用水指标总量，将年度用水指标下达给各镇，实行总量控制。

各镇政府统筹安排镇村居民饮用水指标，分解到各村。年底前各镇组织检查，结果上报区水务局。凡超指标用水的村，要做出说明，提出整改方案。无特殊原因超指标用水，违规用水，核减转下一年度用水指标。

包括推进镇村居民用水计量收费。组织各镇政府学习、推广北务镇“阶梯水价”，马坡镇石家营村“定额补贴、节余归已、超量加价”的农村饮水管理的成功经验。

各镇政府制定并出台本镇村居民饮用水收费管理指导意见，督促村委会采取“一事一议”办法，制定并实施村民用水计量收费办法，争取两年内实现行政村全覆盖，取缔包费制，禁止用水福利化。

包括探讨建立镇村居民用水补贴制度。凡以联村供水、专业供水工程为水源，每吨水水费 1.7 元，月人均用水 3 吨以内的，区财政补贴 50%；月人均用水 3～5 吨的取消补贴，5 吨以上的加价收费，每吨收取水费 2.8 元。

等，等等。

而这些措施，成为当时顺义水务工作的着力点、闪光点之一。

这些措施，就是让全区的群众喝上水，喝好水，也是为顺义新城建设提供水支撑！

顺义水务人通过大量的调查研究，对顺义新城生态水系进行研读：

顺义以现状水网为基础，结合规划输水路线并参考新城发展的空间布局，确定顺义新城水网系统为“一轴、五纵、四点、五环”，打造“三区四镇皆滨水，五环水系绕新城”的滨水景观格局。

“一轴”是指潮白河，建设生态河道，具有平原特点的滨河森林公园，纵贯顺义新城南北。

“五纵”指小中河、箭杆河、龙道河、七分干渠和白河七干渠，由五条南北走向的纵向河道组成。

“四点”指唐指山水库、汉石桥水库、奥林匹克水上公园、引温入潮工程调蓄水池；

“五环”指以现状河道和规划输水路线形成的五条环状水系。

其中一环指温榆河—十三支排水—白河七干渠—温榆河，使空港区四面环水，龙道河成为空港区的城市内河。

二环指小中河—东水西调—牤牛河—怀河—潮白河—城北减河—小中河，使马坡组团、牛山组团四面环水。

三环指城北减河—潮白河—引潮济月—月牙河—七分干渠—城北减河，使新城中心组团周边形成环状水系，城北减河成为新城中心区的城市内河。

四环指潮白河—小东河—引潮济箭—箭杆河—潮白河，使河东新区周边形成环城水系，箭杆河是河东新区的城市内河。

五环指潮白河—箭杆河—潮白河，使李遂镇四面环水。

三镇即杨镇由蔡家河、冉家河、汉石桥湿地滨水，赵全营镇由小中河、方氏渠滨水，而高丽营镇由方氏渠、牤牛河实现滨水。

这是时代的呼唤，这是民生的夙愿。

几年下来，那个水景观是什么样子呢？

也就是说，临空经济区的水环境如何？世界空港城的水环境怎样？

6.

2011年，中共北京市顺义区委、北京市顺义区人民政府出台《关于进一步加快水务改革发展的意见》，其原则就是坚持民生优先。

《意见》说：

> 要着力解决事关人民群众健康与安全、事关全区社会稳定和发展的水务问题，推动民生水务建设。
>
> 坚持城乡统筹。按照城乡一体化要求，统筹全区供水、节约用水、防汛抗旱、雨洪拦蓄、污水治理、再生水利用等水务设施规划建设。
>
> 坚持政府主导。理顺水务管理体制机制，创新水务发展模

式，增加公共财政对水务发展投入。多渠道融资，利用社会资金，夯实水务基础；坚持深化改革。加快工程重点领域和管理关键环节的改革攻坚，破解制约水务发展的体制机制障碍，提高水安全保障能力。

坚持绿色宜居。以建设“滨水、绿色、宜居、国际、活力”新城为目标，治理境内河道，做到“逢干必绿、逢水必清”。

坚持全民参与。提高社会公众水资源忧患和危机意识，调动全社会力量广泛参与，形成人人节水，利用再生水，保护水环境的强大合力。

其中，建设绿色宜居新城的目标是“滨水、绿色、宜居、国际、活力”，做到“逢干必绿、逢水必清”。

终于有一天，我从飞机上俯视，顺义好像在叙说“有水一片绿”的真实故事。

“一条大河波浪宽，风吹稻花香两岸……”一首陶醉了几代中国人的歌曲，如今在顺义新城已经成为了现实。

沿线的几座橡胶坝，就像横卧的几条龙，将两岸连接在一起。从温榆河调来的水，汇入潮白河，形成一泓泓宽阔的水面。坝与水相依相偎，窃窃呢喃……

岸上，一座座高楼风格各异，一棵棵树木竞相吐翠，一株株花儿五颜六色。春风习习，夏荫清凉，秋实累累，冬雪纷飞……

彩虹桥似彩虹，与绿水蓝天相映……

游人如织……

我在顺义度过了春夏秋冬——

春天，向阳花开。

春到牛栏山，染绿了山水。牛栏山桥下游湿地水面初开，天鹅等水鸟在水面自由嬉戏，休闲的居民向着天鹅，或挥手致意，或细语传情。天鹅则或展翅飞起，或盘旋落地，或醉卧似睡，或玉立翘首……

向阳花木早逢春。

在潮白河向阳闸库区，从向阳闸库区右岸牛栏山酒厂和牛栏山小区两个排污口排出的污水流经格栅，拦住固体垃圾和一些大颗粒，再流入蓄水生物塘。生物塘栽种香蒲、莲藕等挺水植物和水葫芦等浮水植物。

初春的塘面结着冰，但冰下的植物根和茎，依然可吸收、除去水中的氮磷和有机物。这几个生物塘有水道相连，污水在里面七弯八拐转了一圈，出来时，变得洁净多了。

向阳闸库区环境整治以后，牛栏山小区居民看到，乌黑带着臭味的污水被净化了，绿色植物还成了靓丽的景观。

这里，既有大自然的恩赐，天然的河床；也有顺义人的杰作，再生水可用于绿化灌溉及补充潮白河景观水面，实现污水资源化利用，保障地下水安全。

向阳闸库区水面将呈“凤”的形状，犹如一只凤凰在翩翩起舞，与奥林匹克水上公园的“龙”形水道相映生辉，上演了顺义最美的“龙凤呈祥”。

它是顺义奥林匹克水上公园的配套工程，闸口的“丛花锦带”，牛栏山桥头的“芦狄映蔻”、河道的“苇荡迷津”、河道中段的“柳岸芳堤”、河道北段的“青波绿畅”、河道底部的“草暖花坞”，争奇斗艳，各吐芬芳。

通过本次治理，潮白河的管理也将彻底改善；盗采砂石将得到有效遏制；砂石裸露，风沙弥漫的状况一去不复返。

顺义水务人自豪：

“潮白河从顺义中部穿过，纵贯全境，河道宽阔，滩地多、面积大。我们从2003年开始，综合整治了河南村橡胶坝上游河道，建设了很多休闲娱乐设施，现在是河景、林景、水景、灯景、路景、城景六景生辉。”

潮白河的整治，水面宽阔，有航船来来往往。居民乘船经过河南村橡胶坝、柳各庄橡胶坝，直达苏庄闸桥。

而河两岸的“绿道”，正是居民或单车笃行，或结伴漫步的通途。

我有时清晨只身而来，听林中鸟叫，看水面光影，跑上一段路，打上几回拳，深吸纯净的空气，哈出肺腑的污浊，谁说不惬意？

我有时晚上一人上前，水波轻摇，平如镜面，天上的星，地上的灯，都在潮白河的怀抱中，谁说不宜人？

向阳闸库区环境整治，是整个潮白河整治的一个缩影。

2007年前，潮白河还因缺水而河道干涸，河床裸露，两岸无绿，风起尘扬。“一条大河宽又宽，孤不愣登房两间”是当地人对以前干涸潮白河的真实描述。“引温入潮”给潮白河带来了翻天覆地的变化。

2008年，北京奥运会赛艇、皮划艇（静水）、激流回旋和马拉松游泳等水上项目在潮白河畔举行，这里曾诞生32块金牌。“引温入潮”工程为改善奥运场馆周边环境，成功举办奥运会立下功劳。

青翠的柳枝倒影水中曼舞，宽阔的水面随风泛起涟漪；两岸葱郁的植被簇拥林立的高楼，岸边休闲的老人相伴嬉笑玩耍的孩子……

“我家就在岸上住……”唱得真美！

春光，无限好。

2009年建成的鲜花港是北京市唯一的花卉产业园区，也是科学利用雨洪和再生水资源的典范。

北京国际鲜花港园区，千姿百态的郁金香让人醉心。白、紫、褐、黄、橙、粉红等颜色，球形、钟形、漏斗形、百合花形等形态的郁金香，格外高雅脱俗，清新隽永。

园区里精心设计、巧妙布局的一潭湖水和湖中央与郁金香相映成趣的音乐喷泉。当置身郁金香花海，聆听曼妙音乐，环湖漫步行走时，蓝天、白云、鲜花、人潮、水帘……美好的画面，如诗的梦境，让人叹为观止。

这里有伏象园、半山湖、月季园等10个景点，按照花卉种类、色彩、花期合理配置，营造出“桃柳寻春”“万树香花”“绿野通衢”“树荫平湖”四处特色花谷，总面积达百万平方米。如今，妫河公园成为京郊一处集滨河文化、水岸风情、休闲度假、湿地展示、休闲野趣于一体的度假胜地……

夏日，更宜人。

夏天，我——我们，置身北京市最大的顺义新城滨河森林公园，感觉那个凉、那个爽。

顺义新城滨河森林公园南北长38公里，整个公园占地面积6万余亩，是远近闻名、森林繁茂、环境优美的绿色生态走廊和休闲通道。把顺义奥林匹克水上公园环抱其中，使之成为一个天然“大氧吧”式的奥运会比赛场馆。

这里，和谐广场位于公园内潮白河与减河口交汇处，是顺义新城与旧城连接的交汇点，也是森林公园自开工建设以来率先开放的区域。

这里，百米喷泉广场由喷泉组合、长卷浮雕、廊架、石阵和巨型石碑等组成。长卷浮雕和巨型石碑记录了顺义区在社会经济、科技、文化、体育等方面的发展历史。玫瑰园则为婚庆广场，由大小形状的玫瑰廊架、功能不同的小广场和人工湖组成，未来将以玫瑰为主要装点，是居民婚庆典礼的理想场地。

这组喷泉最高射程达136.8米，是目前我国旱地喷泉之最，寓意顺义有建制记录的1368年历史。

多么深邃的意境呀！

未能见到当时的情景，但能感到她的柔美：

开园当天，喷泉启动。一根巨型水柱直冲云霄，霎时间水柱又迸裂成无数水珠从天而降、倾泻而下，在礼花和彩灯的映衬下，犹如吉祥的五彩珍珠洒向四周、洒向欢呼的人群。到了晚上，水柱五颜六色，水气弥漫开来，和着音乐的节拍，错落起伏，形状万变，就像美丽的一群少女翩翩起舞。

我想，附近的居民会说：“以前这地啊，可荒了。现在好，到处是花儿，空气也新鲜，为我们平时的休闲健身提供了一个好去处。”

如今，游人既能从潮白河乘船而来，体验“碧波泛舟”的感受；也可以驱车在森林驶去，欣赏“青枝绿草、碧水田园”的美景。

新城滨河森林公园与顺义公园、怡园公园、卧龙公园、减河公园一起，犹如桃花杏花梨花开，顺义成了花的世界，园的天堂。

岸边的垂钓区，钓者云集，那样悠闲，那样自在……

秋天，荷花开。

“清塘引水下藕根，春风带露沾侬身，待到花开如满月，览胜谁记种莲人。”每年的八九月份，正是观赏汉石桥湿地千亩荷花的最美时节，从“小荷才露尖尖角”的含苞待放，到“翠盖红幢耀日鲜”的倾情盛开，荡漾湖中，感悟种莲人的辛勤和美丽荷花的惊艳。

那茂密的芦苇荡和开阔荷花荡，使空气中弥漫着沁人心脾的香气。来到这里，乘坐观光自行车成为不容错过的环节。或携着爱人，或带着一家老小，沿着岸边一路畅行，欢笑声夹杂着鸟叫声，谱成了一首动人的乐曲。

离开喧哗闹市，在这里乘船荡漾在芦苇丛中，竟能感觉逃离了世俗，来到了仙境。追求自然的魅力，脚踏船、手划船远胜于电动船。荡漾在湖面，享受水、芦苇、荷花、香蒲带来的灵性与感悟。密密的芦苇荡，闪着银光的芦穗儿，迎风摇曳。满眼的荷花，令人不由得吟咏“接天莲叶无穷碧，映日荷花别样红”的诗句。

偶有垂钓爱好者，“一曲高歌一樽酒，一人独钓一江秋”。

或结伴同行，或只身漫步，一切尽在自然中。无论是乘船、骑车还是行走，鸟儿时刻伴在游人身边，不需要任何观鸟设备或是特定地点，因为这里是鸟儿的乐园，是人与鸟类和谐共处之处。

大群的银鸥在湖面上空展翅翱翔，带着一声声鸥类特有的鸣叫；体大颈长，全身洁白的大天鹅三五成群，在水中翩翩起舞；成群的苍鹭、野鸭时而展翅高空，时而静谧水上；头麦鸡、黑翅长脚鹬、白鹭都载歌载舞。

居住在湿地边上的居民。清晨而至，绿油油的荷叶上挂着晶莹的露珠，满塘荷莲的花瓣儿全都展开，露出嫩黄色的小莲蓬；黄昏而归，在夕阳的映衬下，荷花更显娇艳，沉淀着夕阳的余晖……

冬天，雪纷飞。

人类依水而居，顺义因水宜居。

每年冬天，树叶落了，花儿谢了，顺义并不苍凉。

雪降落，纷纷扬扬。大雪落幽燕，白浪滔天，一望无际的潮白河冰面，大人带着孩子，恋人牵手恋人，滑雪、嬉戏。五颜六色的衣服，在白雪的背景下，愈发鲜艳；楼崛起，鳞次栉比。

冰雪融化，一线潮白浮绿水，两岸高楼列队开。

当人们打开窗帘，发现了厚厚的雪，像被子一样温暖着他们。有人感慨，瑞雪兆丰年；有人举起相机，拍下美丽时刻；有人则走下楼来，在雪地上行走，倾听那吱吱的声音……

雪，水为之，而美于水，尽管水亦很美。

因水而兴，因水而美，因水而宜居。

“引温入潮”，重现了潮白河昔日碧波荡漾的美景。治水靓城，将封河育草、禁砂、降尘与生态河道治理相结合，将雨洪利用、涵养水源与安全防洪相结合，有水蓄水，无水绿化，对堤坡进行生态绿化，建设符合生态标准、人水和谐的水利设施，形成“水清、岸绿、流畅、通航”的生态河道。

城在林中建，水在城中流，这就是顺义新城。

仁者乐山，智者乐水。碧波荡漾的潮白河点缀在绿色国际港间，仿佛抒写着城市发展的清晰脉络……

一栋栋高楼大厦，逐渐长高的新城，在皑皑白雪的映照下展翅高飞，而交错流淌的，仍是温柔的、铺满绿色的潮白河水……

当您坐着飞机回北京，盘旋降落时，从舷窗往外看，地面一片可人的绿色。顺义区到了，北京到了，在首都机场周边，形成了绿色航空生态走廊。

当您驾着爱车从东北方向进出北京城，您会发现，六环路两侧林带厚了、密了，青翠欲滴，杂花生树，错落有致，那浓浓的绿色，一眼望不透。

水润新城，绿色尽染！

可是，顺义之水是无穷无尽的吗……

尾　声

2014年年末，中国发生了一件世界性的水利事件，竟然与顺义有关。

世界最大的调水工程即南水北调中线工程，从丹江口水库自流到了北京。长江水在这一代人手中，流向北方大地，流到千家万户，流进亿万民众的心田。

我从中央电视台新闻联播看到：

12月12日，中共中央总书记、国家主席、中央军委主席习近平就南水北调中线一期工程通水做出重要指示；中共中央政治局常委、国务院总理李克强做出批示；中共中央政治局常委、国务院副总理、国务院南水北调工程建设委员会主任张高丽就贯彻落实习近平重要指示和李克强批示做出部署。

南水北调中线一期工程于2003年12月30日开工建设，工程从丹江口水库调水，沿京广铁路线西侧北上，全程自流，向河南、河北、北京、天津供水。干线全长1432公里，年均调水量95亿立方米，沿线20个大中城市及100多个县（市）受益。

作为缓解北方地区水资源严重短缺局面的重大战略性基础设施，南水北调工程规划分东、中、西三条线路从长江调水，横穿长江、淮河、黄河、海河四大流域，总调水规模448亿立方米，供水面积达145万平方公里，受益人口4.38亿人。

先期实施东、中线一期工程，东线一期工程已于2013年通水。

我在这里罗列了这么多南水北调的内容，甚至把习近平、李克强、张高丽等中央领导对南水北调的指示和要求也写在这里，您知道南水北调与顺义到底有没有关系?

世上很多的事情，您不了解就不知道，一旦了解后往往就“吓一跳”。顺义与南水北调的关系实在是太密切了，太直接了!

我带您沿着时间的隧道，来到东汉建武十三年（公元39年），能听到那首歌谣。

桑无附枝，麦穗两歧。
张君为政，乐不可支。

它说的是，大叶的桑条不长枝杈，而一棵小麦却长出两个穗。歧，就是分岔。麦穗两歧，一棵小麦长出两个穗子，农业要丰收，这是十分吉祥的喜事儿。渔阳太守张堪在顺义，利用河水和泉水“教民种植”，从而“百姓得以殷富”，老百姓太高兴了。

这些，我不仅在《后汉书》查到了，而且在北魏郦道元《水经注·沽水》也有这首歌谣。到了清代杜文澜辑《古谣谚》，将这首歌谣添上题目，就叫《渔阳民为张堪歌》。

这首歌谣朴实无华，感情真挚，带有浓郁的北方民歌特色，固然流传久远，更重要的是老百姓对于“拯民于水火，救民于涂炭”的地方官吏的德政，总是发自内心地爱戴和赞颂的。

我感慨：那些实实在在为老百姓办实事的“富民侯”，历史和人民都不会忘记!

张堪，字君游，南阳宛人，就是现在的河南南阳人。约2000年后，南水北调调来的南水，应该说就是从河南南阳过来的，因为丹江口水库的一部分属于南阳的淅川县。

南阳人，南阳水，一起来造福顺义人民，造福北京人民。这不是无巧不成书，而是时间和空间真正在此交汇，历史和现实真正在此握手。君住长江头，我住长江尾，终于共饮一江水!

长江水沿着南水北调大渠一路北上，在去密云水库的路上，于顺义李家史山分水闸分流，部分注入嗷嗷待哺的潮白河。

“这怎么可能，南水北调的水怎么可能补给潮白河?”

“怎么不可能，南水北调的水不仅补给潮白河，而且为北京市水源八厂、水源九厂水源地补充水源。”

曾几何时，北京市水源八厂、水源九厂每年从潮白河牛栏山、北小营段抽取地下水，加之近年来连续干旱少雨，降雨量逐年减少，上游基本无来水补给，造成地下水位急剧下降。

当时的状况是，那个地区地下水埋深约 50 米，地下水超采严重，在密怀顺形成 400 平方千米的地下回补区。同时，潮白河、怀河河床裸露，遇有恶劣天气影响，扬尘现象严重，河岸树木大量枯死，野生动植物种类逐年减少。

为有效缓解该地区地下水源紧张状况，利用地下调蓄空间，回补地下水，提高水资源利用效率，改善潮白河水源地及周边生态环境，顺义区委、区政府决定，实施引南水北调来水入潮白河水源地工程。

我从京密引水渠李家史山分水闸施工示意图看到：

南来之水从京密引水渠李家史山分水闸汩汩流出，经过十五公里的路程，走小中河输水至其与东水西调汇合口，沿东水西调反向输水至其与东牤牛河汇合口，经牤牛河、怀河，最终入潮白河牛栏山橡胶坝上游水源八厂水源地。

据《引南水北调来水入潮白河水源地工程实施方案》，设计引水能力是 10 立方米每秒，年引水量约 1.5 亿～3 亿立方米，投资近亿元。

这能说南水北调与顺义没有关系吗!

水，又将南阳和顺义连在一起。

2015 年新年，习近平在致辞中说：“12 月 12 日，南水北调中线一期工程正式通水，沿线 40 多万人移民搬迁，为这个工程作出了无私奉献，我们要向他们表示敬意，希望他们在新的家园生活幸福。”

饮水思源，源远流长。

早在 2014 年 5 月，河南省南阳市西峡县就与北京顺义区结成一帮一的对子。一个是水源区，一个是受水区，以水为媒，因水结缘，优势互补，共同发展。

西峡县保水质、强民生、促转型，友谊第一、合作为先、民生为本、发展为要；顺义区保护水资源，节约用水，滴水之恩涌泉相报。

顺义之水，出现新转机，面临新发展。

无疑，顺义之水如从天降。

顺义每个水务人，乐不可支。

曾几何时，巧妇难为无米之炊，现在南水汩汩而来，他们在考虑怎样“顺”好顺义之水。

顺义已经规划，用好外来水！

按照设计方案，顺义年引水量约 1.5 亿～3 亿立方米。届时，潮白河牛栏山橡胶坝上游 12 公里可形成大约 15 平方公里的蓄水水面，每年最多可回补地下水 4.7 亿立方米。

根据水量情况，在来水量充足的情况下，从潮白河牛栏山橡胶坝下游至向阳闸 4.5 公里可蓄水，可形成大约 2.5 平方公里的蓄水水面。

顺义区规划，利用小东河向唐指山水库补水，而唐指山水库可向中干渠和东一干渠输水，为箭杆河输水，为汉石桥湿地补水。

同时，可利用小中河、七干渠、八干渠向顺义西部输水。

另外，顺义探讨规划在北石槽镇建设一座日供水 5 万吨的自来水厂，可解决顺义西部赵全营镇和高丽营镇两个重点镇以及空港后沙峪地区的用水紧张问题。

南来之水，如大旱逢甘霖！

按照国家南水北调工程的总体要求，北京的用水顺序是要优先使用外来水，然后再使用本市的地表水，限制开采本市的地下水。

而顺义本地水也弥足珍贵。

“节水优先、空间均衡、系统治理、两手发力”就是习近平提出的治水思路。

节水，必须优先！

近年，顺义区坚持科学管水、治水、用水，大力发展“民生水务、科技水务、生态水务”，全面推进农田高效节水灌溉、生态治河、治理污水、拦蓄利用雨洪水和再生水，努力实现“供水安全、用水高效、河道清新、水景靓丽”的发展目标。

经过多年的努力，顺义区在农业节水方面取得了一系列的成就。率先建成全国粮田喷灌化第一县，率先实施了城乡供水一体化，率先依法规范取用水管理，推进农村供水计量收费。

顺义利用科技顺水，与几千年来中国劳动人民期盼风调雨顺的“顺”字，有着异曲同工之妙。总结顺义区的用水规划措施，就是“节水、护水、管水”三步走。

第一步，农业节水。1979 年，顺义面对旱情率先引进喷灌设施，由徐福副局长组织前期试验、示范，1987 年以后大面积推广喷灌技术。1990 年，顺义共发展喷灌设备 2000 多套。1992 年，顺义建成农田喷灌面积近 4 万公顷，既节水、节地，又增产、省工。1988 年，顺义被北京市水利局评为农业节水一等奖，1989 年被北京市评为喷灌技术推广应用一等奖，从而“顺”出“中国粮田喷灌第一县”。

第二步，生态护水。“十一五”期间，顺义区将河道综合治理、水生态环境整治、污水处理相结合，确定了地下水水源保护区，保护地表水，防止水污染。完成杨镇水厂、高丽营水厂、北石槽水厂等水厂建设，解决了数十万人的安全饮水问题。打井、水质改善和管网改造等工程措施并重，实现了农村安全饮水的目标，改善了农村的饮水条件，提高了村民的饮水质量，从而“顺”来了村民健康状况。

第三步，依法管水。2011 年以来，借助水务普查，摸清了水务家底，共获得、整理普查数据数十万个。在此基础上，顺义区水务局将所有用水户和单位纳入管理体系，落实最严格的水资源管理制度。以装表计量为突破口，加强重点用水户动态监管，实行单月预警、双月考核、超计划加价。2014 年，顺义区实现装表计量全覆盖，从而“顺”入精细化管理新常态。

更可喜的是，南水进入潮白河，补充地下水。

但是，如果不节水，旱灾就会卷土重来。

我想，无论顺义，还是北京，亦或全国，尽管节水成效显著、节水经验丰富，但是节水势在必行、节水当务之急、节水重在永远。

初夏时节，顺义籍李守仲先生给我拿来2012年6月6日《人民日报》第12版，让我看节水护水的一个创意，以汉字“永”为例，说明“无水不永”的含义。

原来，国务院机关事务管理局发布了公共机构节能宣传海报。由中央美术学院设计学院刘波组织设计，主题涉及节水护水的作品《无水不永》被评为一等奖，更好地诠释了“珍惜生命之源，人人节水护水”的主题。

国务院机关事务管理局负责人表示，公共机构节能，特别是党政机关节能是全社会节能减排的重点领域，率先做好工作，发挥示范作用，对于引领全社会节水护水具有重要意义。

然而，节水护水绝不是哪个部门、哪个人的事情，而是我们大家的事情。当然，党政机关率先节水护水，就是要引导全社会每个人节水护水。

您看这个“永”字，多么形象。

《说文解字》中解释：“永，水长也”。“永”与“水”内在字源与外在字形上的共同性，表达了水与生命、水对人类永续发展的重要性。

水，孕育万物；水，泽厚苍生；水，生生不息。

无论是顺义，还是全国，亦或世界——

“顺”，不仅仅是顺应水的自然规律，也要让水顺从人类的意愿。人类靠水来生存，水靠人类来保护。珍惜水，爱护水，保护水，利用水，都是我们迫切的行动。

只有顺水，

地球上最后一滴水，才不会成为人类的最后一滴血液；

只有顺水，

水之美村之美城之美，才成永续之美；

只有顺水，

我们的生命，才充满生机！

后 记

2015年初夏，《顺水》写作基本完成，进入出版阶段。就要离开仁和水务所，离开我的写作室，离开这里的春夏秋冬，离开这里的白天夜晚了，还真有些楚楚的留恋。桌案上的小树，一片片叶子翘首默默，挽留她曾经的主人。

一年多的时间，匆匆，太匆匆！

因为写过我国古代的治水故事《大禹治水》，所以想写一部反映现当代治水的文学作品；因为写过我国乃至世界最大的调水工程南水北调，所以想写一部反映基层水利的书。这样的话，就能形成一个比较完整的体系，全面地反映中华民族治水的人和事。

2013年下半年，这个机会终于来了。

我曾经把这想法，跟中国水利文学艺术协会的常务副主席王经国老师说过，没想到王老师还惦着这事。他给我打电话，拟推荐我去写写北京市顺义区的治水情况，问我是否感兴趣。

我大致了解了一下顺义的情况后，肯定地回复了王老师。

不料，顺义区水务局兵贵神速，一班人马迅速找上门来。在北京市水务局一间办公室内，我把我的拙作——一套《大禹治水》（中英文版）、一套《南水北调大移民》（中英文版）呈给他们。更没想到，他们当场决定委托我写这部《顺水》，并和我的工作单位做了沟通。

2013年年底，我也把这情况向报社领导做了汇报，一贯以传播、繁荣水文化为己任的社领导，非常支持。报社党委书记涂曙明，亲自担任总协调带领部室主任聂生勇和我，赶到顺义区水务局，商谈写作内容、时间，确定写作大纲。这部书是中国水利报社与顺义区水务局精神文明共建结出的璀璨花朵。

2014年年初，经中国作家协会作家定点深入生活评审委员会评审，报请中国作家协会书记处审批，我有幸被列入中国作家协会2014年作家定点深入生活名单。带着作家的使命，带着文学的理想，带着对水利事业的热爱，带着对历史和现实的思考，我开始了紧张的采写。

一年多的采写，那些令人感动的人和事，不吐不快；那些令人佩服的经和典，不写不美；那些令人振奋的情和神，不抒不畅。我当记者十余年，行走于各地采访，了解到像北京市顺义区水务局这样重视文化建设的，为数不多。

他们成立了"顺义之水调研组"，专门搜集整理顺义水文化的人和事。我在写《顺水》之前，"顺义之水调研组"就把厚厚的几摞书稿提供给了我，足有百万余字。他们还"鞍前马后"协助我采访，深表感谢。他们是程文生、姚竞超和孙小。

初见孙小，胖胖的女孩，一段时间减肥下来，变得非常苗条。她甜甜的微笑成为我美好的记忆。她整理了大量的录音、文字、影像资料，着实辛苦了。

老程已经退休，不顾年迈，认真、谨慎、执着的态度令人敬重，对顺义历史、文化、水务"活字典"般的了解，令人敬仰；采访写作下来，我从他身上学了很多很多。

小姚，忙前忙后，做好服务工作。

还有"那位领导"，善始善终，协调到底。他一再嘱咐我，不要写他，他说他做的事情都是分内的工作。

还有"顺义之水调研组"之外刘海丰、徐瑞海，等等。

作品引用了《顺义县志》《潮白河畔的美丽传说》等书中的资料，在此说明；写作、采访一年多的时间，吃住在仁和水务所，厨师、职工、所长，都给了很多的关照、关怀，也表示感谢。

正当书稿要交出版社出版时，一批著名专家、作家、评论家来到顺义，为我创作的纪实文学作品《顺水》，把脉，问诊，开处方。主持人说，这是落实习主席在文艺座谈会上的讲话精神，响应中宣部"深入生活，扎根人民”要求，首次在作家深入生活基地举办的改稿座谈会。

他们是彭学明、何向阳、胡平、李炳银、邢春、李朝全、范党辉、孟英杰、王经国、巫明强、孙景亮等。还有我工作单位即中国水利报社党委书记涂曙明、处长聂生勇。还有《人民日报》《文艺报》中国作家网、江河杂志等媒体同行。

晚上，著名作家、中国作协创联部主彭学明跟我说，要有心理准备，来的人可能意见比较尖锐。我说，我喜欢苦口的良药，因为良药苦口利于病。果然，专家真诚之至，直言不讳，直截了当，有的放矢，提出很多宝贵的意见。

当然，专家也谈到，《顺水》记录了顺义水利事业的历史和现状，呈现了水利人的治水理念、举措、成果等，具有深刻的现实意义。作家一直记录和关注着我国水利事业的发展，他为此付出了劳动和心血，体现了作家自觉的社会担当。这是“一个劳动者写一群劳动者”的好作品。

现场，中国作家协会会员、全国水利系统著名诗人、我的好友巫明强即席赋诗一首即《写意著名水利作家赵学儒先生表敬兼贺其新著顺水即就》：

峰峙狼牙何所易，
乡间年少竟学儒。
务农不弃青云志，
转业犹读经典书。
顺水新歌时代曲，
移民早绘大功图。
中华伟梦欣才艺，
奋笔浪花七彩浮。

我把此诗，权当这次活动、这部作品的结尾吧——尽管深入生活没有结尾，尽管放歌时代没有结尾，尽管抒写人民没有结尾……

作者

2015 年 9 月